高职高专数字媒体系列精编教材

主　编 / 王　珊
副主编 / 丰伟刚　郑　伟　焦宗钦　黄德军

# Flash 动画制作实例教程

（第2版）

清华大学出版社
北京

## 内 容 简 介

Flash是目前应用十分广泛的动画制作软件之一，主要用于网页、网络广告、MTV和游戏等方面的制作。本书是一本专门介绍Flash动画制作的教材，全书深入浅出地介绍了运用Flash制作动画的具体方法和技巧。书中通过详细分析大量实例，帮助读者快速掌握使用Flash制作动画的技巧。

本书共分13章，第1章对Flash进行了简单的概述，第2～5章重点介绍了主要的动画对象及其创建方法，第6章介绍了元件及其创建和管理方法，第7章介绍了如何为动画添加声音，第8～9章介绍了不同类型动画的创建方法，第10章介绍了组件、行为和模板的相关操作，第11章详细介绍了动作脚本编程的相关知识及操作，第12章介绍了测试、导出和发布Flash动画的方法，第13章通过6个综合实例的制作来巩固全书所学的知识。

本书可以作为应用型本科及高职高专院校学生学习Flash动画制作的教材，还可以作为Flash动画爱好者及新媒体从业人员学习动画制作的参考书。



**图书在版编目(CIP)数据**

Flash动画制作实例教程/王珊主编. —2版. —北京：清华大学出版社，2020.6（2025.2重印）
高职高专数字媒体系列精编教材
ISBN 978-7-302-49405-8

Ⅰ. ①F… Ⅱ. ①王… Ⅲ. ①动画制作软件－高等学校－教材 Ⅳ. ①TP391.414

中国版本图书馆CIP数据核字(2018)第012301号

**责任编辑**：张龙卿
**封面设计**：范春燕
**责任校对**：赵琳爽
**责任印制**：沈　露

**出版发行**：清华大学出版社
**网　　址**：https://www.tup.com.cn，https://www.wqxuetang.com
**地　　址**：北京清华大学学研大厦A座　　**邮　　编**：100084
**社 总 机**：010-83470000　　**邮　　购**：010-62786544
**投稿与读者服务**：010-62776969，c-service@tup.tsinghua.edu.cn
**质量反馈**：010-62772015，zhiliang@tup.tsinghua.edu.cn
**课件下载**：https://www.tup.com.cn，010-83470410
**印 装 者**：三河市铭诚印务有限公司
**经　　销**：全国新华书店
**开　　本**：185mm×260mm　　**印　　张**：15　　**字　　数**：330千字
**版　　次**：2008年11月第1版　2020年7月第2版　　**印　　次**：2025年2月第2次印刷
**定　　价**：59.00元

产品编号：063054-01

# 前　　言

Flash是目前主流的多媒体网络交互动画制作工具。由于Flash广泛使用矢量图形，其生成的动画文件非常小，特别适合通过Internet在网上传播。Flash以强大的动画编辑功能、灵活的操作界面以及开放式的结构，获得了广泛的应用，可用于制作片头动画、多媒体光盘、网络交互式游戏、教学课件、全Flash网站、广告宣传等。

本书遵循由浅入深、循序渐进的教学原则，根据初学者的特点和需求，不仅详细地介绍了Flash的基本知识，还穿插了大量的实例讲解，并在大部分章的最后提供了完整的上机操作实例，以巩固所学的知识和提升大家的动画制作水平。

本书系统地介绍了运用Flash制作动画的方法，共分为13章。第1章中对Flash进行初步的介绍，详细讲解了Flash的历史及其特点，介绍了Flash的工作界面和基本面板以及基本操作；第2章介绍了如何使用图形工具绘制图形，并系统地介绍了工具箱中各种工具的功能；第3章讲解颜色设置相关功能，包括配色原理、【颜色】面板、设置颜色的方法及填充工具的使用等；第4章主要讲解了如何使用文本，主要包括文本工具的使用、文本的类型和文本编辑等内容；第5章介绍了如何编辑图形，包括选择图形、变换图形、调整图形等操作；第6章对元件和【库】面板进行了详细的介绍，包括元件的特点和作用、元件的种类，元件的创建方法、【库】面板的基本操作等；第7章介绍了如何添加声音、编辑声音、导出声音等；第8章介绍了制作简单动画的方法，内容包括【时间轴】面板的用法、帧的概念、帧的类型、帧的编辑、动画的类型，以及基本动画的制作；第9章介绍了图层的使用和多层动画的制作方法；第10章介绍了组件的概念，以及组件、行为和模板的使用方法；第11章介绍了如何进行动作脚本的编写，并介绍了【动作】面板的使用方法；第12章介绍了如何进行动画的测试与优化、动画的导出与发布；第13章提供了6个综合实例，来巩固全书相关的知识和技能。

本书主要面向Flash的初、中级用户，内容安排合理，结构条理分明，案例丰富实用。每章都有1～2个实例用于巩固本章的知识和技能点。此外，本书包含了大量的习题，类型有填空题、选择题、判断题和问答题，使读者在学习完一章内容后能够及时检查学习情况。

本书由王珊主编，丰伟刚、郑伟、焦宗钦、黄德军担任副主编，另外，刘明忠、赵磊、

常秉乾、张京、邓瑞云、毕研博等也参与了部分内容的编写及案例整理工作，还有许多同仁也给予了很多帮助，在此一并表示感谢！

由于作者水平有限，本书不足之处在所难免，欢迎广大读者批评指正。

作　者

2020年3月

# 目　录

# 第1章　Flash概述

Flash 是现在最为热门的矢量动画编辑软件，Flash 包含简单的动画、视频、复杂演示文稿和应用程序等相关内容，它不仅适用于专业动画人士，还能使业余动画爱好者通过它制作出精美的动画。

下面就对 Flash 软件进行概括性的介绍，以便能更好地学习并使用。

**本章要点：**

- 了解什么是 Flash。
- Flash 的版本及特点。
- 认识 Flash CS6 的工作界面，简单介绍各种面板。
- 讲解 Flash 的基本操作。
- Flash CS6 中的常用文件类型。

## 1.1　认识 Flash

### 1.1.1　什么是 Flash

Flash 是美国 Macromedia 公司（现在已经被 Adobe 公司收购）推出的主流多媒体网络交互动画工具软件，设计人员和开发人员可以用它来创建演示文稿、应用程序和其他允许用户交互的内容。它可以通过添加图片、声音、视频和特殊效果，构建包含丰富媒体的应用程序。

Flash 广泛使用矢量图形，所以其文件非常小，特别适合通过 Internet 在网上传播。位图图形中的每个像素都是由一组单独的数据来表示的，这样一张位图图形就包含了庞大的数据集。与位图图形相比，矢量图形需要的内存和存储空间小很多，因为矢量图形是以数学公式而不是大型数据集来表示的。

### 1.1.2　Flash 的版本

Flash 的前身叫作 Future Splash Animator，是由乔纳森・盖伊和他的 6 人小组创建的。当时 Future Splash Animator 最大的两个公司用户是微软和迪士尼。1996 年 11 月，Macromedia 公司收购了 Future Splash Animator，同时将软件改名为 Flash 1.0，后来陆续进行版本升级。2005 年 Adobe 公司收购 Macromedia 公司后，继续在原来版本上升级。

2015 年 12 月 2 日，Adobe 宣布将 Flash Professional 更名为 Animate CC。截至 2019 年 10 月，Animate CC 2020 为市场最新版。

在不包括改名后的 Animate CC 各版本的情况下，Flash 的版本情况如表 1-1 所示。

表 1-1　Flash 的版本

| 版本名称 | 更新时间（年） | 增加的主要功能 |
| --- | --- | --- |
| Future Splash Animator | 1995 | 由简单的工具和时间线组成 |
| Macromedia Flash 1.0 | 1996 | 这是 Macromedia 公司将 Flash 更名后的第一个版本 |
| Macromedia Flash 2.0 | 1997 | 引入了库的概念 |
| Macromedia Flash 3.0 | 1998 | 增加了影片剪辑、JavaScript 插件、透明度和独立播放器 |
| Macromedia Flash 4.0 | 1999 | 增加了文本输入框、增强的 ActionScript、流媒体、MP3 |
| Macromedia Flash 5.0 | 2000 | 增加了智能剪辑、HTML 文本格式 |
| Macromedia Flash MX | 2002 | 增加了组件、XML、流媒体视频编码 |
| Macromedia Flash MX 2004 | 2003 | 增加了抗锯齿文本、ActionScript 2.0，以及增强的流媒体视频行为 |
| Macromedia Flash MX Pro | 2003 | 增加了面向对象编程、媒体播放组件 |
| Macromedia Flash 8.0 | 2005 | 增加了滤镜技术、混合技术和视频制作技术 |
| Macromedia Flash 8.0 Pro | 2005 | 方便地创建 FlashWeb，以及增强的网络视频 |
| Adobe Flash CS3 Professional | 2007 | 支持 ActionScript 3.0，支持 XML |
| Adobe Flash CS3 | 2007 | 导出 QuickTime 视频 |
| Adobe Flash CS4 | 2008 | 骨骼功能，动画编辑器，补间动画 |
| Adobe Flash CS5 | 2010 | FlashBuilder 及 TLF 文本支持 |
| Adobe Flash CS5.5 Professional | 2011 | 支持 iOS 项目开发 |
| Adobe Flash CS6 Professional | 2012 | 可生成 sprite 菜单，能锁定 3D 场景，并进行 3D 转换 |

### 1.1.3　Flash 的特点

Flash 最大的特点就是文件小，这是它能占据网络多媒体重要位置的关键。下面介绍其突出的特点。

（1）使用矢量图形，文件小巧。另外，矢量图形可以任意缩放尺寸而不影响图形的质量。

（2）适用于流式播放技术，动画播放非常流畅，还能边下载边观看。

（3）采用先进的元件库技术，修改作品非常方便。

（4）通过使用关键帧和元件，使得所生成的 SWF 动画文件非常小，并且下载迅速，用户打开网页后，动画很快就能播放。

（5）具有多媒体集成功能，可导入文本、表格、图片、声音、视频、GIF 动画、Flash 动画等多种媒体，把音乐、动画、声效、交互方式融合在一起。

（6）多样的文件导入、导出格式。大部分的位图图形格式和矢量图文件格式都可以导入 Flash 中，还能导入音乐文件。而 Flash 不仅可以输出 .fla 动画格式，还可以输出 .avi、.gif、.html、.mov、.smil 和 .exe 等多种文件格式。

(7) 交互性强。通过 ActionScript 和 FS Command 可以实现交互性,使 Flash 具有更大的设计自由度。

### 1.1.4 Flash 的应用领域

Flash 以强大的动画编辑功能、灵活的操作界面,以及开放式的结构,在很多领域获得了广泛的应用,可以用于制作片头动画、多媒体光盘、网络交互式游戏、教学课件开发、全 Flash 网站、广告宣传等,如图 1-1 所示。

(a) 卡通动画

(b) 节日贺卡

(c) 互动游戏

(d) 课件

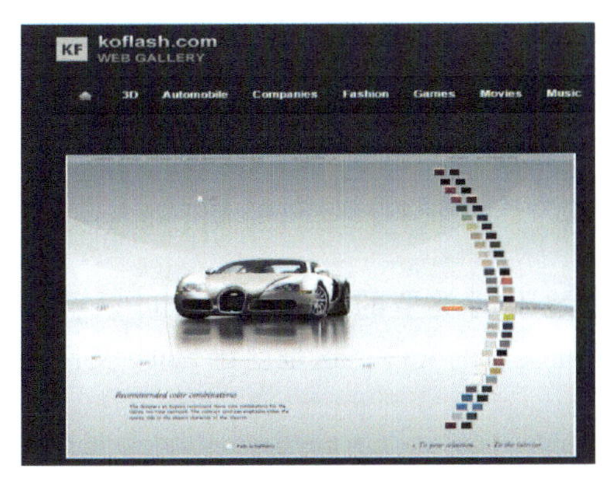


(e) 网站

(f) 广告

图 1-1 Flash 的应用领域

# 1.2　Flash CS6 基础

## 1.2.1　Flash CS6 的启动界面

在学习软件之前，先来认识一下 Flash CS6 的启动界面。

双击 Flash CS6 程序图标，打开 Flash CS6 应用软件，其启动界面效果如图 1-2 所示，其中包括了一个开始页。

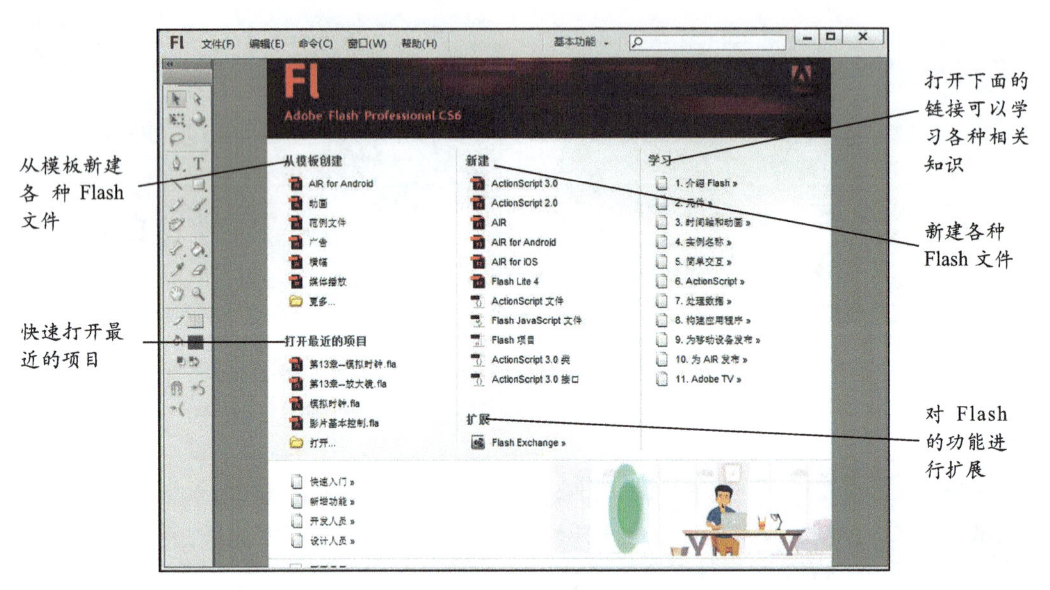


图 1-2　Flash CS6 启动界面

开始页中提供了多种功能，各个栏的功能说明如下。

### 1. 从模板创建

Flash 提供了不同类型文件的模板，可以选择一种类型创建相关的文件，然后通过修改新创建的文件来完成自己需要设计的动画效果。

比如，单击【动画】选项，将会打开【从模板新建】对话框，在【模板】栏选择“动画”，如图 1-3 所示，单击【确定】按钮，即可新建一个 Flash 动画文档。可以打开【时间轴】、【属性】、【库】等面板了解图层设置、不同对象的属性设置、元件的设置等。通过模板新建的文件的工作界面如图 1-4 所示，用户可以根据自己的需要修改相关的内容来完成动画的制作。

### 2. 新建

可以直接单击该栏中的相关选项来新建不同类型的文件，比如，可以新建 ActionScript 3.0、ActionScript 2.0、AIR 等不同类型的文件。这是创建 Flash 文件的常规方法。

### 3. 学习

单击该栏中的选项，可以打开不同类型的帮助信息。信息有的是中文，有的是英文，部分帮助文件还可以下载到本地计算机上学习。也可以单击开始页左下角的“快速入门”等选项进行在线学习。

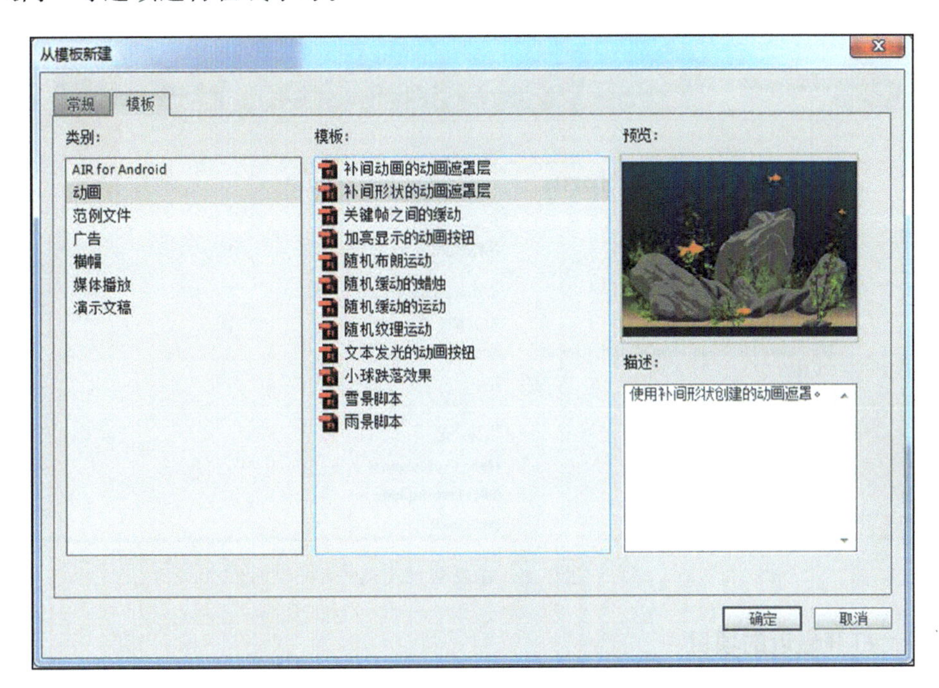


图 1-3　【从模板新建】对话框

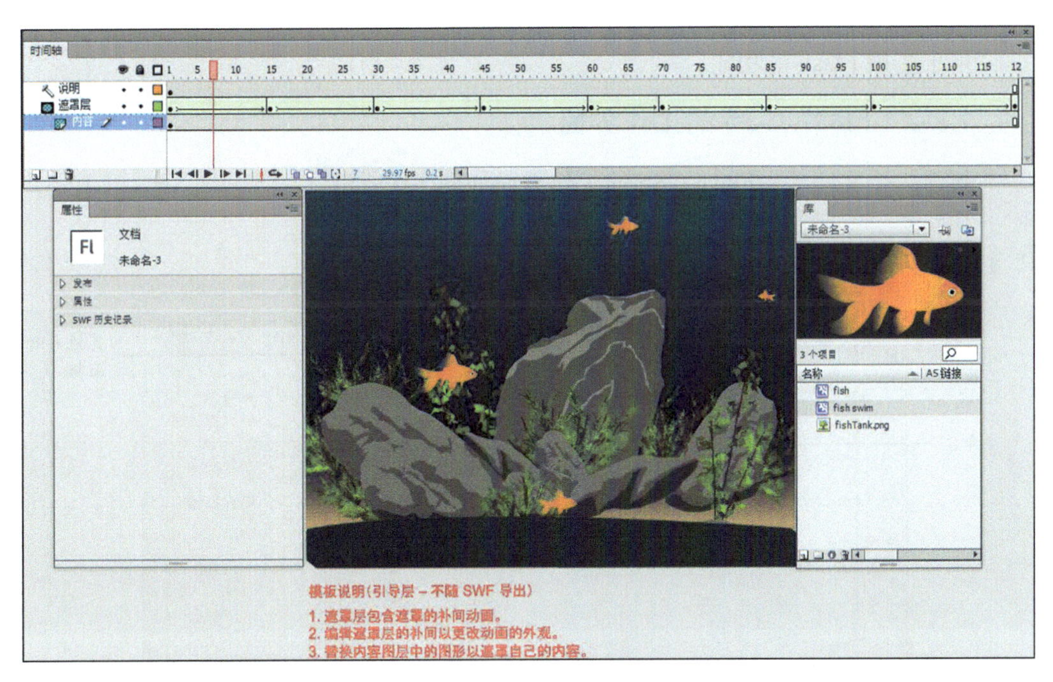


图 1-4　通过模板新建的文件

例如，要学习 ActionScript 3.0，可以在【学习】栏中单击“6.ActionScript”，将会打开 https://help.adobe.com/zh_CN/as3/learn/index.html，可以进行在线学习，如图 1-5 所示。也可以右击窗口右上侧的 PDF 文件，将其保存到计算机中，便于以后随时进行学习。

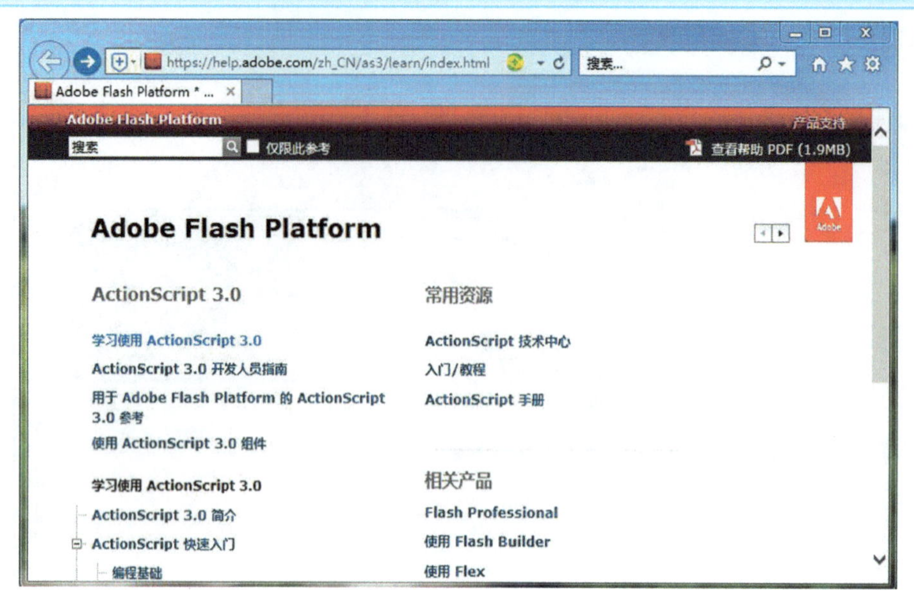


图 1-5　在线帮助文档

### 4．打开最近的项目

可以快速打开最近新建或者访问过的不同类型的项目文件。

### 5．扩展

用于扩展 Flash 的功能。

## 1.2.2　Flash CS6 的工作界面

新建一个文档后，Flash CS6 的工作界面如图 1-6 所示。

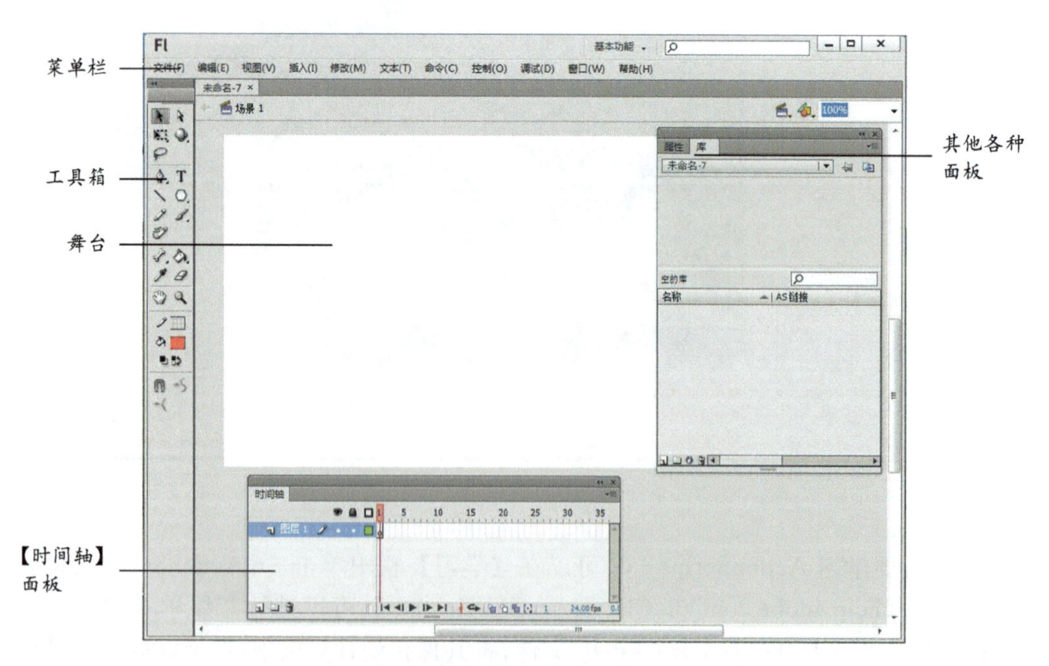


图 1-6　Flash CS6 的工作界面

Flash CS6 的工作界面主要包括 5 部分：菜单栏、工具箱、【时间轴】面板、舞台、其他各种面板。

- 菜单栏：包括【文件】、【编辑】、【视图】、【插入】、【修改】、【文本】、【命令】、【控制】、【调试】、【窗口】、【帮助】11 个菜单项，提供了 Flash CS6 的有关动画制作的大部分功能。单击某个菜单项，即可打开下拉菜单，选择其中的命令即可执行相应的操作。
- 工具箱：提供了菜单栏所不具备的功能，包括选取对象、输入文字、绘制图形、填充颜色等命令。工具箱中的工具主要用于在舞台上创建对象。
- 【时间轴】面板：用于组织和控制文档内容在一定时间播放的层数和帧数，主要包括图层、帧、播放指针、时间轴标尺和状态栏，如图 1-7 所示。Flash 文档将时长分为帧。图层就像堆叠在一起的多张幻灯胶片一样，每个图层都包含了显示在舞台中的不同图像。

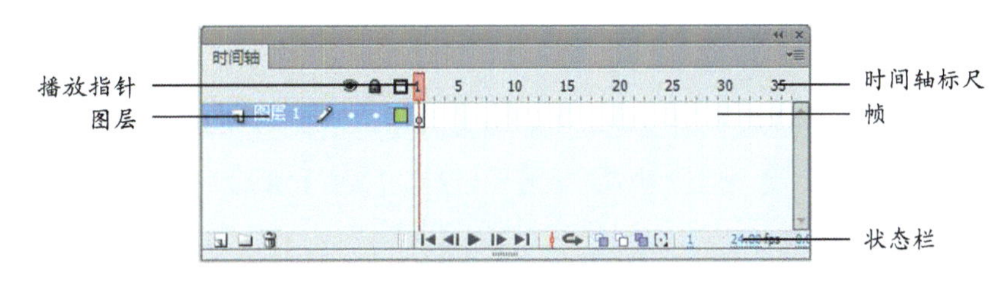


图 1-7 【时间轴】面板

- 舞台：即当前的工作窗口。舞台是 Flash 动画制作的平台，全部的动画操作都是在舞台中进行的。
- 其他各种面板：可用于查看、设置动画中的各种元素，常用的主要有【属性】面板、【动作】面板、【颜色】面板、【库】面板、【组件】面板、【行为】面板。

## 1.2.3 Flash CS6 的基本面板

Flash 中有大量的面板用于编辑、组织和查看内容。要打开某一个面板，可选择【窗口】菜单中相应的命令。下面介绍 Flash 常用的一些面板。

### 1.【属性】面板

选择【窗口】→【属性】命令，打开【属性】面板，效果如图 1-8 所示，这是文本及形状对象对应的【属性】面板。

【属性】面板是最常用的面板。当选择工具箱中的某些工具或舞台上不同的对象时，【属性】面板将发生变化，以显示与该工具或对象相关联的设置。使用【属性】面板可以很容易地查看与调整舞台中当前对象的常用属性，而不用访问菜单，简化了文档的创建过程。

### 2.【动作】面板

选择【窗口】→【动作】命令，打开【动作】面板，如图 1-9 所示。

【动作】面板用于在 Flash 中进行动作脚本编程。通过【动作】面板，可将动作脚本附加到某一按钮或影片剪辑上，或者附加到时间轴中的一个帧上。【动作】面板主要包括 3 部分：左侧上半部分是“脚本对象”，可以在动作脚本中添加相关对象及

功能；左侧下半部分是“脚本导航器”，用于显示动作脚本对应的位置；右侧部分是动作脚本窗口，用于输入动作脚本。

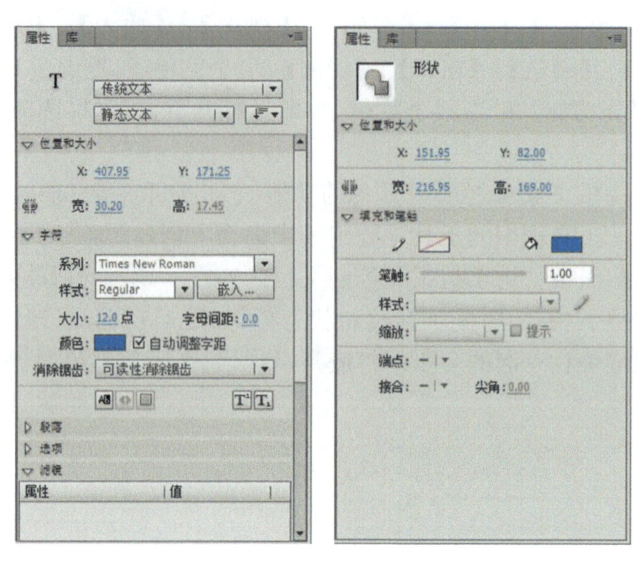


图 1-8　文本及形状对象对应的【属性】面板

### 3.【颜色】面板

选择【窗口】→【颜色】命令，打开【颜色】面板，如图 1-10 所示。

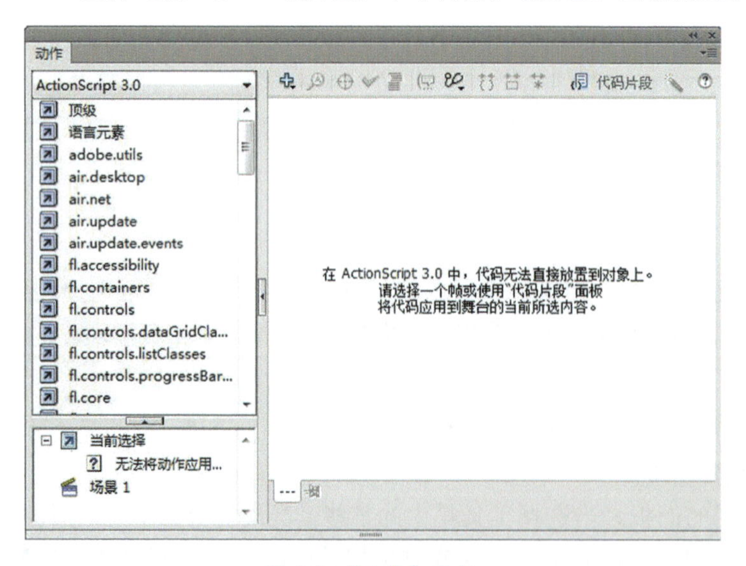


图 1-9　【动作】面板

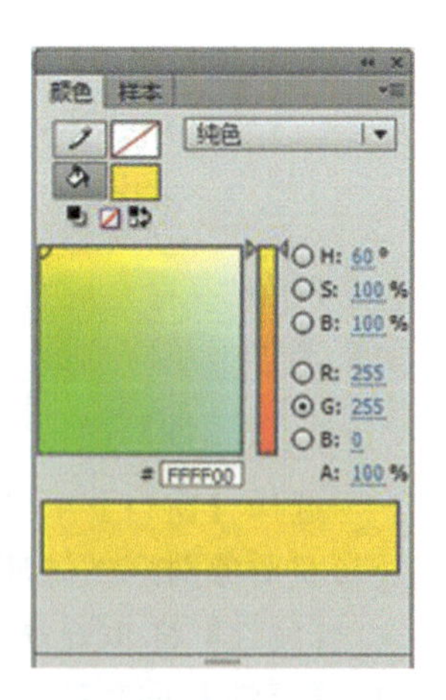


图 1-10　【颜色】面板

【颜色】面板提供了多种颜色选择，可以移动鼠标光标选择颜色，也可以直接在下面的颜色设置文本框中设置颜色的值。

### 4.【库】面板和【外部库】面板

选择【窗口】→【库】命令，可以打开【库】面板。【库】面板用于显示 Flash 文档中的媒体元素列表，利用【库】面板可以对 Flash 文档中的各种资源进行管理。对于存储在【库】面板中的对象，可以直接拖到舞台上创建其实例。

另外，选择【窗口】→【公用库】命令中的 Buttons 或 Classes 子命令，可以打开【外部库】面板。【外部库】面板的作用与【库】面板类似。

【库】面板和【外部库】面板的效果如图 1-11 所示，这两个面板都是为了方便调用元件，减少重复工作，从而提高工作效率。

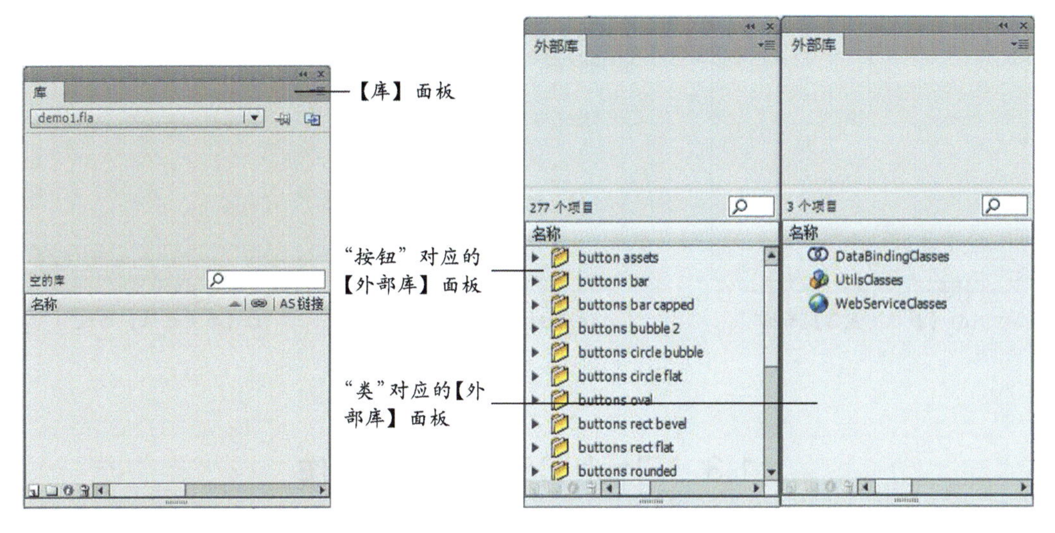


图 1-11　【库】面板和【外部库】面板

**注意：**

【外部库】面板中的元件是 Flash 中自带的（包括按钮对象及声音素材文件），不能直接编辑。可以将元件拖放到舞台，该元件会自动加入【库】面板中，这时就可以与【库】面板中的其他元件一样使用了。

## 5. 其他面板

除了以上介绍的面板外，Flash 中还有一些其他面板，都可以通过【窗口】菜单栏中的命令打开。部分面板的显示如图 1-12 所示。

(a)【代码片段】面板

(b)【项目】面板

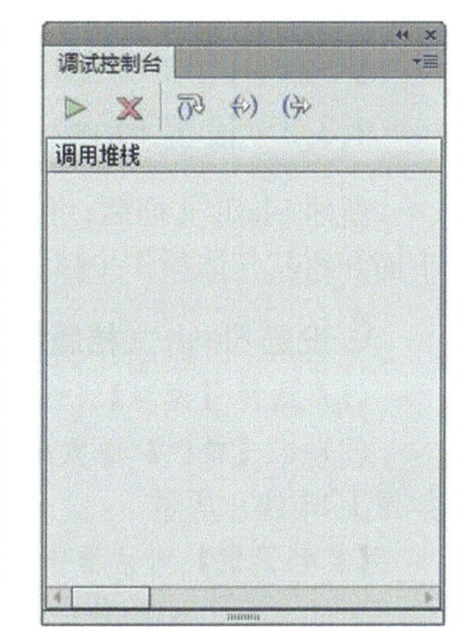


(c)【调试控制台】面板

图 1-12　各种面板

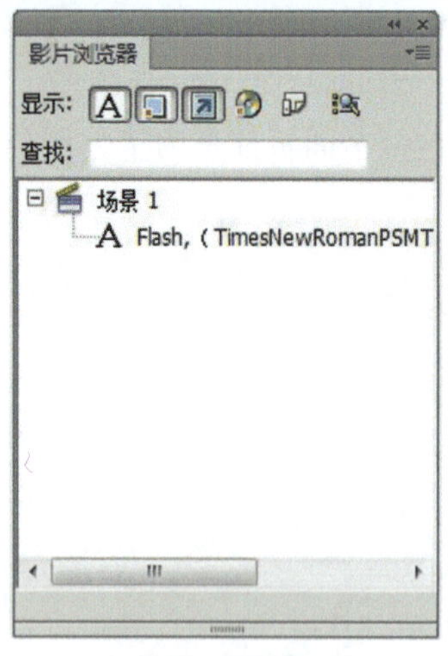


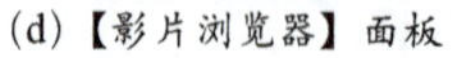
(d)【影片浏览器】面板

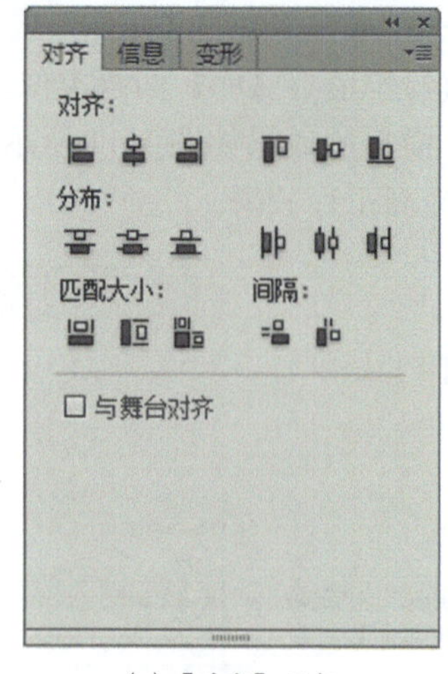


(e)【对齐】面板

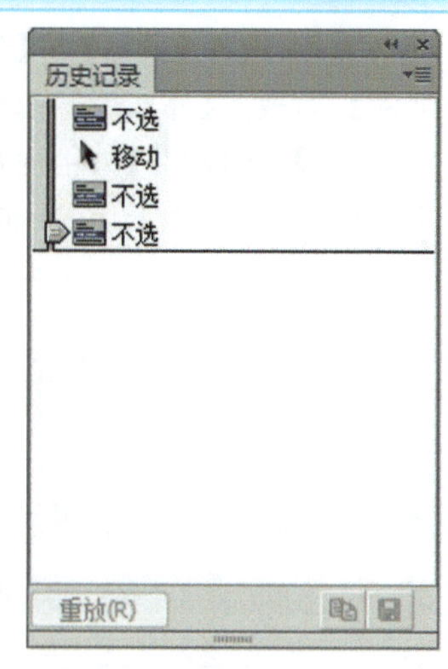


(f)【历史记录】面板

图 1-12（续）

## 1.3 Flash CS6 的基本操作

要制作 Flash 动画，首先要了解 Flash 的基本操作，其基本操作主要包括新建、打开、保存等，下面一一讲解。

### 1.3.1 新建文档

新建 Flash 文档有以下两种方法。

- 在开始页中新建文档：启动 Flash CS6，在开始页中的【新建】栏下选择一种文件类型，比如选择 ActionScript 3.0 并双击，就可以新建一个动作脚本为 ActionScript 3.0 的空白文档。
- 利用【文件】菜单新建文档：选择【文件】→【新建】命令，弹出【新建文档】对话框，在【常规】选项卡的【类型】列表中选择一种文件类型，单击【确定】按钮，即可新建一个 Falsh 文档。

### 1.3.2 设置 Flash 文档的属性

新建 Flash 文档后，可利用【属性】面板设置动画的尺寸、帧频、背景颜色等属性。下面介绍其具体操作步骤。

**设置 Flash 文档属性的操作步骤如下。**

(1) 选择【窗口】→【属性】命令，打开【属性】面板，如图 1-13 (a) 所示。

(2) 在【属性】面板中单击【编辑文档属性】按钮，打开【文档设置】对话框，如图 1-13 (b) 所示。

【文档设置】对话框中的主要属性如下。

尺寸：用于设置影片场景的大小。默认的影片场景大小为 550 像素 ×400 像素。能设置的最小影片尺寸为 1 像素 ×1 像素，最大尺寸为 8192 像素 ×8192 像素。

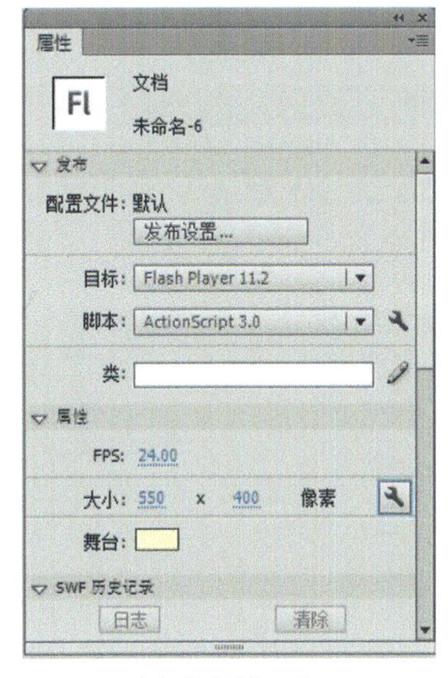


(a)【属性】面板

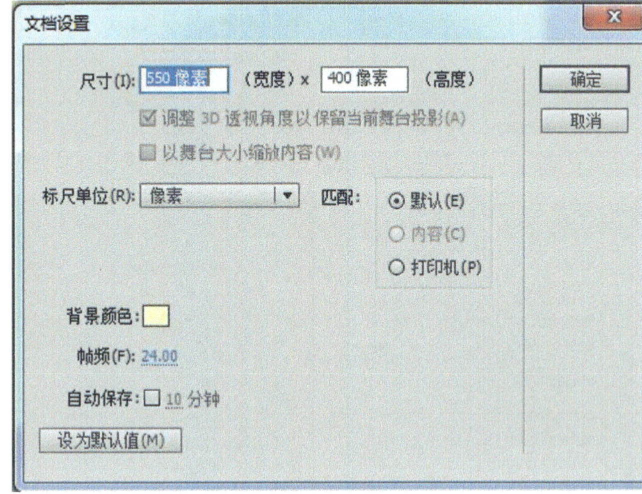


(b)【文档设置】对话框

图 1-13 设置文档的属性

匹配：单击【打印机】单选按钮，可以将场景大小设置为最大的可用打印区域，只有在安装了打印机的状态下此单选按钮才被激活。单击【内容】单选按钮，可使场景的大小恰好容纳当前影片的内容，在场景中绘制了图形对象后，此单选按钮才会被激活。要将当前的场景尺寸设置为默认尺寸，可单击【默认】单选按钮。

背景颜色：单击颜色框，可在弹出的颜色选择列表中选择一种颜色作为动画的背景颜色。

帧频：在该文本框中可以输入每秒显示的动画帧数，默认值是24。

标尺单位：可在该下拉列表框中选择一种尺寸单位，主要有英寸、点、厘米、毫米和像素等，其中像素是最常用的单位。

设为默认值：单击此按钮，可以将以上设置完成的各种属性保存为默认值。

(3) 单击【确定】按钮，完成 Flash 文档属性的设置。

### 1.3.3 自定义工作界面

Flash 文档创建完成后，进入 Flash 的工作界面，除了默认的工作界面外，还可以根据自己设计习惯自定义工作界面，下面具体讲解怎样自定义工作界面。

#### 1. 自定义工具栏

选择【编辑】→【自定义工具面板】命令，打开【自定义工具面板】对话框，如图 1-14 所示。

对于【自定义工具面板】对话框中选项和按钮的说明如下。

- 可定义的工具栏：用于显示和定义工具的排列，可以比较直观地预览更改后的工具面板。
- 【可用工具】列表框：列出了 Flash 中的所有工具，用于选择需要增加到【当前选择】列表框中的工具。

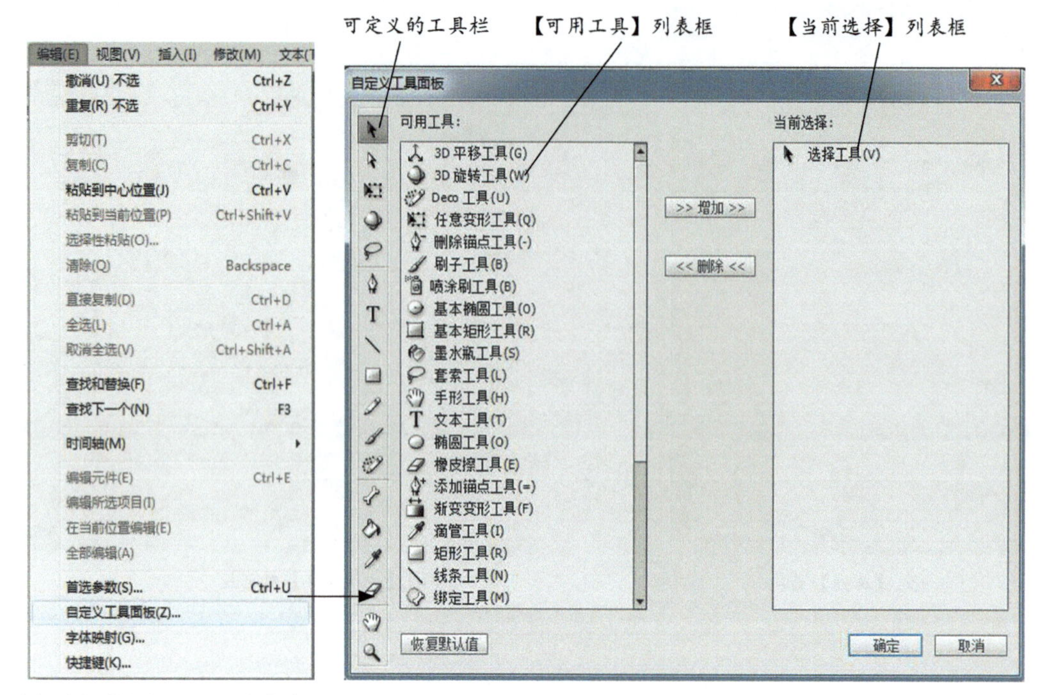


(a) 选择【自定义工具面板】命令　　　　(b)【自定义工具面板】对话框

图 1-14　打开【自定义工具面板】对话框

- 【当前选择】列表框：显示的是在可定义的工具栏中选中的某个位置的工具的下拉工具，可以包括一个或多个工具，但不能超过 10 个。
- 【>> 增加 >>】按钮：用于将【可用工具】列表框中的工具添加到【当前选择】列表框中。
- 【<< 删除 <<】按钮：用于将【当前选择】列表框中的工具删除。

可以根据需要重新安排和组合工具箱中工具的显示方式。下面以编辑选择工具 为例，说明用【自定义工具面板】对话框自定义工具的方法。

**自定义工具的操作步骤如下。**

(1) 打开【自定义工具面板】对话框，用鼠标在可定义的工具栏上选中选择工具。

(2) 在【可用工具】列表框中选择部分选取工具，单击【>> 增加 >>】按钮，这时部分选取工具就添加到【当前选择】列表框中。

(3) 再在【可用工具】列表框中选择【套索工具】，单击【>> 增加 >>】按钮，将其添加到【当前选择】列表框中。

【当前选择】列表框中添加两个工具后的效果如图 1-15 所示。

(4) 单击【确定】按钮，关闭【自定义工具面板】对话框，然后在 Flash 主界面的工具箱中可以看到选择工具下面多了一个向下的小三角，表示该组中还有其他工具。选中该工具并单击小三角，打开的界面如图 1-16 所示，可以看到刚才在【自定义工具面板】对话框中新添加的两个工具显示在列表中。

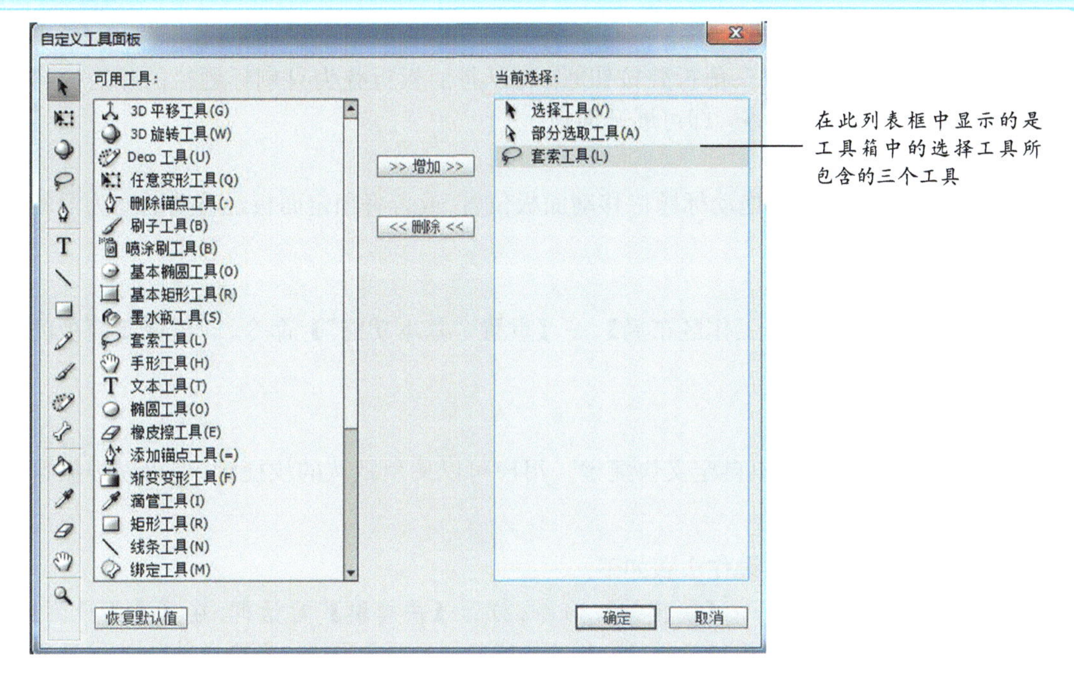


图 1-15 将两个工具添加到【选择工具】对应的【当前选择】列表框中

(5) 下面删除前面添加的两个工具。在【自定义工具面板】对话框的【可定义的工具栏】上选中选择工具,再在【当前选择】列表框中选中套索工具,单击【<< 删除 <<】按钮,将其从列表中删除;再在【当前选择】列表框中选中部分选取工具,单击【<< 删除 <<】按钮,将其从列表中删除。单击【确定】按钮,关闭【自定义工具面板】对话框,然后在 Flash 的工具箱中可以看到选择工具下面没有向下的小三角,表示该组中没有其他工具。

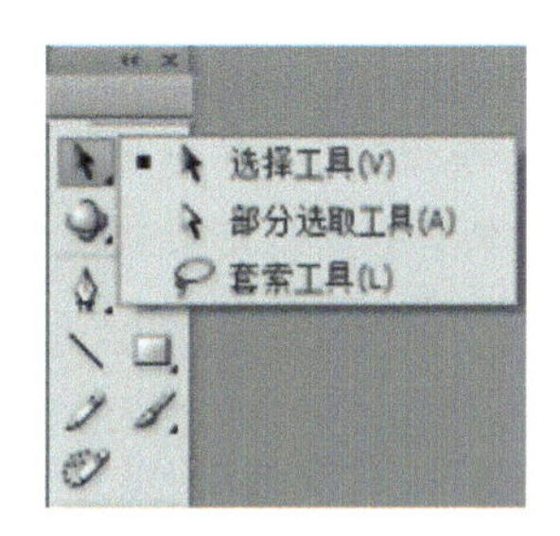


图 1-16 自定义工具组

**技巧:**

如果对修改的工具箱不满意,想回到默认的【工具】面板,只需在【自定义工具栏】对话框中单击【恢复默认值】按钮即可。

### 2. 面板的相关操作

(1) 打开面板

选择【窗口】菜单中的相应命令,即可打开指定面板。

(2) 关闭面板

在已经打开的面板标题栏上右击,在弹出的快捷菜单中选择【关闭】命令或者【关闭组】命令,即可关闭面板。

(3) 重组面板

在某个已经打开的面板顶部位置按下鼠标左键不放,然后拖动面板并将其放到其他面板上,当出现蓝色方框时释放鼠标,即可重组面板。

(4) 折叠或展开面板

单击面板顶部的小三角折叠按钮◀◀,可以将面板折叠为只剩标题栏的状态。再次单击小三角折叠按钮▶▶,即可展开面板。

(5) 移动面板

移动面板可以通过拖动标题栏移动面板位置,或者将固定面板经移动后变为浮动面板。

(6) 恢复默认布局

选择【窗口】→【工作区布局】→【重置“基本功能”】命令,即可恢复面板的默认布局。

### 3. 自定义快捷键

Flash CS6 允许用户自定义快捷键。用户可以使用默认的快捷键,也可以根据自己的习惯自定义快捷键。

**自定义快捷键的操作步骤如下。**

(1) 选择【编辑】→【快捷键】命令,打开【快捷键】对话框,在【当前设置】下拉列表中选择一种快捷键设置,单击【直接复制设置】按钮,将选择的快捷键设置复制为一个副本,如图 1-17 所示。

(2) 在【命令】下拉列表中选择一个命令,此时【描述】选项后会出现该命令的功能描述,在【快捷键】栏中会出现该命令默认的快捷键。

(3) 如果要更改默认的快捷键,就选中【快捷键】栏中的快捷键,在【按键】文本框中重新定义快捷键,然后单击【更改】按钮。但是系统设置的菜单命令等快捷键集无法更改。

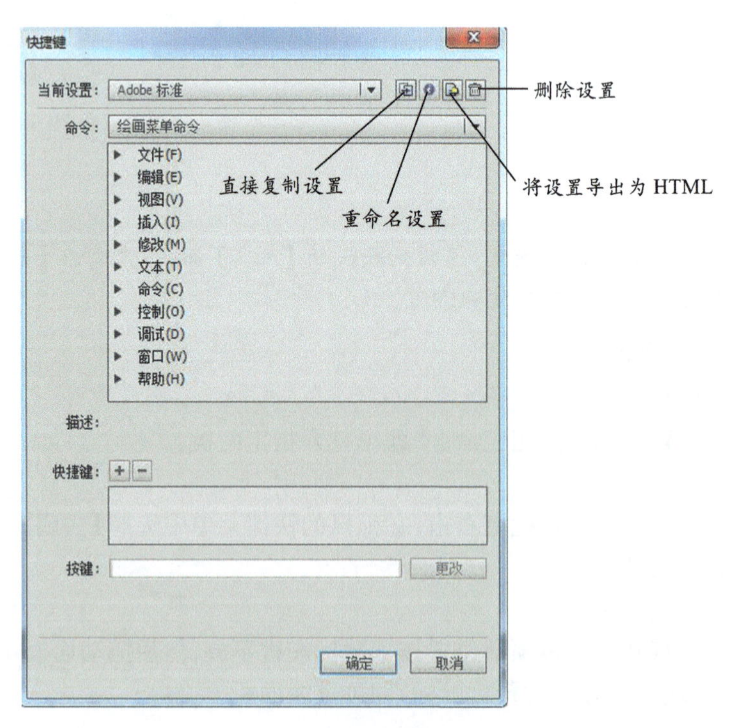


图 1-17 【快捷键】对话框

(4) 更改快捷键后，如果还想为该命令设置别的快捷键，可单击【快捷键】栏后的+按钮，在【按键】栏再次定义快捷键，单击【更改】按钮。

(5) 如果要删除快捷键的设置，只要在【快捷键】栏中选择已设置的快捷键，再单击-按钮即可。

(6) 设置完毕后，单击【确定】按钮即可。

**注意：**

自定义快捷键时，设置的快捷键不要与其他命令的快捷键冲突。

### 1.3.4　网格和标尺

在用 Flash 制作动画的过程中，有时需要对某些对象进行精确定位，这时可以通过设置网格和标尺来定位对象。

**设置网格和标尺的操作步骤如下。**

(1) 选择【视图】→【标尺】命令，可以在场景的上方显示水平标尺，左方显示垂直标尺，如图 1-18 所示。

(2) 选择【视图】→【网格】→【显示网格】命令，即可显示网格，如图 1-19 所示。如果要取消网格的显示，则再次选择【显示网格】命令即可。

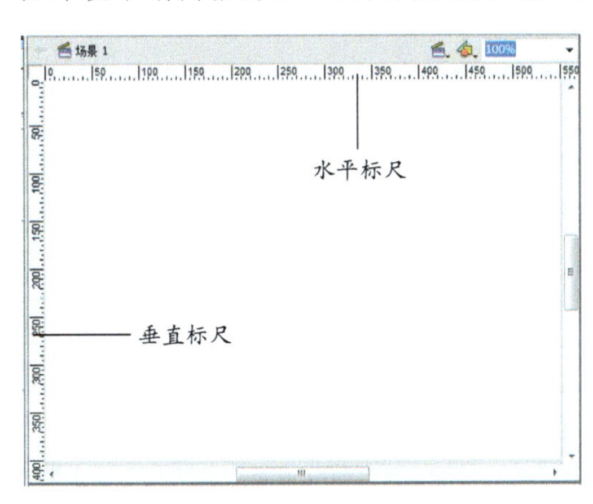


图 1-18　显示标尺

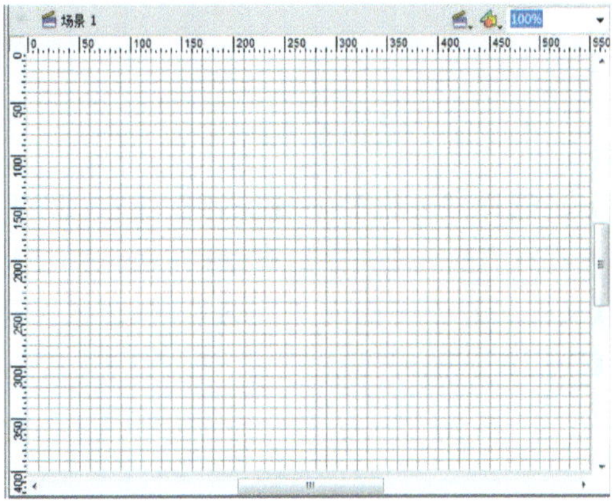

图 1-19　显示网格

(3) 如想编辑网格，则选择【视图】→【网格】→【编辑网格】命令，弹出【网格】对话框，如图 1-20 所示。在该对话框中可以对网格线的颜色、网格的大小、对齐网格及其对齐精确度进行设置，设置完成后单击【确定】按钮即可。

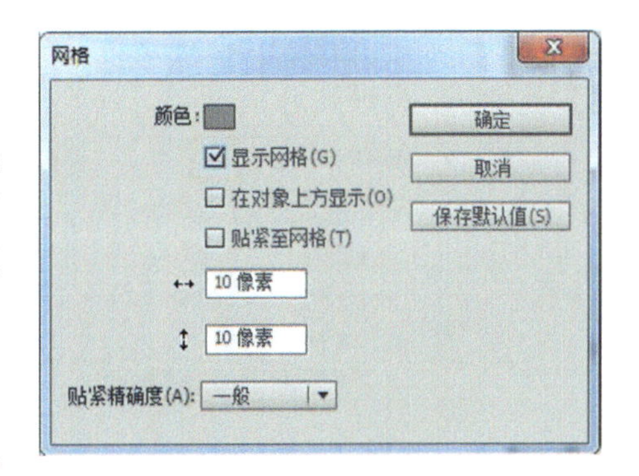


图 1-20　【网格】对话框

**技巧：**

可以在场景中右击，在弹出的快捷菜单中选择相关命令，以及设置网格和标尺。

### 1.3.5 打开文档

选择【文件】→【打开】命令，在弹出的【打开】对话框中选中要打开的文件，如图 1-21 所示，然后单击【打开】按钮，即可打开已有的 Flash 文档。

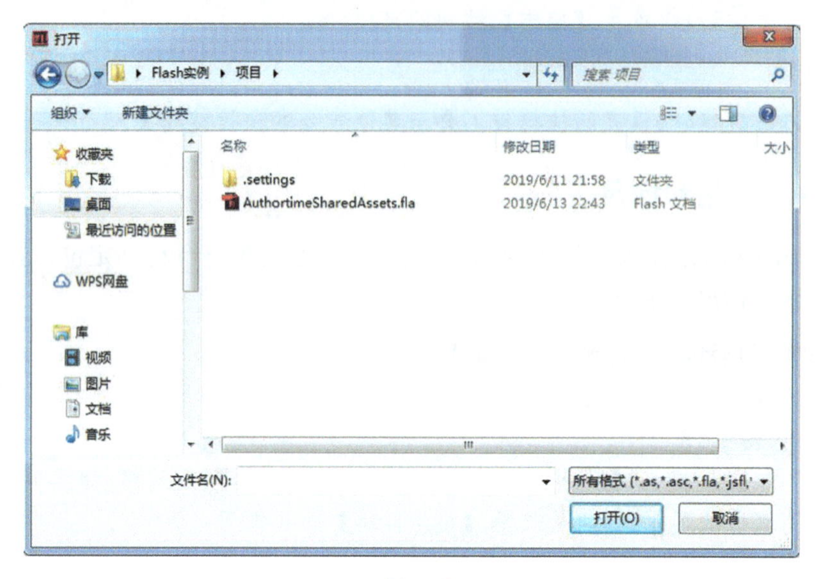


图 1-21 【打开】对话框

### 1.3.6 保存文档

选择【文件】→【保存】命令，即可保存正在编辑的 Flash 文档。如果该文档从未保存，选择【保存】命令时，会打开【另存为】对话框，如图 1-22 所示，在对话框的【文件名】栏中输入文件的名称，在【保存类型】下拉列表中选择一种保存类型，单击【确定】按钮即可。

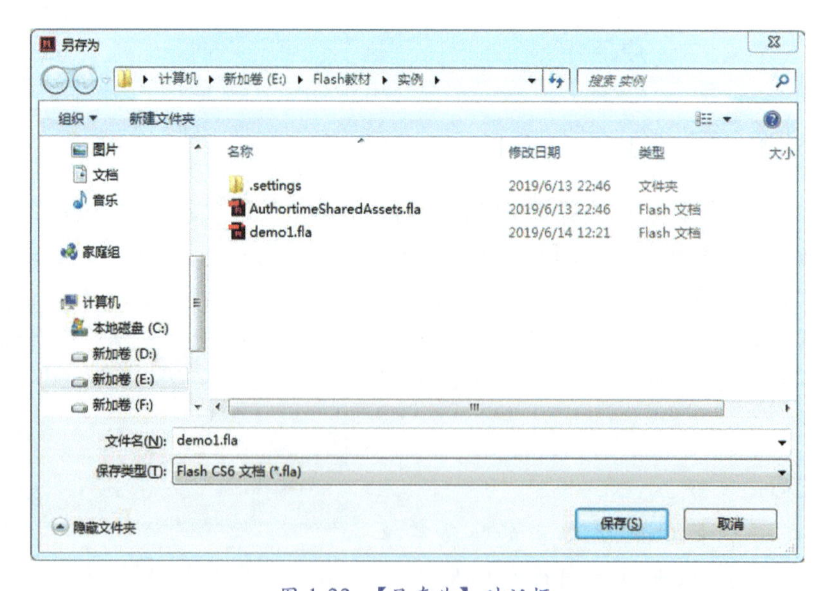


图 1-22 【另存为】对话框

## 1.4　与 Flash 相关的各种文件类型

Flash 可与多种文件类型一起使用，不同类型的文件有不同的使用方法和用途，本节就介绍与 Flash 相关的各种文件类型及其用途。

- FLA 文件：FLA 文件也叫作 Flash 文档文件，是在 Flash 中使用的主要文件，它包含了在创建 Flash 文件过程中的图形和音频信息、时间轴的设置，以及编辑信息、脚本信息等。
- SWF 文件：SWF 文件又称 Flash 影片文件，是 FLA 的压缩版本，它使 FLA 文件中的所有具体信息一体化，形成一个小文件，在 Web 页面中显示。
- AS 文件：AS 文件是指 ActionScript 文件，它可以将 ActionScript 代码保存在 FLA 文件以外的位置，这样有助于代码的管理。
- ASC 文件：ASC 文件是用于存储将在运行 Flash Communication Server 的计算机上执行 ActionScript 的文件，这些文件提供了实现与 SWF 文件中的 ActionScript 结合使用的服务器端逻辑的功能。
- SWC 文件：SWC 文件包含可重新使用的 Flash 组件。每个 SWC 文件都包含一个已编译的影片剪辑、ActionScript 代码以及组件所要求的任何其他资源。
- JSEL 文件：JSEL 文件是 JavaScript 文件，可用于向 Flash 创作工具添加新的功能。
- FLP 文件：FLP 文件是 Flash 项目文件，它可以在一个项目中管理多个文档，还能将多个相关文件组织在一起以创建复杂的应用程序。

## 1.5　习　　题

### 1．填空题

（1）Flash 软件是创建________的工具，它是由美国________公司出品的。

（2）________是 Flash 能占据网络多媒体重要位置的关键。

（3）________图形可以任意缩放尺寸而不影响图形的质量。

（4）Flash 可以用于制作________、________、________、________、________、________等。

（5）Flash 的工作界面包括 5 部分，分别是________、________、________、______、________。

（6）【时间轴】面板的主要组成部分包括________、________、________和______。

（7）在使用【自定义工具栏】进行重新定义时，如果对修改后的工具栏不满意，想恢复默认设置，只需________________，再单击【确定】按钮。

### 2．选择题

（1）默认的帧频为（　　）帧 / 秒。

A．8　　B．10　　C．12　　D．24

（2）【时间轴】面板用于组织和控制影片内容在一定时间段播放的（　　）。

A．层数和次数　　B．次数和帧数

C．层数和帧数　　D．以上都对

（3）利用【属性】面板可以对 Flash 文档的属性进行设置，其设置项包括（　　）。

A．动画的尺寸

B．背景的颜色、帧频

C．Flash 播放器的版本选择、动画发布的格式

D．以上皆是

（4）FLA 文件是 Flash 中使用的主要文件，它包含了（　　）。

A．在创建 Flash 文件过程中的图形和音频信息

B．时间轴的设置和编辑信息

C．脚本信息

D．以上皆是

**3．判断题**

（1）【外部库】面板中的元件可以打开并直接编辑，或将其拖放到舞台上编辑。（　　）

（2）在 Flash 中可以使用矢量图形和位图图形，也可导入声音文件。（　　）

（3）在 Flash 文件中的舞台大小是固定不变的。（　　）

（4）在 Flash 中不仅可以自定义快捷键，还可以自定义工作界面。（　　）

（5）Flash 中的各个面板只能单独存在，不能合并。（　　）

**4．简答题**

（1）如何自定义工具栏？

（2）Flash 的特点有哪些？

（3）新建 Flash 文档的方法有哪些？

（4）Flash 源文件的扩展名是什么？ Flash 动画文件的扩展名是什么？

# 第2章　Flash中图形的绘制

在 Flash 中，所有位于舞台中的内容都称为动画对象，如图形、文字、声音等。Flash 动画在制作过程中，有很多的动画对象都需要在舞台中进行绘制，对此 Flash 提供了丰富的绘图工具进行图形绘制。在动画对象中，图形和文字是最基本的要素，可以通过绘图工具实现。

**本章要点：**

- 对 Flash 工具箱进行详细介绍。
- 初步了解各种工具的作用。
- 详细介绍绘图工具的使用方法。

## 2.1　Flash CS6 的工具箱

Flash 中的工具箱提供了绘制、编辑和查看图形的所有工具。使用这些工具可以在舞台中轻松地绘制出各种动画对象，并能对其进行编辑和修改。

默认情况下，工具箱位于主界面左侧。选择【窗口】→【工具】命令（或按 Ctrl+F2 组合键），可以打开或隐藏工具箱。工具箱大致可以根据工具的功能分为 4 个区域：绘图工具区、查看区、颜色区和选项区，每个区域都由相关的工具组成，如图 2-1 所示。比如，绘图工具区大致包括选取工具、绘制工具、文本工具、填充工具和擦除工具。在绘图工具区选择不同的工具，工具箱中的选项区会出现相应的选项按钮，根据选择的工具不同，其选项区域的选项也会不同，这些选项可以对所绘制的图形作适当的调整。

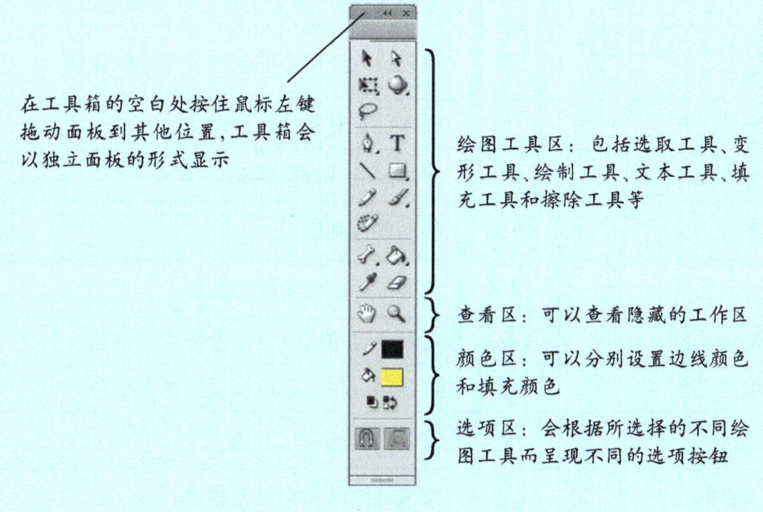


图 2-1　工具箱的功能划分

下面具体介绍工具箱中各个工具的名称及功能，如表 2-1 所示。

**表 2-1　Flash CS6 工具箱中工具的名称及功能**

| 图　标 | 名　称 | 快捷键 | 功　　能 |
|---|---|---|---|
|  | 选择工具 | V | 选择和移动舞台中的各种对象 |
|  | 部分选择工具 | A | 选取并调整对象路径，也可移动对象 |
| / | 任意变形工具 / 渐变变形工具 | Q/F | 任意变形工具可以对对象、组、文本块等进行任意旋转、变形和缩放操作；渐变变形工具可以更改颜色的渐变填充 |
| / | 3D 旋转工具 /3D 平移工具 | W/G | 可以对图形进行三维的旋转或者平行移动 |
|  | 套索工具 | L | 选取不规则的对象范围 |
|  | 文本工具 | T | 输入和修改文本 |
|  | 钢笔工具 | P | 绘制对象路径和抠图 |
|  | 线条工具 | N | 绘制任意直线 |
| / | 矩形工具 / 基本矩形工具 | R | 绘制矩形和正方形 |
| / | 椭圆工具 / 基本椭圆工具 | O | 绘制椭圆形和圆形 |
|  | 多角星形工具 | 无 | 绘制多边形 |
|  | 铅笔工具 | Y | 绘制任意线条和图形 |
|  | 刷子工具 | B | 绘制任意形状的矢量色块 |
|  | 喷涂工具 | F | 可以产生喷涂的效果 |
|  | Deco 工具 | U | 可以快速完成大量相同元素的绘制，也可以通过【属性】面板设置不同的绘制及动画效果 |
| / | 骨骼工具 / 绑定工具 | M | 适合制作机械运动或人走路等有反向运动的动画，可以将不同的符号连接起来形成父子关系。骨骼工具用于创建骨骼，绑定工具可以将骨骼绑定在一起 |
| / | 颜料桶工具 / 墨水瓶工具 | K/S | 填充或改变图形的颜色或者边框属性 |
|  | 滴管工具 | I | 吸取已有对象的色彩属性 |
|  | 橡皮擦工具 | E | 擦除线条、图形、填充 |
|  | 手形工具 | H | 移动舞台画面 |
|  | 缩放工具 | M/Z | 放大或缩小显示舞台画面 |
|  | 笔触颜色 | 无 | 可以通过单击颜色框设置线条颜色 |
|  | 填充颜色 | 无 | 可以通过单击颜色框设置填充颜色 |
|  | 黑白 | 无 | 恢复默认的黑白颜色 |
|  | 交换颜色 | 无 | 交换笔触颜色和填充颜色 |

选项区域显示的是当前选择工具的可设置属性,它是随着所选工具的变化而变化的。当选择某种工具后,在选项区域中将出现相应的设置选项,这些选项会影响工具的填色或编辑操作,如表 2-2 所示。

**表 2-2 选项区域中各种工具的设置选项**

| 选项图标 | 子选项 | 名 称 | 作 用 |
|---|---|---|---|
| | 无 | 贴紧至对象 | 当移动对象或改变其形状时,对象上选取工具的位置为对齐环节提供了参考点。例如,如果通过拖动接近填充形状中心的位置来移动填充形状,它的中心点会与其他对象贴紧。对于要将形状与运动路径对齐从而制作动画的情况,该功能特别有用 |
| | 无 | 平滑 | 通过平滑线条和形状轮廓来改变对象的形状 |
| | 无 | 伸直 | 通过伸直线条和形状轮廓来改变对象的形状 |
| | 无 | 旋转与倾斜 | 旋转与倾斜所选对象 |
| | 无 | 缩放 | 缩放所选对象 |
| | 无 | 扭曲 | 扭曲所选对象 |
| | 无 | 封套 | 将所选对象进行封套,可以通过调整封套的点和切线手柄来编辑封套形状。更改封套的形状会影响该封套内对象的形状 |
| | 无 | 对象绘制 | 将对象以组的方式绘制,所创建的形状不会干扰其他重叠的图形 |
| | 无 | 魔术棒 | 用于沿对象轮廓进行大范围的选取,也可以选取位图色彩范围 |
| | 无 | 魔术棒设置 | 单击此按钮,在打开的对话框中可以设置魔术棒选取的色彩范围 |
| | 无 | 多边形模式 | 用于对不规则图形进行较精确的选取 |
| | 无 | 全局转换 | 进行物体全方位的转换 |
| | | 伸直 | 用于绘制直线或较规则的曲线 |
| | | 平滑 | 选择此选项后,绘制的曲线趋于流畅平滑 |
| | | 墨水 | 绘制手绘式线条,如实反映光标经过的路径 |
| | 无 | 锁定填充 | 相对于舞台锁定,使填充看起来好像扩展到整个舞台 |
| | | 标准绘画 | 画笔所绘制的图形将完全覆盖所经过的矢量图形的线段和色块 |
| | | 颜料填充 | 画笔绘制的图形只覆盖矢量色块,对线条没有影响 |
| | | 后面绘画 | 画笔绘制的图形从原有图形后面穿过,对原有矢量图形不造成影响 |
| | | 颜料选择 | 只在选取的矢量色块的填充区域进行绘画 |
| | | 内部绘画 | 适合在封闭的区域里填色,并且起点必须在矢量图内部 |

续表

| 选项图标 | 子选项 | 名　称 | 作　　用 |
| --- | --- | --- | --- |
| | （略） | 刷子大小 | 用于设置画笔工具的笔画大小 |
| | （略） | 刷子形状 | 用于设置画笔工具的笔头形状 |
| | | 不封闭空隙 | 只能对完全封闭的区域填充颜色 |
| | | 封闭小空隙 | 可以忽略较小的缺口，对一些具有小缺口的区域填充颜色 |
| | | 封闭中等空隙 | 可以对具有稍大空隙的空间填充颜色 |
| | | 封闭大空隙 | 可填充有一定距离的线条的轮廓线内部区域 |
| | | 标准擦除 | 同时擦除矢量图形的线条和颜色 |
| | | 擦除填色 | 只擦除填充，不影响线条 |
| | | 擦除线条 | 只擦除线条，不影响填充 |
| | | 擦除所选填充 | 只擦除所选区域的填充，不影响选中的线条 |
| | | 内部擦除 | 只擦除橡皮擦笔触开始接触颜色的填充，不影响其他颜色的填充，也不影响线条 |
| | 无 | 水龙头 | 可直接擦除选中的连续的线条或填充 |
| | （略） | 橡皮擦形状 | 用于设置橡皮擦的形状 |

## 2.2　图形的打散和对象绘制

在 Flash 中，绘制图形有两种模式，即图形的打散模式和对象绘制模式。

### 2.2.1　图形的打散模式

图形的打散模式是指在用绘图工具绘制图形时，没有打开工具箱选项区的【对象绘制】按钮。如果绘制图形时打开了【对象绘制】按钮，则选择图形并执行【修改】→【分离】命令（或按 Ctrl+B 组合键），此时图形中会出现一些小点，表示图形已经被打散。打散的图形边框和填充区域是分开的。重叠时会自动合并，即图形重叠时会改变它们的形状，如图 2-2 所示。

### 2.2.2　图形的对象绘制模式

用绘图工具绘制图形时，选择工具箱选项区中的【对象绘制】按钮，则绘制图形的边框和填充是作为一个整体存在的，这样的图形在叠加或者分开重组时外形不变，如图 2-3 所示。

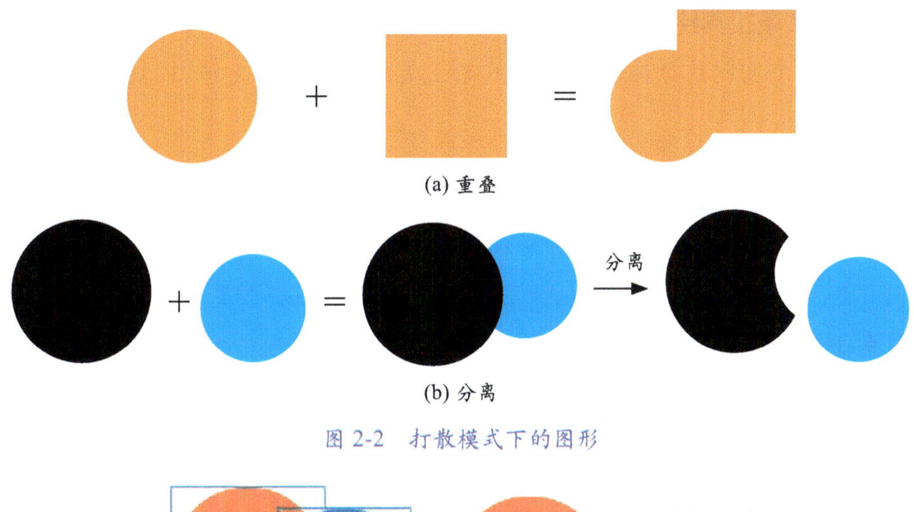


图 2-2 打散模式下的图形

图 2-3 对象绘制模式下的图形

## 2.3 绘 制 图 形

在 Flash 中能够绘制图形的工具包括线条工具、钢笔工具、椭圆工具、矩形工具、铅笔工具和橡皮擦工具等，下面分别介绍各个工具的使用方法。

### 2.3.1 线条工具

#### 1. 线条工具的使用方法

线条工具用于绘制各种角度的直线，是绘制直线最常用最简便的工具。用线条工具绘制直线的具体方法是：首先单击工具箱上的【线条工具】按钮 ；然后在【属性】面板中设置线条颜色、线宽、线条样式等，如图 2-4 所示；最后将光标移到舞台，光标变为“+”，在舞台上按住鼠标左键拖动，会沿拖动的轨迹出现一条直线，确定终点位置时释放鼠标，直线绘制完毕。

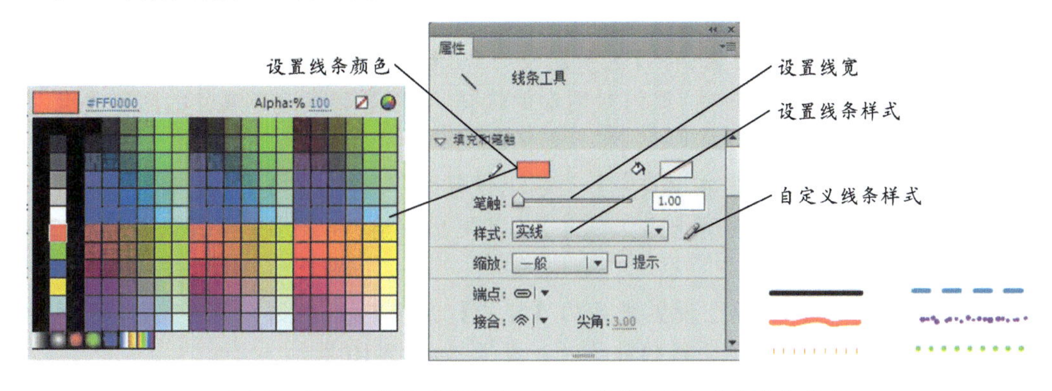


图 2-4 线条工具的【属性】面板及其线条的各种颜色和样式

### 2．利用线条工具绘图

下面以一个实例来具体演示使用线条工具绘制图形的方法，以加深对此工具的认识。

**绘制千纸鹤的具体操作步骤如下。**

（1）单击工具箱中的线条工具，当光标变为“+”形状时，在舞台上按住鼠标拖动来绘制一系列直线，并组成如图 2-5 所示的图形，此形状为千纸鹤的翅膀轮廓部分。

（2）用同样的方法绘制千纸鹤的另一个翅膀、头、尾部，效果如图 2-6 所示，这样千纸鹤的基本轮廓就绘制好了。

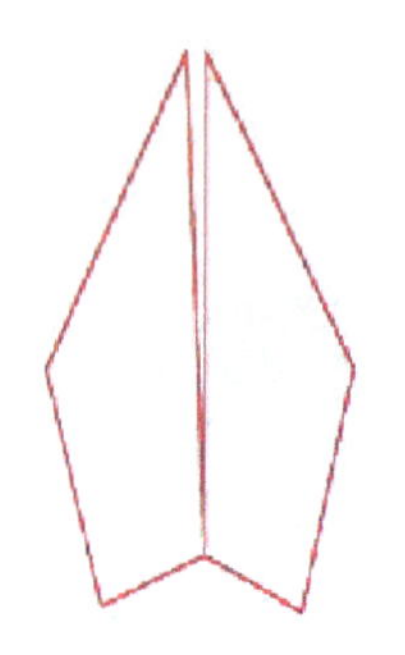

图 2-5　绘制千纸鹤的翅膀

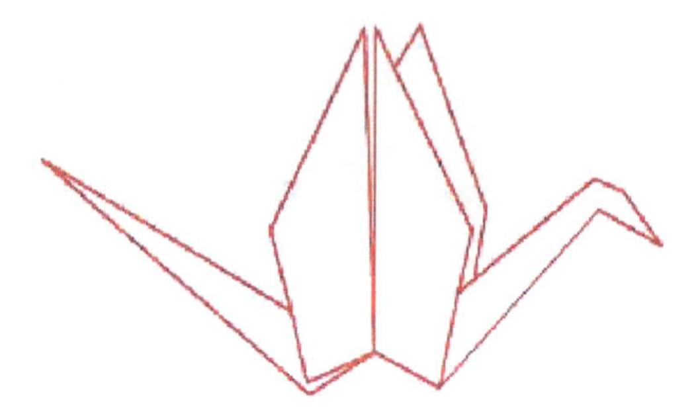

图 2-6　绘制千纸鹤的基本形状

（3）单击选择工具，在舞台上图形的右上角按住鼠标将其拖动至左下角，拖出一个矩形框并释放鼠标，则刚刚绘制的轮廓被全部选中，如图 2-7 所示。

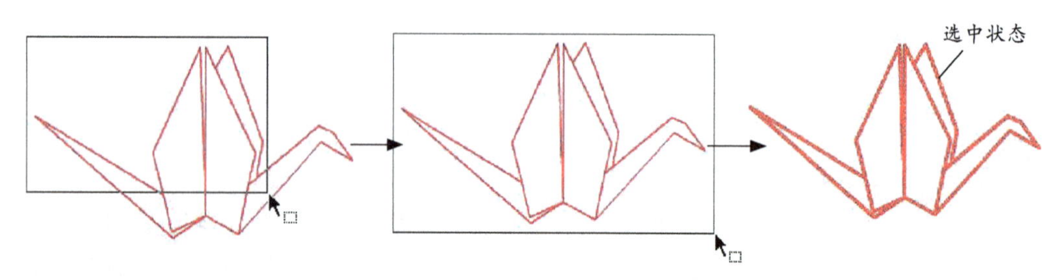


图 2-7　用选择工具框选图形

**注意：**

在 Flash 中，选中状态下没有群组的打散的图形有很多小点。

（4）打开【属性】面板，将【笔触】设为 2，【样式】设为实线，如图 2-8 所示。设置完毕，在舞台空白处单击，取消对图形的选择，可以看到修改了属性的图形发生了相应的变化。

（5）选择线条工具，先在【属性】面板上设置线条属性，将【笔触】设为 1，再在绘制好的千纸鹤的基本轮廓上添加线条，让其更加生动，线条添加后的效果如图 2-9 所示。

（6）在【属性】面板上设置线条的【样式】为“虚线”。回到舞台，在千纸鹤翅膀部分绘制虚线线条，这样千纸鹤就绘制完成了，如图 2-10 所示。

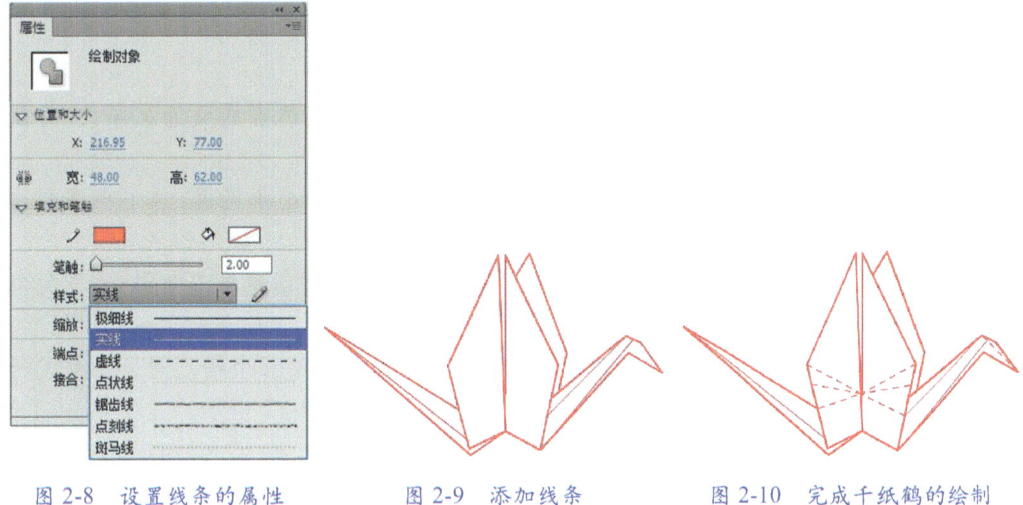


图 2-8　设置线条的属性　　图 2-9　添加线条　　图 2-10　完成千纸鹤的绘制

**注意：**

在用选择工具选择千纸鹤图形的线条时，会发现选择的是所绘线条的一小段，这是因为别的线条与之相交，将其分为了几段。如果要避免这种情况，则在绘制线条前，先在工具箱的选项区中选中【对象绘制】按钮，再在舞台上进行绘制，这时所绘制的线条不会干扰到其他图形。这一点对于其他的绘图工具都适用，如图 2-11 所示。

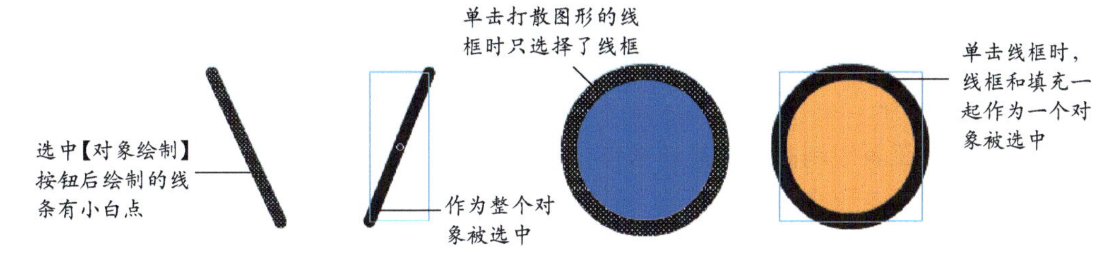


图 2-11　是否选中【对象绘制】按钮时绘制图形的不同效果

**技巧：**

在绘制线条时，按住 Shift 键可以绘制水平或垂直方向上的直线，还能绘制成 45°的斜线。

## 2.3.2　钢笔工具

钢笔工具不仅可以绘制精细的动画对象，还能使复杂的图像与其背景分离。下面介绍钢笔工具的使用方法。

### 1．利用钢笔工具绘图

利用钢笔工具可以绘制精确的线条，这类线条包括直线和曲线。使用钢笔工具绘制线条时会有一系列的线段和锚点，可以通过锚点来控制线段的曲率，也可以用选择工具直接在线段上设置曲线弧度。

选择钢笔工具后，打开的【属性】面板与线条工具的【属性】面板基本一致。

下面讲解用钢笔工具绘制直线的方法。

**用钢笔工具绘制直线的具体操作步骤如下。**

(1) 选择工具箱中的钢笔工具，在【属性】面板中选择适当的颜色及样式，将鼠标光标移至舞台中，光标变为♠×。

(2) 在舞台上直线开始的位置单击，这时单击处出现一个小圆圈，这个小圆圈称为锚点，现在这个锚点也是直线的起点。

(3) 将鼠标光标移动到直线线段结束的位置，再次单击，创建第二个锚点，在两个锚点间得到一条直线线段。

(4) 再在另外的位置单击，创建第三个锚点。在第二和第三个锚点间又绘制了一条直线线段。依次单击会出现一系列相连的直线线段，如图 2-12 所示。

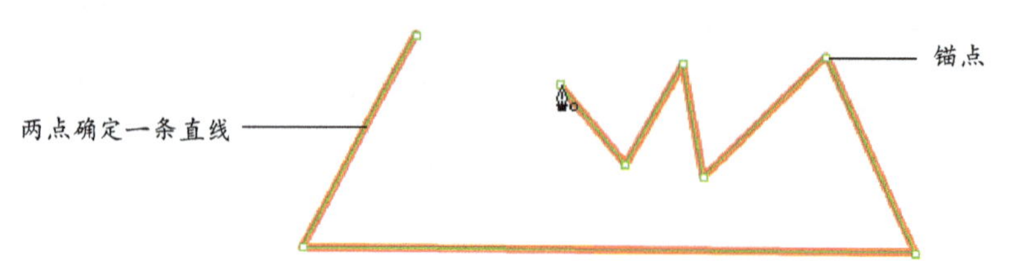


图 2-12　用钢笔工具绘制直线

(5) 如果要绘制封闭的图形，可将鼠标光标移至起点位置，当鼠标光标变为♠o形状时单击即可。如果要结束绘制，在工具箱中单击其他任意工具按钮即可。

下面讲解用钢笔工具绘制曲线的方法。钢笔工具在绘制曲线时还能比较精确地调整曲线的曲率。

**用钢笔工具绘制曲线的具体操作步骤如下。**

(1) 选择工具箱中的钢笔工具，光标变为♠×形状时，在舞台上曲线开始的地方单击，确定曲线的起点。

(2) 将光标移至另一个位置，单击确定第二个锚点。当光标变为▷形状时，将鼠标向任意方向拖动，出现调节杆，如图 2-13 所示，调节杆的长短不同，曲线的曲率也不一样。

(3) 将曲线弧度调整满意后，释放鼠标，一条曲线绘制完毕。

(4) 用相同的方法绘制其他曲线。如果要结束绘制，则在工具箱中单击其他工具即可。如果要绘制封闭的图形，就将曲线的最后一点在已有的线段或节点上单击即可。然后可以在封闭的图形内填充设置的填充颜色，如图 2-14 所示。

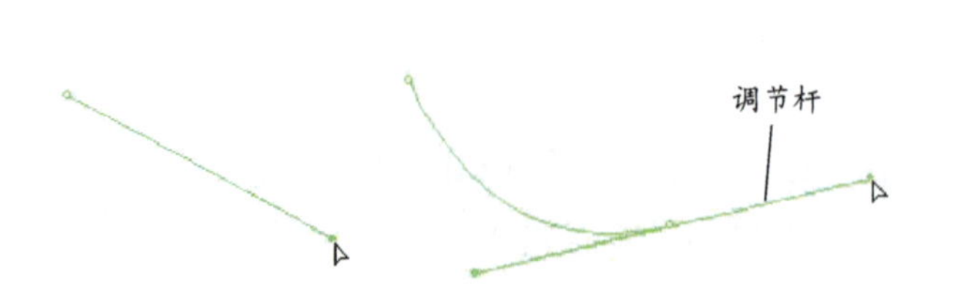


图 2-13　绘制曲线

图 2-14　用曲线围成图形

在使用钢笔工具时，会发现钢笔工具对应的鼠标光标会变化不同的形状，这些不同形状的光标在绘制图形时有不同的作用，具体说明如图 2-15 所示。

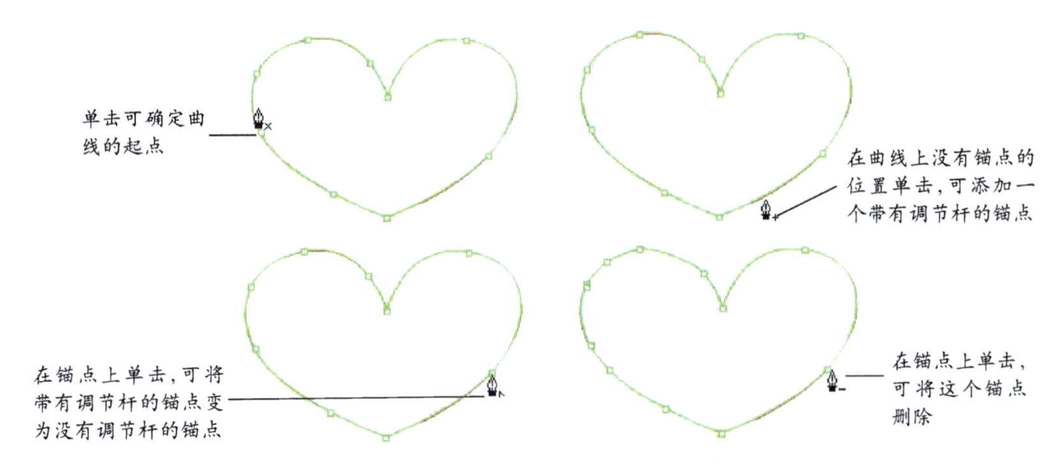


图 2-15　钢笔工具的不同光标形状和作用

### 2. 利用钢笔工具抠图

**用钢笔工具抠图的具体操作步骤如下。**

(1) 选择【文件】→【导入】→【导入到舞台】命令，在【导入】对话框中选择一张 JPG 格式的图片，单击【确定】按钮，将图片导入舞台，这里导入的是咖啡杯图片。

(2) 选择图片，右击，在弹出的快捷菜单中选择【分离】命令（或按 Ctrl+B 组合键），使位图图片分离。

(3) 选择工具箱中的钢笔工具，此时不选择工具箱选项区中的【对象绘制】按钮，沿杯子边缘将杯子的轮廓描绘出来。描绘完后，不满意的地方可以用部分选取工具进行调节修改，绘制的杯子轮廓效果如图 2-16 所示。

图 2-16　用钢笔工具描绘的杯子轮廓

**注意：**

用钢笔工具绘制轮廓时，一定不要选择工具箱选项区中的【对象绘制】按钮，否则就不能将图形分离。

(4) 轮廓绘制好后，单击轮廓线外的图片，轮廓线外的图片被选中，按 Delete 键将其删除即可；接着再删除绘制的轮廓线，最终效果如图 2-17 所示。

图 2-17　最后效果

### 3. 更改钢笔工具选项

选择【编辑】→【首选参数】命令，打开【首选参数】对话框，在【类别】列表框中选择【绘画】，如图 2-18 所示，在旁边的【绘画】选项页面中可以根据实际情况对钢笔工具的选项进行设置。

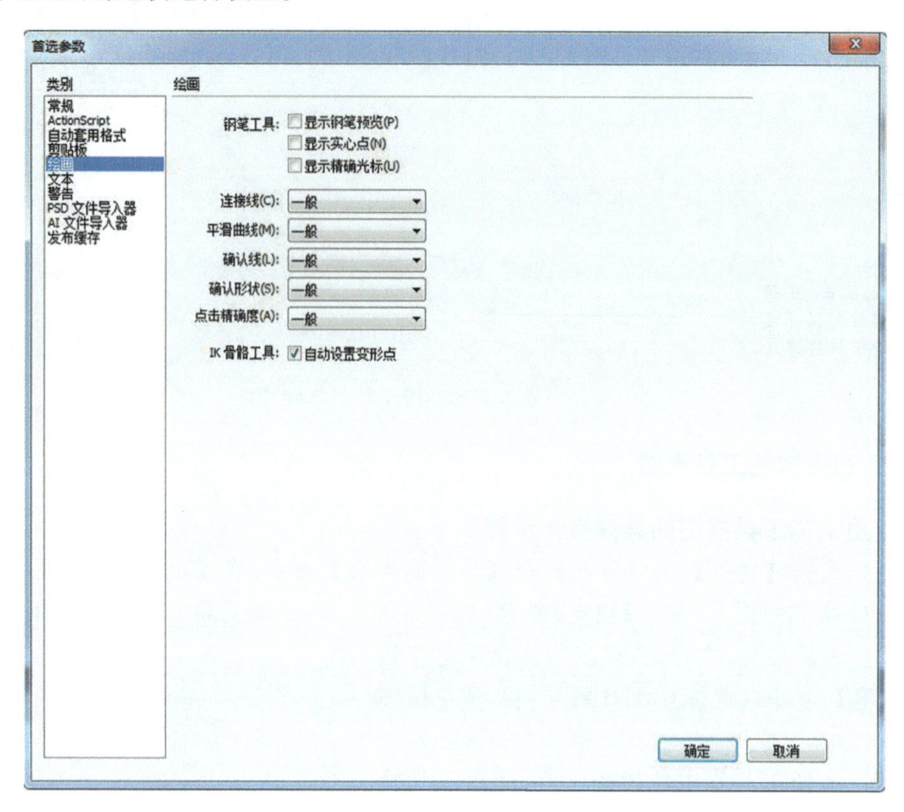


图 2-18 【首选参数】面板中的【绘画】选项页

【绘画】选项页中【钢笔工具】各个选项的设置效果如图 2-19 所示。

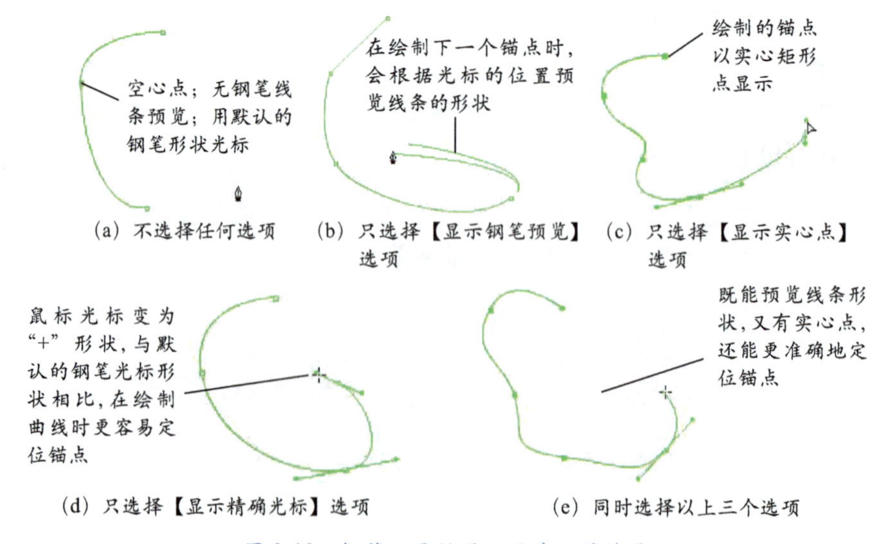


图 2-19 钢笔工具设置不同选项的效果

## 2.3.3 椭圆工具

### 1. 椭圆工具的使用方法

椭圆工具用于绘制圆形和椭圆形。其绘制方法是：选择工具箱上的椭圆工具，当光标变为“+”形状时，在舞台上按住鼠标左键拖动，可绘制一个椭圆。如要绘制圆形，则只需在拖动鼠标前按住 Shift 键即可。选择椭圆工具后，其【属性】面板如图 2-20 所示。

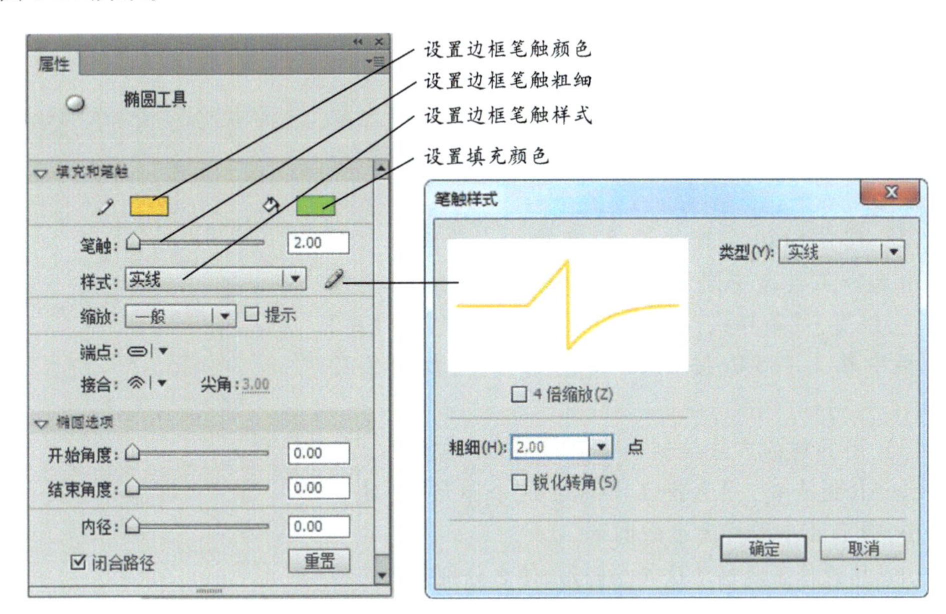


图 2-20 椭圆工具的【属性】面板

**技巧：**

*在绘制圆形时按住 Alt 键，可以绘制以单击点为圆心的椭圆；按住 Shift+Alt 组合键，可以绘制以单击点为圆心的圆形。*

*在【属性】面板上单击设置边框笔触颜色或填充颜色的按钮，在弹出的颜色列表中单击按钮，可将线条或填充设为“无色”。*

用矩形工具默认的属性设置所绘制的圆形不仅有矢量边框，还有矢量色块，两者是分离的。用选择工具单击边框或色块，只能单独选择其一；如果要选取整个图形，可以用选择工具框选整个图形，或按住 Shift 键分别单击边框和色块，如图 2-21 所示。

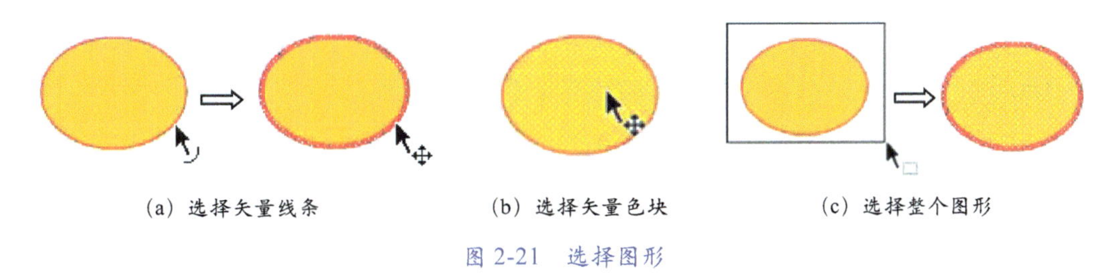

(a) 选择矢量线条 (b) 选择矢量色块 (c) 选择整个图形

图 2-21 选择图形

**注意：**

当删除已绘制的线条和填充，或者设置线条和填充为无色时，这些已删除或者设为无色的线条和填充不能再在【属性】面板中进行颜色设置，必须重新绘制，绘制时可以用其他工具。

另外，双击内部填充，可以将填充和线条全选中。

### 2. 利用椭圆工具绘图

下面以一个具体实例来演示椭圆工具的使用方法，以加深对此工具的认识。

**用椭圆工具绘制圆桌的操作步骤如下。**

(1) 选择工具箱中的椭圆工具，并设置不填充颜色。在工具箱的选项区中选中【对象绘制】按钮，激活对象绘制选项。

(2) 按住 Shift 键拖动鼠标，在舞台上绘制一个圆形。用选择工具选中圆形，打开【属性】面板，设置线条颜色、线宽、线条样式、填充颜色等，并在【宽】和【高】选项栏中输入 155.0，按 Enter 键应用设置，如图 2-22 所示。

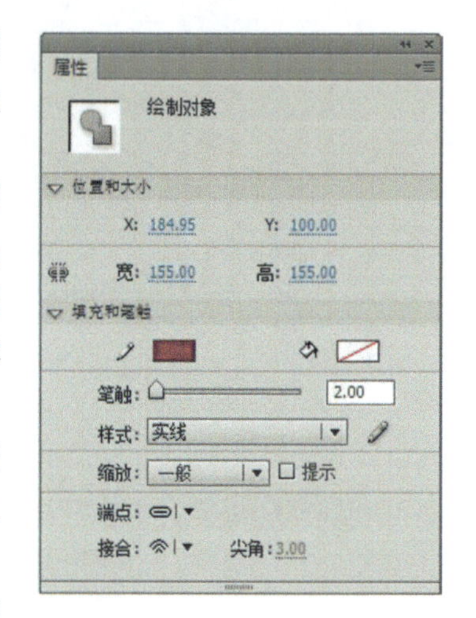


图 2-22　设置圆形的高和宽

(3) 用同样的方法绘制一个直径为 80 的圆形。按住 Ctrl+Alt 组合键，用选择工具拖动这个圆形，将其复制 3 份，得到 4 个同样大小的圆形。

(4) 用选择工具移动这 4 个圆形，使之分别与大圆相交，调整位置对齐，效果如图 2-23 所示。

(5) 再绘制 4 个直径为 66 的圆，放置在如图 2-24 所示的位置。

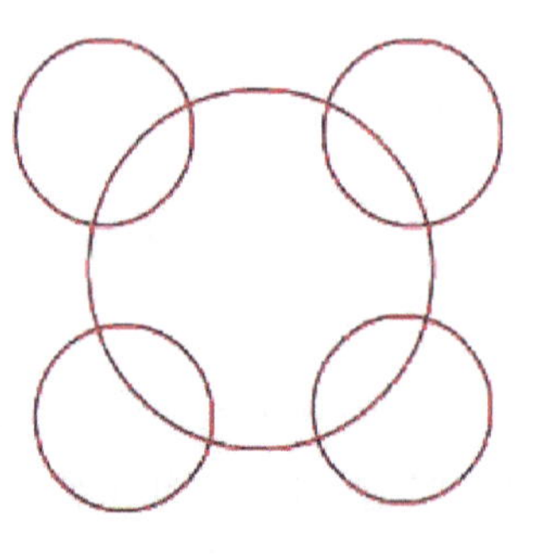

图 2-23　设置圆形位置

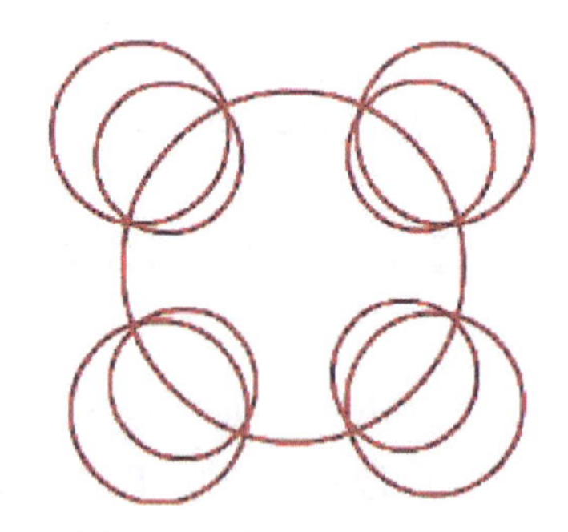

图 2-24　放置位置

(6) 按住 Shift 键，单击 4 个小圆，将其全部选中，在【属性】面板将线条粗细设为 1。

(7) 用选择工具将以上所绘的图形全部选中，执行【修改】→【取消组合】命令（或按 Ctrl+Shift+G 组合键），将图形打散，效果如图 2-25 所示。

(8) 用选择工具将大圆内的所有弧形选中，按 Delete 键将其删除，删除后效果如图 2-26 所示，这样一个俯视的圆桌轮廓就绘制好了。

(9) 最后在【属性】面板中设置线宽、线条颜色、填充色等，在大圆中再绘制一个圆形作为桌布，这样，圆桌就绘制好了，效果如图 2-27 所示。

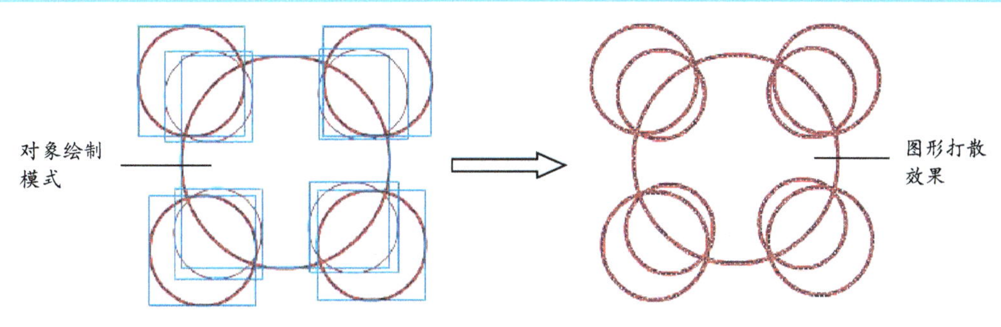


图 2-25 打散图形

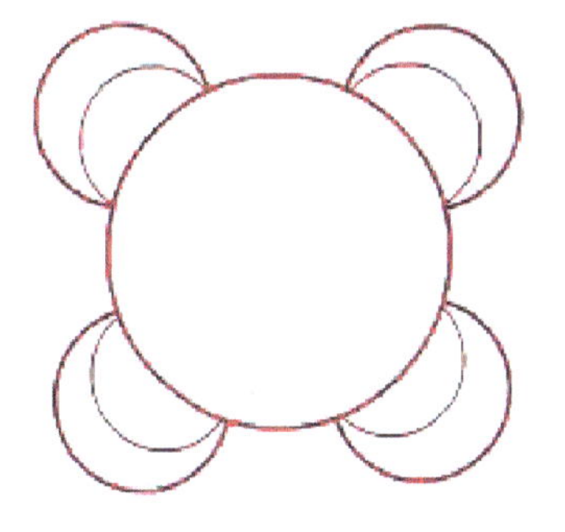

图 2-26 删除多余的弧线

图 2-27 圆桌效果

## 2.3.4 矩形工具

矩形工具可以绘制正方形、矩形和圆角矩形。在默认的矩形工具下方有个黑色小三角，单击它，在弹出的列表中还有多角星形工具选项，如图 2-28 所示，利用多角星形工具可以绘制各种多边形和星形。

### 1. 矩形的绘制

选择工具箱中的矩形工具，然后在【属性】面板中选择合适的填充色、线条颜色、线宽及样式等，再将光标移至舞台上按住鼠标左键拖动鼠标，即可绘制出所需的矩形；按住 Shift 键拖动鼠标，可以绘制正方形。绘制图形的效果如图 2-29 所示。

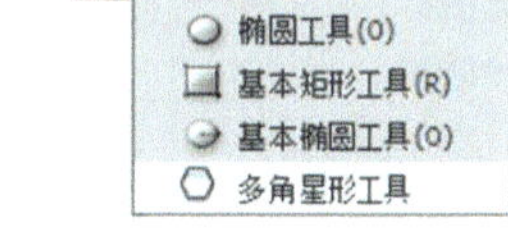


图 2-28 矩形工具和多角星形工具

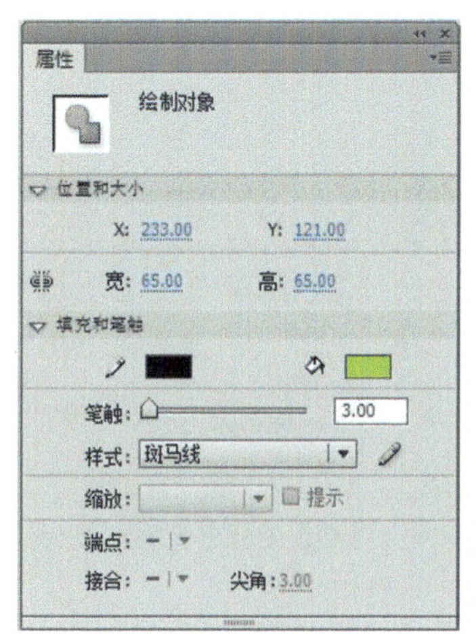

图 2-29 绘制矩形和正方形

### 2. 圆角矩形的绘制

在工具箱中选择矩形工具后，在【属性】面板的矩形选项区的【矩形边角半径】文本框中输入数值（0 ~ 999），可以设置圆角矩形的圆化角程度。圆角矩形的4个圆化角可以大小不一致，如图2-30所示；也可以大小一致，如图2-31所示。

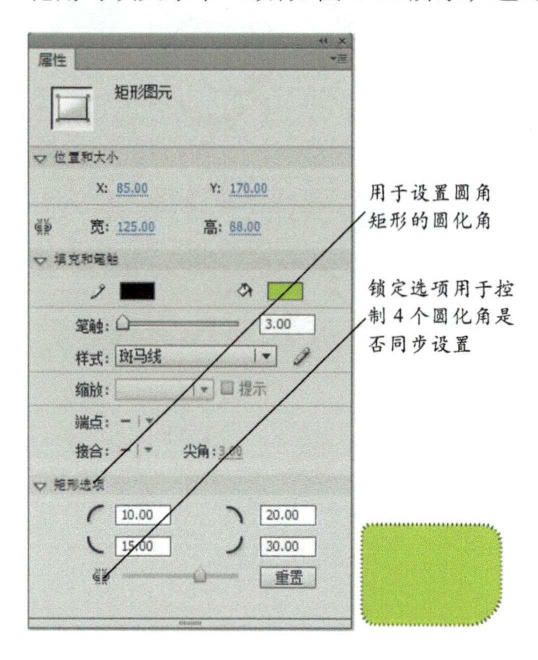


图2-30　圆角矩形设置不同的圆化角

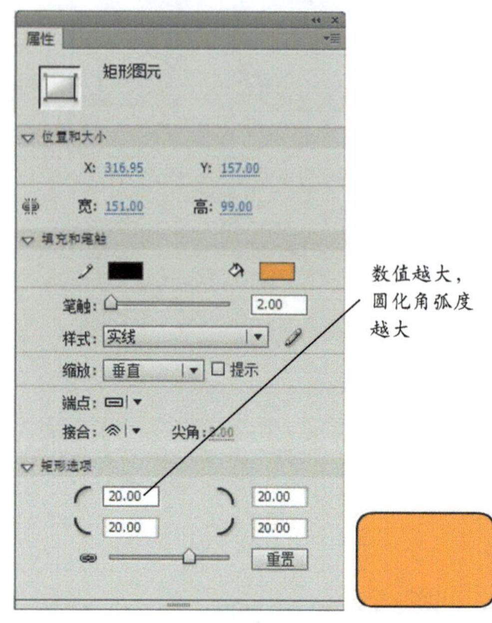


图2-31　圆角矩形设置相同的圆化角

### 3. 多角星形的绘制

选择工具箱中的多角星形工具，打开【属性】面板进行属性设置。单击【属性】面板上的【选项】按钮，打开【工具设置】对话框，在对话框中可以设置多角星形的属性。设置完后按住鼠标左键拖动，即可绘制出需要的多角星形，效果如图2-32所示。

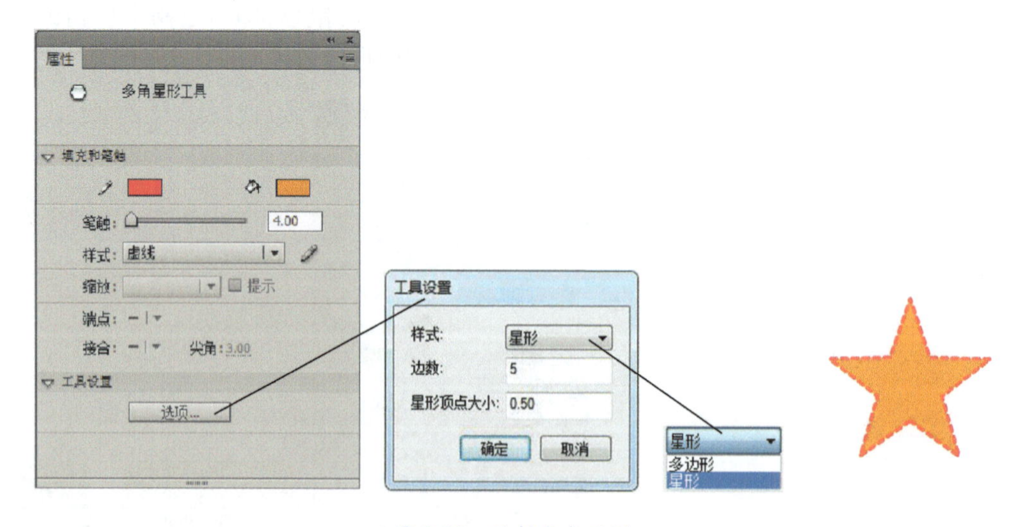


图2-32　绘制多角星形

### 4．利用矩形工具绘图

在了解了矩形工具的使用方法后，下面以一个实例来加深大家对矩形工具的认识。

**用矩形工具绘制礼品盒的具体操作步骤如下。**

(1) 选择工具箱中的矩形工具。在工具箱的选项区中选中【对象绘制】按钮，激活对象绘制选项。

(2) 打开【属性】面板，设置线条颜色为#0D4500的深绿色，笔触为3，样式为实线，填充色设为#2AAB13的浅绿色，使用默认的矩形边角半径值0，效果如图2-33所示。

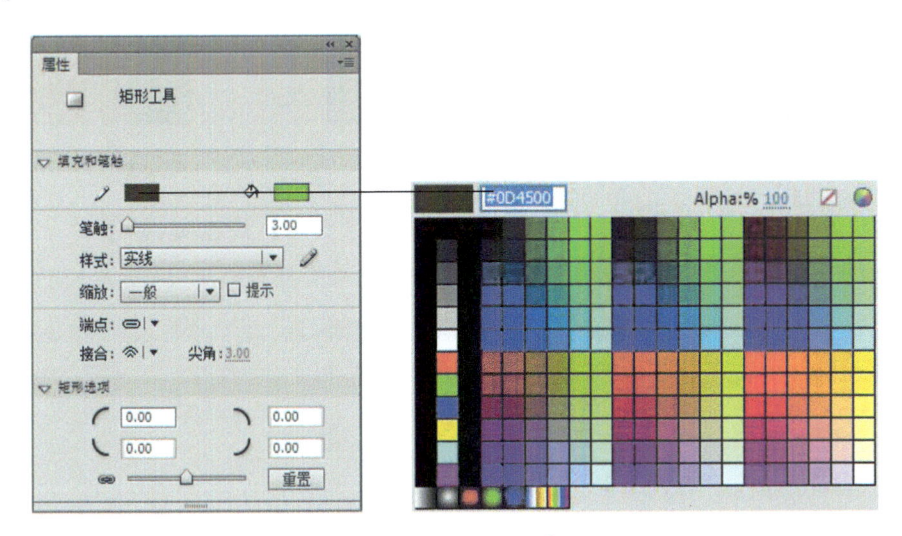


图 2-33　设置矩形的颜色

**注意：**

*在【属性】面板中单击颜色框后，会打开颜色设置面板，可以单击某种颜色框选择颜色，也可以在颜色值编辑框中直接输入颜色值并按Enter键来设置颜色。*

(3) 将光标移至舞台上拖动，绘制两个矩形。用选择工具将其分别选取，在【属性】面板中设置它们的宽和高，一个宽为162、高为135，另一个宽为178、高为22，调整位置后的效果如图2-34所示。

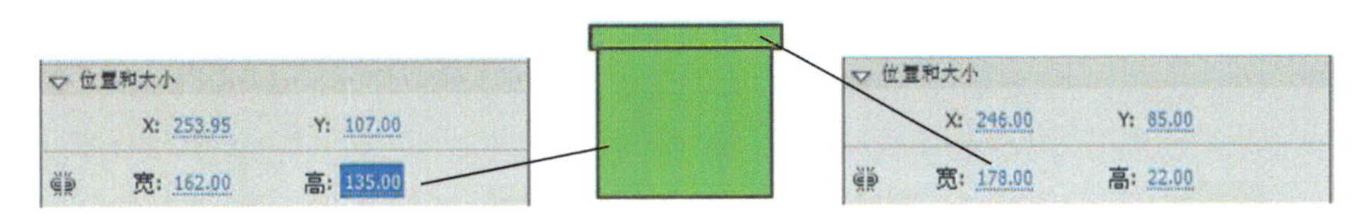


图 2-34　设置矩形的大小

(4) 绘制礼盒阴影，将线条颜色设为无，填充色设为#167800的绿色，在大矩形内绘制两个长条矩形，作为礼盒的阴影，如图2-35所示。

(5) 用同样的方法在盒子的中心部位绘制盒子的包装带，其颜色设为黄底红边。

(6) 选择矩形工具，在【属性】面板中将矩形边角半径设置为20，单击【确定】

按钮回到舞台。在盒子上方绘制如图 2-36 所示的图形，作为礼盒的礼结。

（7）接下来对包装带和礼结进行装饰。选择矩形工具，将其线条颜色设为无，填充色按自己喜好设置，并打开【属性】面板，将矩形边角半径设置为 0。回到舞台，在黄色区域绘制装饰色块，效果如图 2-37 所示（如果要复制某些矩形块，可以按住 Ctrl+Alt 组合键用鼠标拖动矩形进行复制）。

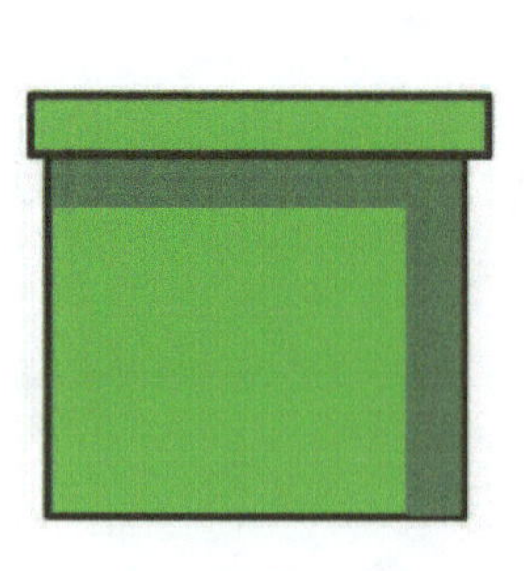

图 2-35　绘制礼盒阴影

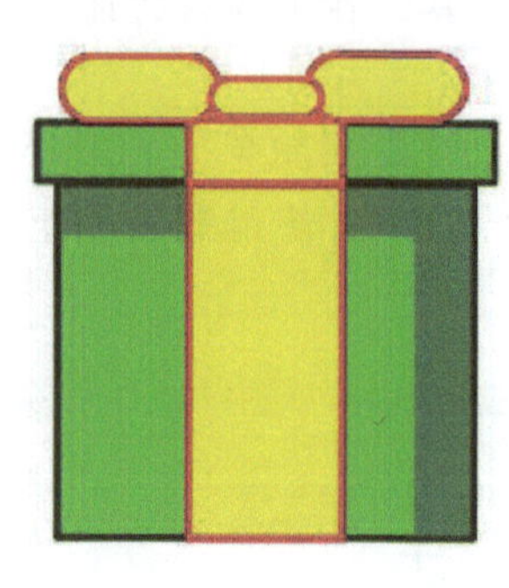

图 2-36　绘制礼结

图 2-37　绘制装饰线条

（8）在【时间轴】面板的图层区中单击【新建图层】按钮，新添加一个图层，如图 2-38 所示。选中新建图层的第 1 帧，返回舞台创建对象。

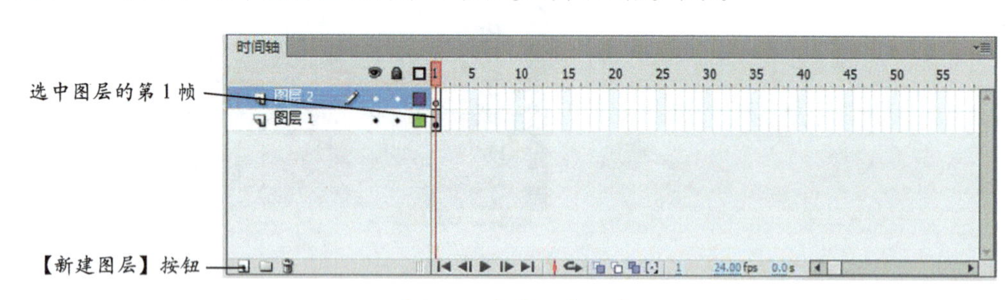


图 2-38　新建一个图层

（9）下面在新图层上进行礼盒花纹的绘制。选择矩形工具，将其颜色设为淡绿色，模式设为对象绘制（为了能方便地调整图形），在舞台上绘制如图 2-39 所示的矩形组合。绘制好后将其全选，执行【修改】→【取消组合】命令（或按 Ctrl+Shift+G 组合键），将图形打散，效果如图 2-40 所示。

（10）按住 Ctrl+Alt 组合键，用鼠标拖动第 8 步绘制的图形，将其复制多份并放置在盒子上面，效果如图 2-41 所示。

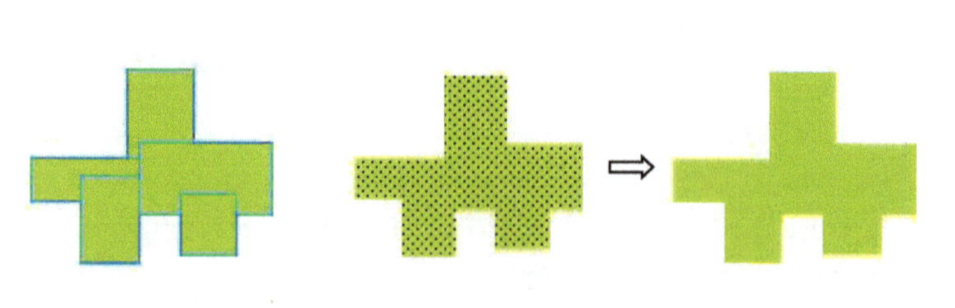

图 2-39　绘制矩形组合　　图 2-40　打散图形

图 2-41　复制图形

(11) 按照图 2-42 所示，将图层 1 锁定。然后用选择工具将礼盒绿色部分以外的图形框选，按 Delete 键将其删除即可，效果如图 2-43 所示。

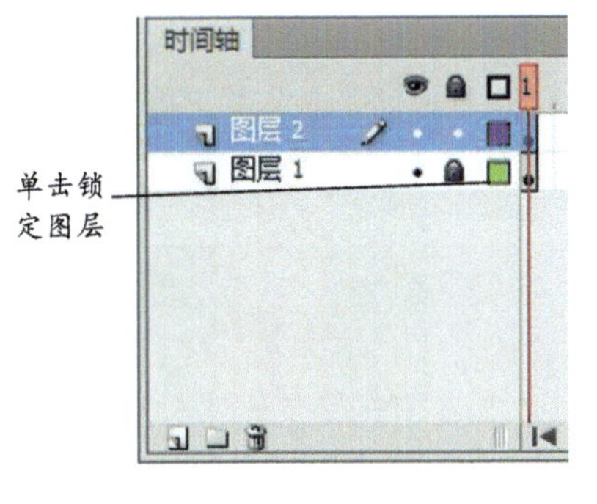


图 2-42　锁定图层

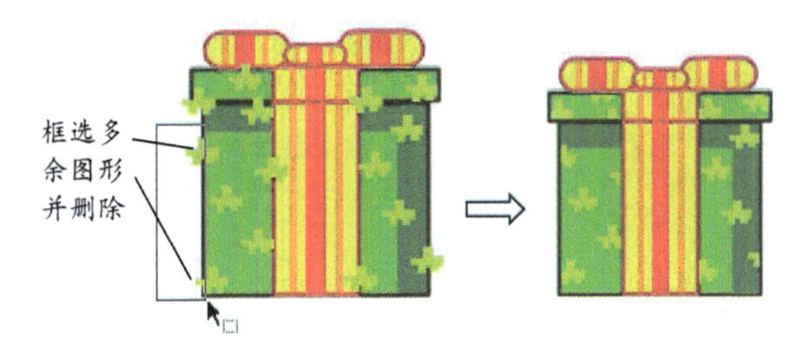


图 2-43　删除多余图形

(12) 用选择工具按同样的方法选中处于礼盒阴影中的花纹图形，将其颜色加深。

(13) 选择多角星形工具，在【属性】面板中设置线型和颜色，并单击【选项】按钮，打开【工具设置】对话框，将【样式】设为星形，【边数】设为 8，【星形顶点大小】设为 0.30，在盒面上拖动鼠标绘制小星形，效果如图 2-44 所示。

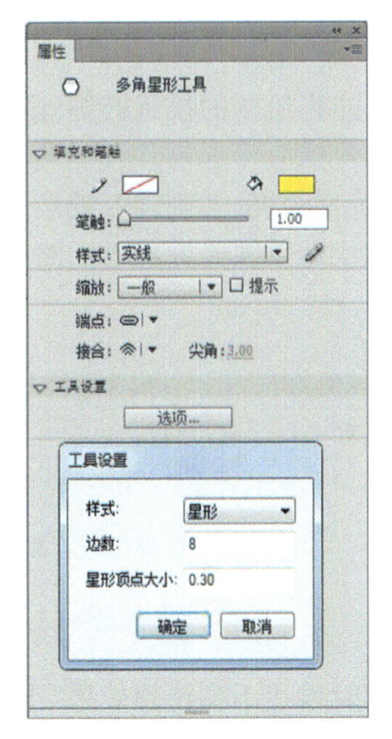


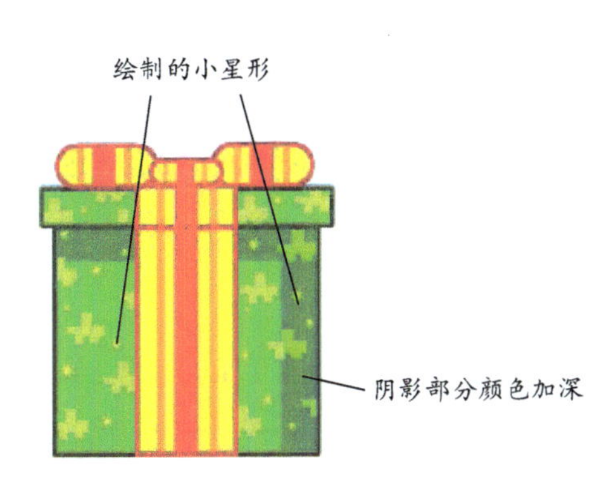


图 2-44　绘制小星形

(14) 最后，在礼带上绘制高光。选择矩形工具，填充颜色设为白色，并在颜色面板上将其透明度 Alpha 值设为 50%，如图 2-45 所示，在礼带上绘制两个矩形块作为高光。

(15) 礼品盒绘制完毕，最后效果如图 2-46 所示。

### 2.3.5　铅笔工具

铅笔工具不仅可以绘制直线，还能绘制任意形状的线条，并可以选择不同的绘画模式模拟真实铅笔的痕迹进行绘画。

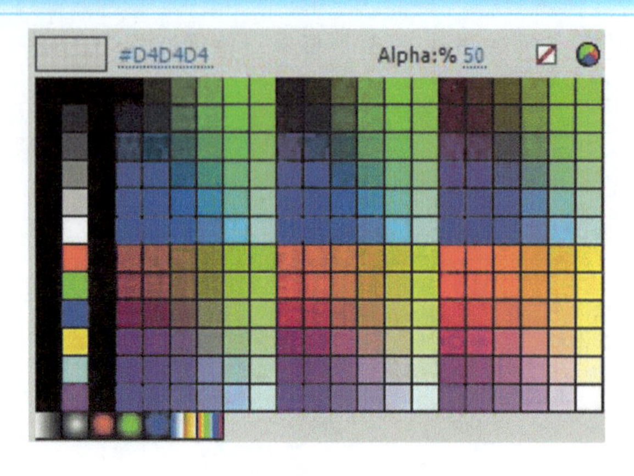


图 2-45　设置颜色透明度

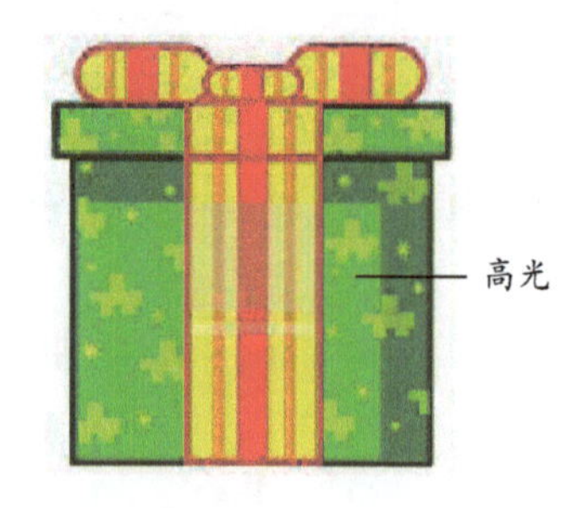


图 2-46　礼品盒效果

选择工具箱上的铅笔工具，在舞台上拖动鼠标，即可绘制线条，其具体操作方法和注意事项将在下面进行详细讲解。

### 1. 铅笔工具选项区的设置

选择工具箱上的铅笔工具，在工具箱下方的选项区中单击【绘画模式】按钮，如图 2-47 所示，从中可选择一种绘画模式。

三种选项的绘图效果说明如下。

- 伸直：可以绘制直线或趋于规则的曲线，能将绘制的接近椭圆、圆、矩形、正方形、三角形等的图形自动转换为这些规则图形。
- 平滑：选择此选项后，使绘制的线条更加光滑流畅，达到圆弧效果。
- 墨水：完全保留徒手绘制的曲线模式，如实地反映光标经过的路径，绘制类似于手写的线条，如图 2-48 所示。

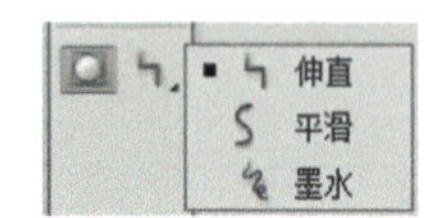


图 2-47　铅笔工具的选项区域

图 2-48　选择不同绘图模式所呈现的效果

### 2. 铅笔工具参数的设置

在实际操作过程中，用铅笔工具绘制的图形有时候达不到预想效果，比如用伸直选项绘制的图形不规则等，这时就需要对铅笔工具的参数进行设置。选择【编辑】→【首选参数】命令，打开【首选参数】对话框，在对话框的【类别】组中选择【绘画】，可以对【连接线】、【平滑曲线】、【确认线】、【确认形状】和【点击精确度】等选项进行设置，设置完后单击【确定】按钮即可，如图 2-49 所示。

**提示：**

用铅笔工具绘制线条时，按住 Shift 键时只可以绘制水平或垂直方向上的直线，不能绘制成 45° 的线条。

### 3. 设置铅笔工具的属性

选择铅笔工具后，打开【属性】面板，就可以对铅笔工具的属性进行设置，如图2-50所示。铅笔工具的用法与线条工具基本一样，在此不再赘述。

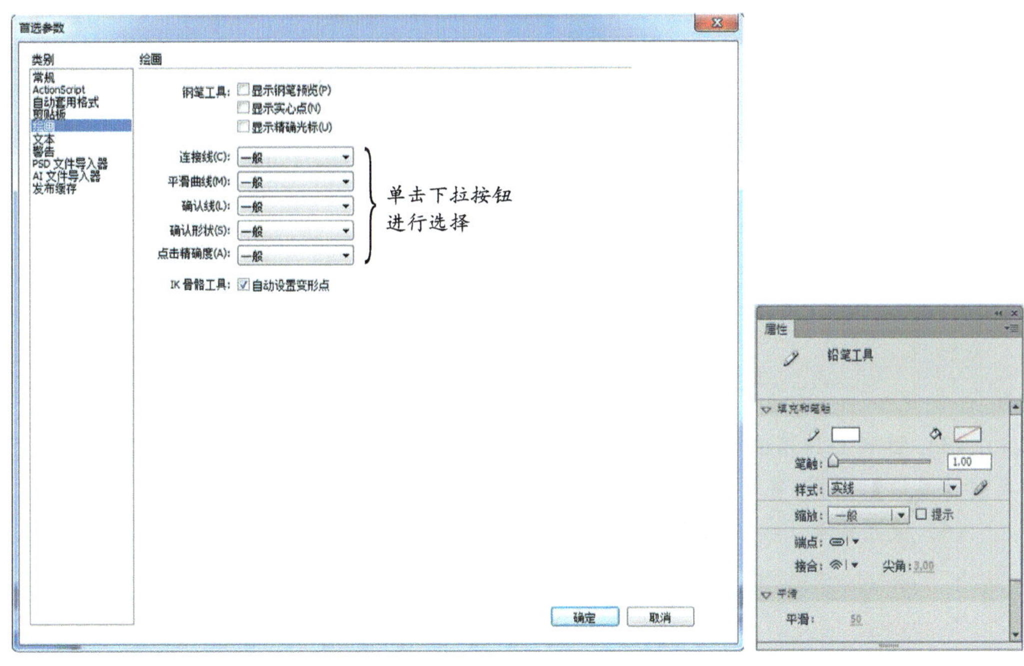


图 2-49 【首选参数】对话框

图 2-50 铅笔工具的【属性】面板

单击面板上的【编辑笔触样式】按钮，弹出【笔触样式】对话框，如图2-51所示。

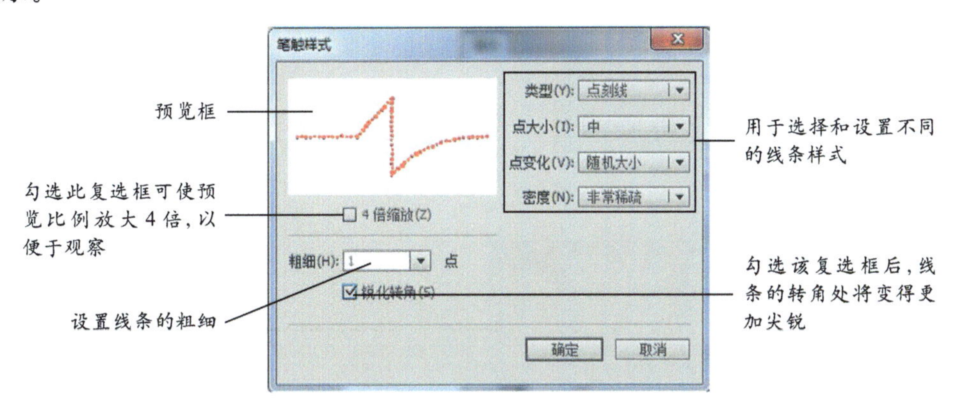


图 2-51 【笔触样式】对话框

### 4. 利用铅笔工具绘图

在了解了铅笔工具的基本用法后，下面以一个具体实例来加深对此工具的认识。

**用铅笔工具绘制美观留言板的操作步骤如下。**

(1) 选择铅笔工具，在工具箱选项区中将绘制模式设置为“伸直”。打开【属性】面板，设置铅笔线条的颜色，线条的粗细以及线条的样式如图2-52所示。

(2) 在舞台上绘制一个近似矩形的框，下底边略长于上边，宽、高为 290、170，效果如图 2-53 所示。

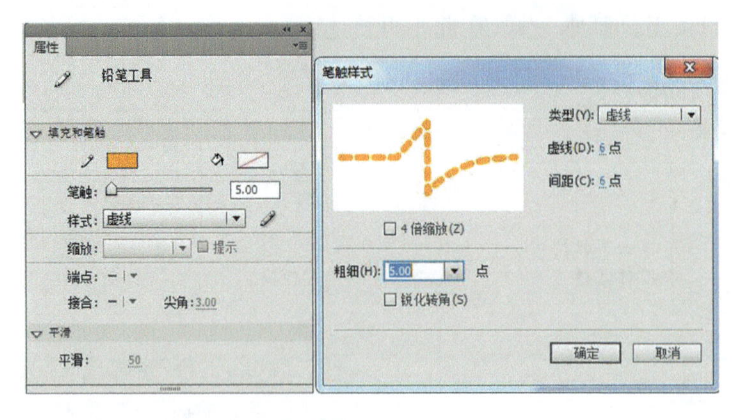


图 2-52　设置铅笔工具的属性

图 2-53　绘制留言板的框

(3) 回到工具箱的选项区，将铅笔工具的绘图模式设为“墨水”，重新设置铅笔工具的【属性】面板，在矩形框内底部绘制栏杆，如图 2-54 所示。

(4) 设置铅笔工具的绘图模式为“平滑”，并修改属性，绘制如图 2-55 所示的图形。

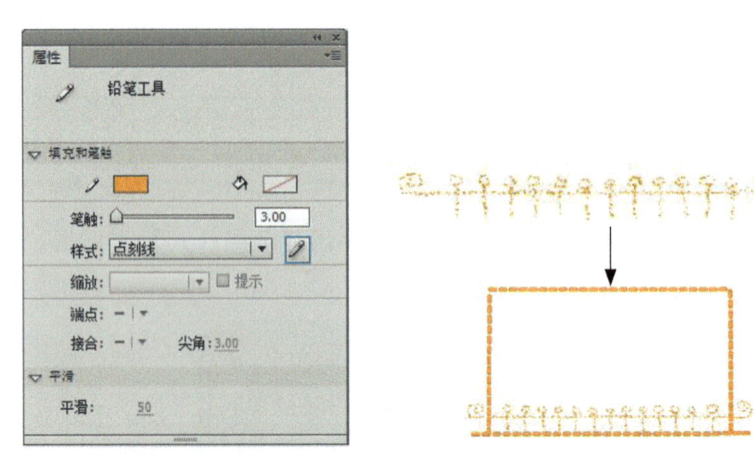


图 2-54　绘制栏杆

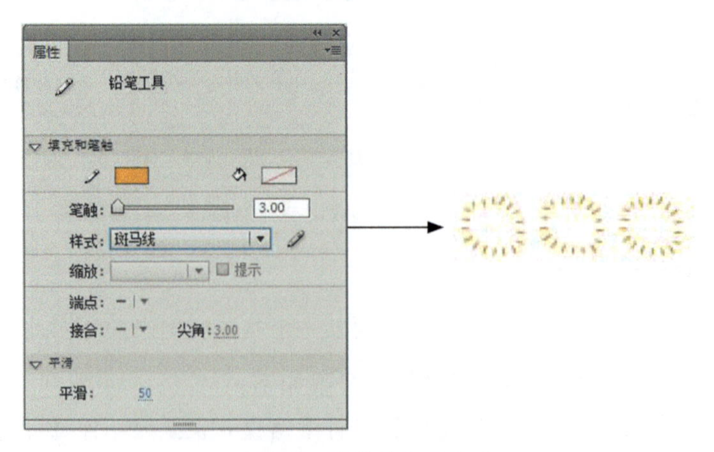


图 2-55　绘制平滑的图形

(5) 继续保持铅笔工具的绘图模式为“平滑”，按照图 2-56 所示的步骤设置铅笔属性，用手写形式绘制“留言板”3 个字。

(6) 将第 (4) 和 (5) 步绘制的图形组合在一起，并放置在矩形框的左上角，这样一个简单又美观的留言板就绘制完成了，效果如图 2-57 所示。

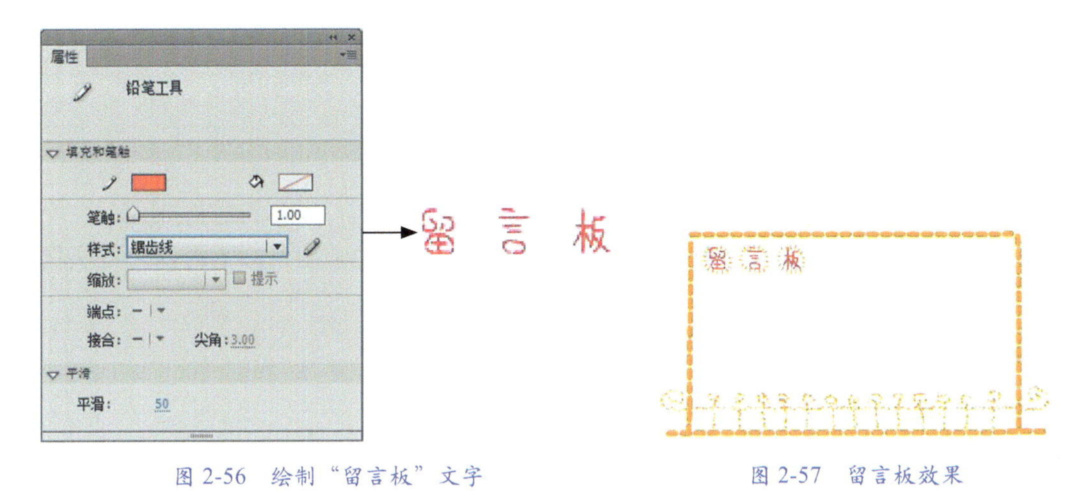


图 2-56　绘制“留言板”文字　　　　图 2-57　留言板效果

## 2.3.6　橡皮擦工具

利用橡皮擦工具可以擦除笔触线条和填充图形。

橡皮擦工具的基本使用方法是选择工具箱中的橡皮擦工具，在工具箱选项区中选择一种橡皮擦的擦除模式和大小，并取消“水龙头”按钮的选择，将光标移至舞台上拖动可擦除图形。

**技巧：**

双击橡皮擦工具，可快速删除舞台上的所有内容。

选中橡皮擦工具后，观察它的选项区，如图 2-58 所示。单击橡皮擦模式按钮，弹出各种擦除模式，绘图时选择一种即可，如图 2-59 所示。

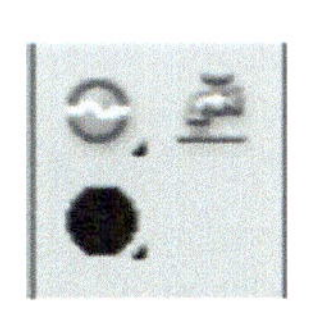

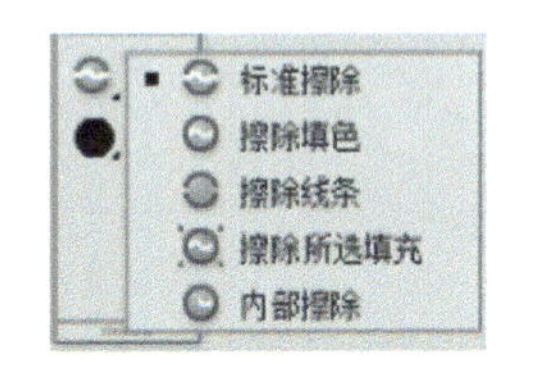

图 2-58　橡皮擦工具的选项区　　　　图 2-59　橡皮擦工具的擦除模式

下面具体讲解一下橡皮擦工具区选项区按钮的作用。

- 橡皮擦模式按钮：用于选择橡皮擦工具的一种擦除模式（选项作用见表 2-2）。

各种擦除模式的效果如图 2-60 所示。

- 水龙头：单击此按钮，激活水龙头功能键，将光标移至舞台，光标变为形状，在图形中单击，可直接擦除与单击处相连并且颜色相同的线条或填充图形。
- 笔触大小：单击此按钮，在弹出的下拉列表中选择一种笔触大小。

图 2-60　各种擦除模式效果

## 2.4　上 机 实 战

可以综合利用绘图工具绘制精美的 Flash 背景图和动画角色。下面以一些实例来巩固本章所学的知识。

### 2.4.1　绘制 QQ 表情中的可爱绿青蛙

**具体操作步骤如下。**

（1）选择工具箱中的椭圆工具，在选项区中激活对象绘制按钮。打开【属性】面板，将线条颜色设为墨绿色，填充色设为无，线宽为 2，在舞台上绘制 3 个椭圆，分别将其宽 / 高设置为 155/143.5、42.7/49、42.7/49。

（2）将椭圆工具切换到选择工具，选中第（1）步所绘制的椭圆形，将 3 个椭圆摆放于如图 2-61 所示的位置。

（3）选择钢笔工具，按照第 1 步的设置方法在【属性】面板中对钢笔工具进行设置，分别在大圆的左下和右下绘制青蛙的腿，效果如图 2-62 所示。

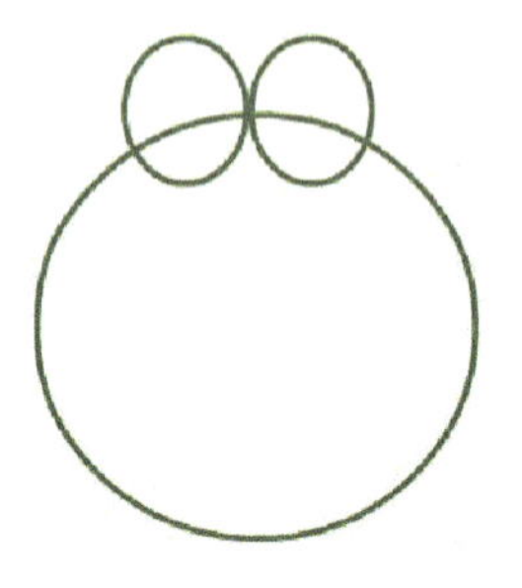

图 2-61　绘制椭圆

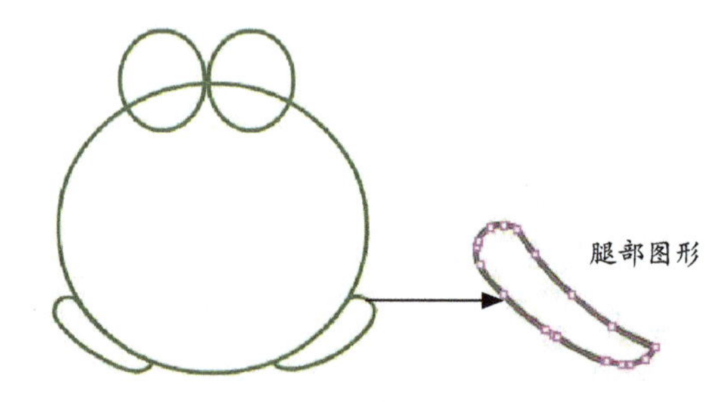


图 2-62　绘制青蛙的腿

（4）选择线条工具，在【属性】面板上的设置同前，按照图 2-63 所示绘制卡通青蛙的手和脚。

（5）选择钢笔工具，将线条宽度设为 1，线条颜色仍为墨绿色，在大圆内部绘制一个近似半圆的图形作为青蛙的嘴，效果如图 2-64 所示。

（6）绘制青蛙的蹼。切换到椭圆工具，绘制一个线宽为 2、直径为 8 的墨绿色圆形。按住 Ctrl+Alt 组合键将图形复制 5 份，3 个为一组相切放置，并将其分别置于如图 2-65 所示的位置。

图 2-63　绘制青蛙的手和脚

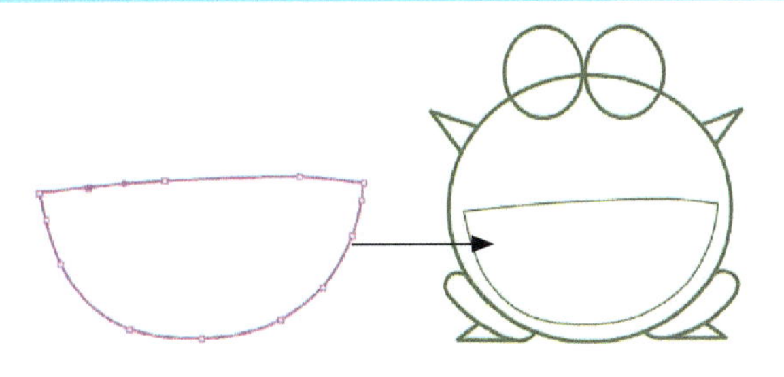

图 2-64　绘制青蛙的嘴

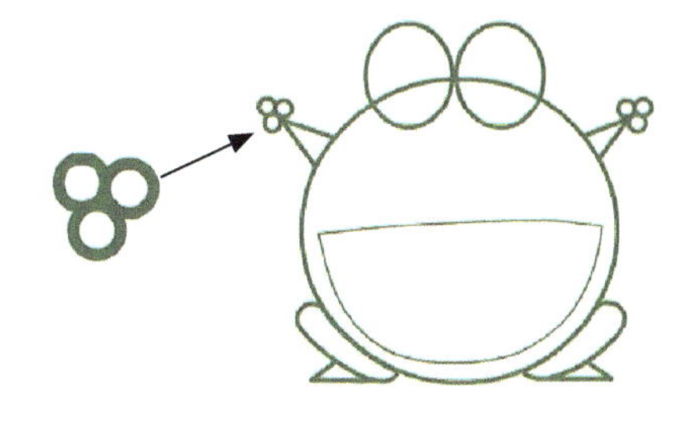

图 2-65　绘制青蛙的蹼

(7) 将图形全部选中，执行【修改】→【取消组合】命令多次，直到所有的图形被打散为止。用选择工具分别单击小椭圆中间的线条，选中后按 Delete 键将其删除(由于图形被打散，所选的只有小椭圆中的线条)。再用钢笔工具分别绘制 4 条小弧线，作为青蛙的眼睛和眉毛，如图 2-66 所示。

(8) 至此，QQ 绿青蛙的图形就绘制好了。也可以根据自己的喜好，按照以上方法绘制各种不同表情的青蛙，如图 2-67 所示。

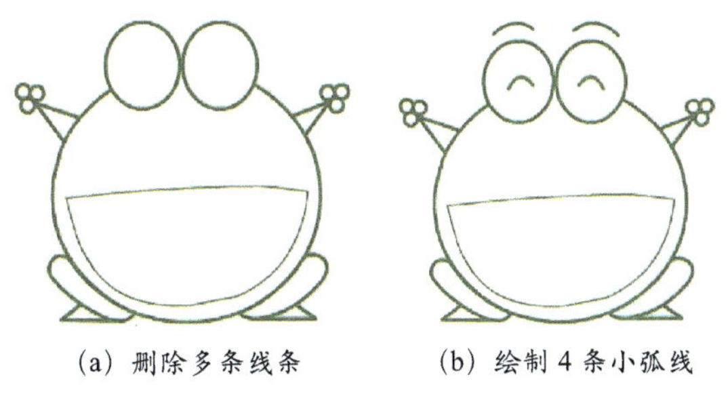

(a) 删除多余线条　(b) 绘制 4 条小弧线

图 2-66　删除多余线条并绘制 4 条小弧线

图 2-67　另一表情的 QQ 绿青蛙

### 2.4.2　给可爱的绿青蛙绘制背景

**给绿青蛙绘制背景的具体操作步骤如下。**

(1) 新建一个 Flash 文档文件，在【属性】面板中将舞台尺寸设置为 800 像素 × 450 像素。

(2) 在工具面板上选择矩形工具，在选项区中激活对象绘制按钮（这是为了在绘制过程中移动位置时不改变其他图形的形状）。打开【属性】面板，将线条颜色设为无，填充色设为 #33CCCC 的蓝色，在舞台上绘制一个宽为 800 像素、长为 350 像素的矩形框。

(3) 用同样的方法在已绘制好的矩形框下再绘制一个宽为 800 像素、长为 100 像素的黄色矩形，效果如图 2-68 所示。

图 2-68　绘制矩形

(4) 绘制灌木丛。选择椭圆工具，激活对象绘制按钮，在【属性】面板中将线条颜色设为无，填充色设为绿色，在蓝色矩形框内的底端绘制一系列大小不一的相交圆形，让其高低错落，如图 2-69 所示。直到绘满整个底端，要将最底端的蓝色全部覆盖，最好绘制到黄色矩形区域内，并全选圆形，如图 2-70 所示。

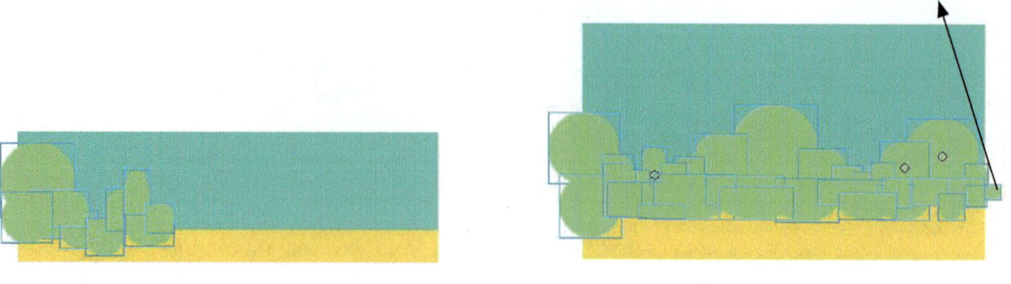


图 2-69　绘制灌木丛　　　　图 2-70　全选绘制的圆形

（5）按 Ctrl+Shift+G 组合键打散全选的圆形，则打散的图形会置于矩形框下方。用选择工具将超出蓝色矩形框外部的所有图形框选并将其删除（删除部分包括黄色矩形框中的图形），其具体步骤如图 2-71 所示。

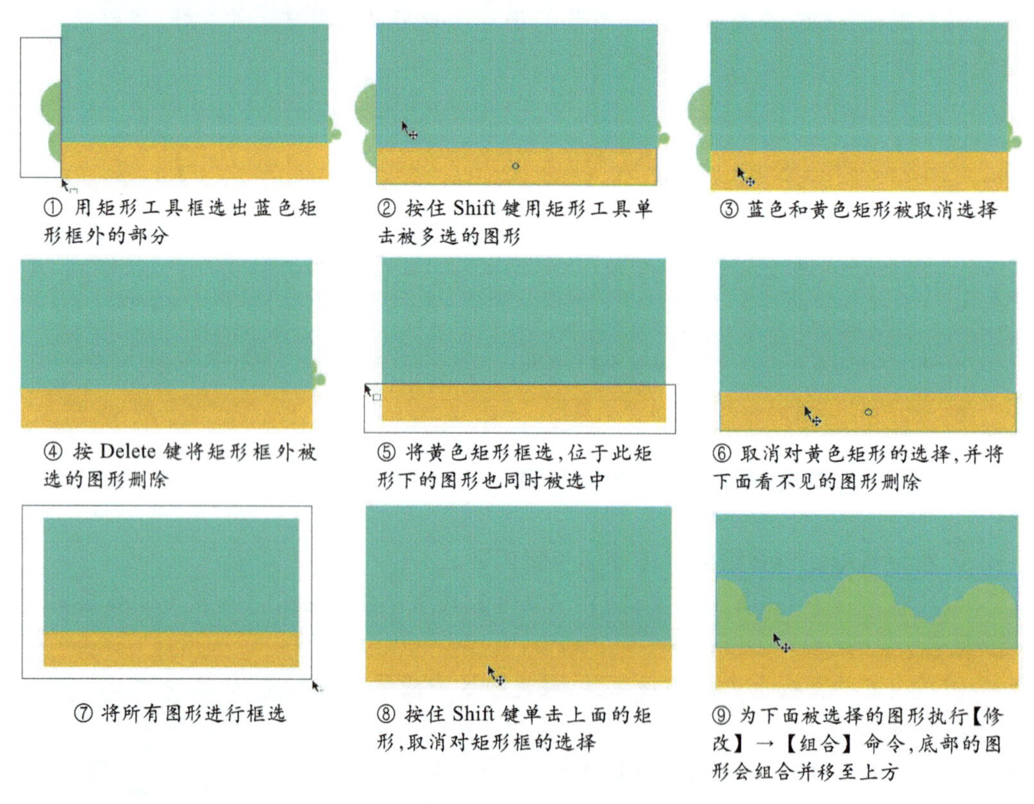


图 2-71　删除蓝色矩形框外的图形的步骤

**注意：**

框选的时候如果不小心选择了矩形部分，则按 Shift 键单击不需要选择的矩形，即可取消对矩形的选择。

（6）按住 Ctrl+Alt 组合键，拖动绘制的灌木丛将其复制一份，执行【修改】→【分离】命令。

（7）选择椭圆工具，激活对象绘制按钮，设置填充色为白色，线条颜色为无色，按照第（3）步的方法在蓝色部分绘制白云，效果如图 2-72 所示。

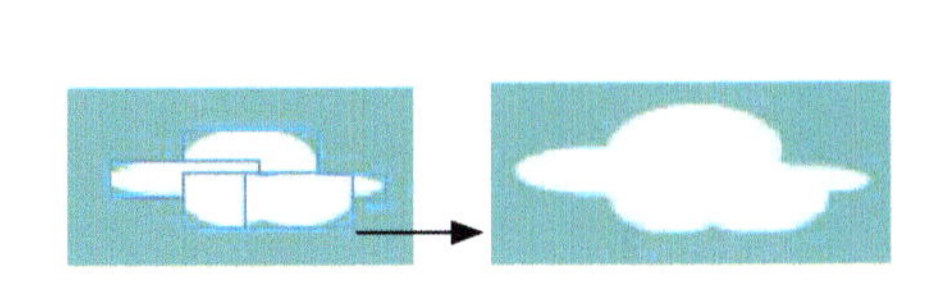

图 2-72　绘制白云

(8) 选择钢笔工具，激活对象绘制按钮，在【属性】面板中将线条颜色设为棕色，线宽为 1，并选实线类型，填充色设为中绿色，在舞台上绘制如图 2-73 所示的小草。

图 2-73　绘制小草

(9) 设置椭圆工具的属性，在舞台上按住 Shift 键并拖动鼠标绘制太阳。

(10) 按照图 2-74 所示的面板设置椭圆工具的属性，在舞台上绘制太阳光，效果如图 2-75 所示，这样背景就绘制完了。

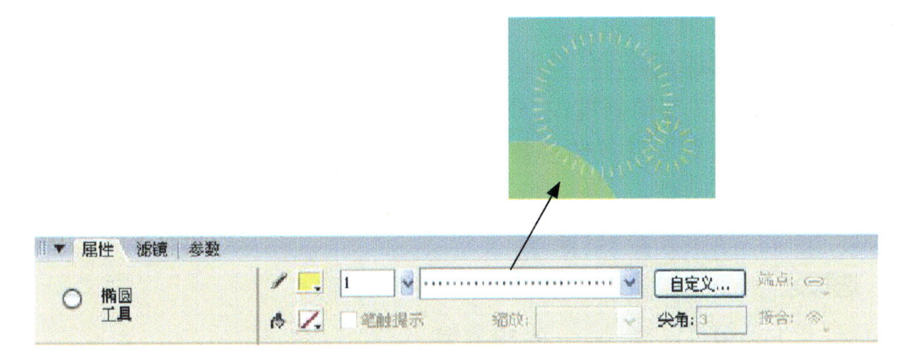


图 2-74　设置椭圆工具属性

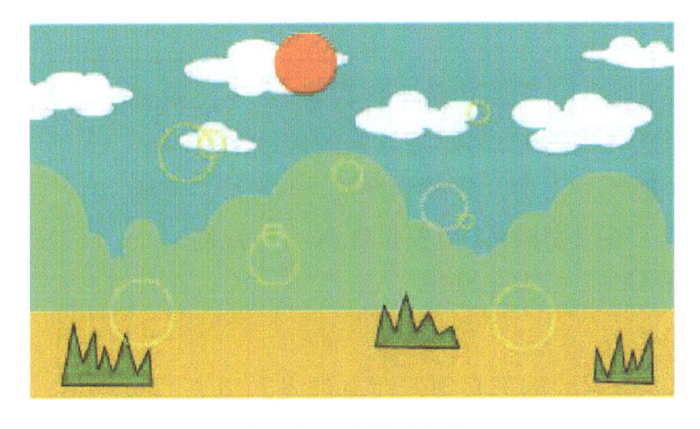

图 2-75　绘制太阳光

(11) 将先前绘制好的绿青蛙全选，选择【修改】→【组合】命令，使图形组合在一起，再复制并粘贴到背景上，最后的整体效果如图 2-76 所示。

图 2-76　最后的整体效果

## 2.5　习　　题

### 1. 填空题

(1)【工具箱】共分为 4 个区域，包括________、________、________和________。

(2) 钢笔工具不仅可以____________________，还能____________________。

(3) 在绘制圆形时，按住________键，可以绘制以单击点为圆心的椭圆；按住 Shift+Alt 组合键，可以绘制________________________________。

(4) 铅笔工具有 3 种绘画模式，分别是__________、__________、__________。

(5) 选择【编辑】→【首选参数】命令，打开【首选参数】对话框，在【类别】组中选择【绘画】，可以对________、________、________、________和________等项目进行设置。

### 2. 选择题

(1) 打开工具箱可以按（　　）组合键。

A．Ctrl+2　　B．Ctrl+F2　　C．Ctrl+Shift+2　　D．Ctrl+Shift+F2

(2) 能将对象以组的方式绘制，使绘图工具所创建的形状不会干扰其他重叠的图形的选项设置是（　　）。

A．紧贴至对象　　B．边角半径设置　　C．对象绘制　　D．锁定填充

(3) 利用钢笔工具抠图时，需要将导入的位图图片（　　）。

A．任意变形　　B．分散到图层　　C．分离　　D．转换为元件

(4) 利用椭圆工具绘制圆形时，要按住（　　）键。

A．Shift+Ctrl　　B．Shift　　C．Alt　　D．Ctrl

### 3. 判断题

(1) 在 Flash 中绘制的图形必须同时有线条和填充。（　　）

(2) 当删除已绘制的线条和填充，或者设置线条和填充颜色为无色时，这些删除或者设为无色的线条或填充不能再进行颜色设置，必须重新绘制。 (　　)

(3) 按住 Ctrl+V 组合键并用鼠标拖动已绘制的图形，能复制这个图形。 (　　)

(4) 用铅笔工具绘制线条时，按住 Shift 键时不仅可以绘制水平或垂直方向上的直线，还能绘制成 45° 的线条。 (　　)

**4．简答题**

(1) 简述钢笔工具不同光标形状的作用。

(2) 怎样绘制圆角矩形、六边形和八角星形?

(3) 铅笔工具中的绘图模式都有哪些特点?

# 第3章　Flash中的颜色及填充工具

精彩的 Flash 作品，除了要绘制细致的图形外，还需要绚烂的颜色搭配。色彩的作用非常重要，它能在人的生理和心理上形成某种感觉。一个优秀的 Flash 作品，它的色彩一定能让人看起来赏心悦目。本章主要介绍 Flash 中的颜色和填充颜色的工具。

**本章要点：**

- 色彩的配色原理。
- Flash 中的【颜色】面板。
- 在 Flash 中设置颜色。
- 填充工具的使用方法。
- 填充颜色并进行调整。

## 3.1　配色原理

### 3.1.1　色彩的感觉

当人们观看色彩时，除了直接地接受色彩对视网膜的刺激外，在心理和思维方面也受到色彩的影响，从而产生生理反应，这种反应称为色彩的心理感觉。

色彩能给人不一样的感觉，有冷暖感、轻重感和膨胀收缩感，这些感觉又通常是与人们的生活经历和周遭的环境事物相互联系的。色彩分冷暖，冷色让人联想到海洋、冰雪、冬季等，如蓝色、绿色；暖色让人联想到太阳、火焰、夏季等，如红色、橙色。色彩有轻重，造成色彩轻重感的最大因素就是明度高低的不同，明度高的颜色给人轻的感觉，明度低的颜色则感觉重；暖色系的色彩感觉较重，冷色系的色彩感觉较轻。色彩有膨胀收缩感，背景、面积相同的物体会因为色彩的关系给人以突出向前的感觉，或者是后退深远的感觉；同样形状和面积的两种色彩，在同一环境中给我们的感觉也是不同的，如宽度相同的印花黑白条纹布，感觉白条子总比黑条子宽；同样大小的黑白方格子布，白方格子要比黑方格略大一些；从纯度上来看，高纯度膨胀，低纯度收缩；从冷暖上来看，暖色系膨胀、冷色系收缩；从明度上来讲，明度高的膨胀，明度低的收缩。如图 3-1 所示的不同色彩的圆形就会给人不同的感觉。

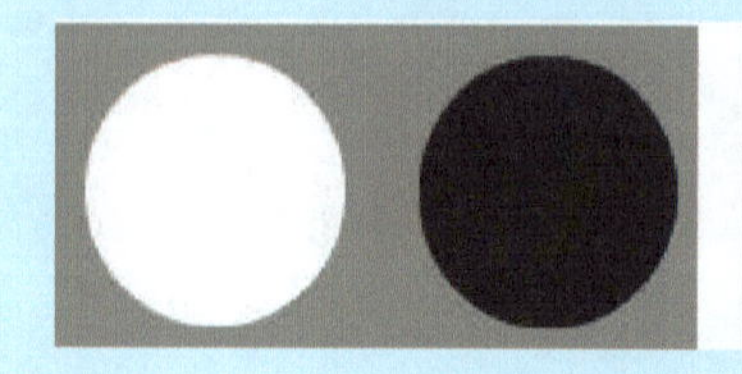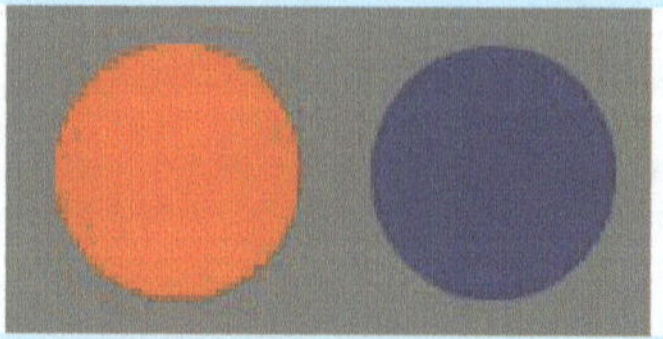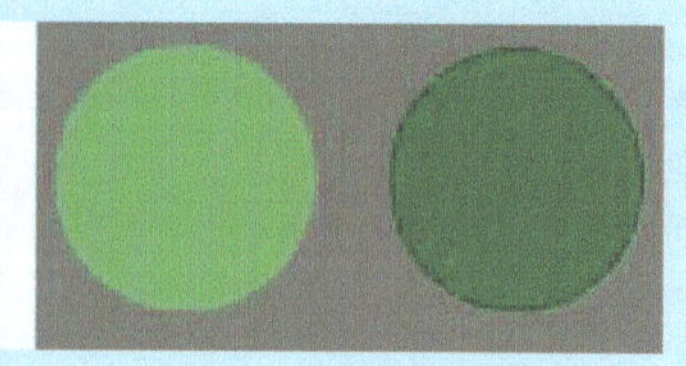

图 3-1　色彩的感觉

### 3.1.2　色彩的联想

色彩还能影响人的情绪，影响情绪最大的是色相，其次是纯度，最后是明度。如红色、橙色让人感觉热情如火，也会让人兴奋；蓝色、绿色让人心平气和，也会让人沉静。

人们在观察色彩时，往往会把某种色彩与有关的事物、景物联系起来，这就赋予了色彩感情。在人们的意识深层，积累着许许多多在漫长经历中所得来的事物印象，这些印象会随着很多联想的活动被激发起来，而色彩就是其中的一种重要因素。人们对色彩的联想虽然会因为种种原因而存在差异，但是，却也有相当程度的共性。下面介绍几种色彩的联想和象征。

(1) 红色

红色给人以火焰、太阳、热烈、华丽、喧闹、艳情、吉利等联想。红色的表现力展示出毫不遮掩、不虚伪的象征，红色也是赤诚之心的象征。20世纪以来，它还常代表着革命的意义。在我国，红色是一个具有重要意义的颜色，它代表了喜庆、热情、幸福，因此，当喜事临门，欢庆节日时，大多采用红色。在设计中，红色可以左右、主导整体色调，也可以作为点缀，它的表现力极强，设计意图、风格的展示效果显著。

(2) 黄色

黄色使人联想起绚丽的秋色，它在暖色的边缘，可以逐渐向绿色过渡，还让人感觉到温暖和明媚。另外，由于黄色明度较高，有一种跳跃的力量，不禁让人联想起青春。在中国封建社会时，黄色常常是皇权的象征，因此，黄色在我国的传统文化意识中也为权威的象征；在西方大多数国家中，黄色则常被用作充实、幸福的象征。

(3) 绿色

绿色往往使人联想到大自然，代表了生机和生命，因此，绿色具有一种非常平和的亲切气息，使人感觉宁静、安全。绿色通常象征着春天、和平、安定。

(4) 蓝色

蓝色给人的联想是辽阔无限的天空，一望无际的大海，还有层峦叠嶂的山脉等。这种广阔的联想赐予蓝色很强的生命力，因此，蓝色自然而然地就会和青春、遐想、潇洒、飘逸联系起来。蓝色是年轻的象征，蓝色本身的明快、晴朗也表示着一种纯洁、向上的精神，它象征着活力。

(5) 紫色

紫色通常给人神秘、沉闷、孤寂之感，有时人们也会把紫色与华贵、长者、权威联系起来，所谓紫微、紫气东来、紫带腰金等，均是尊严、高贵的意思。紫色还是一种个性的象征，表示神秘、独特、与众不同。

(6) 白色

白色往往让人想到洁白的雪，天上飘动的云朵。白色通常代表了纯洁、单纯，也含有清楚、明白、正派、廉洁的意思。白色还表示安静、平和、清正、明白。西方人把白色作为爱情纯洁和坚贞的象征，如新娘的婚礼服为白色；而在中国的传统风俗中，白色却多在丧服中使用，象征悲哀和守节。

(7) 黑色

黑色会让人联想到夜晚、深洞、没有光线的房屋、罪恶以及鬼怪等，因此，黑色常给

人一种沉闷、不透气、森严等感觉。但是，黑色也会与雅致、安静联系起来，给人高贵、庄重，具有权威感。黑色通常象征严肃、沉静、悲哀、恐怖、消极等。

### 3.1.3 色彩的味道

色彩具有味觉感，这种味觉感是人们由生活的食物中感知而来，下面说明一下色彩的味觉感。

酸味：酸味感以绿色为主，是从果实成熟过程中颜色的变化中得来，黄、橙黄、蓝等都带有酸的味道。

甜味：深红色、大红色、橙红色、粉红色、黄色、橙色等一系列暖色调的色彩有甜的味道。

苦味：灰色、黑色、黑褐色等低明度、低纯度的颜色容易让人想到苦涩的味道，如咖啡、中药都是此类颜色。

辣味：辣味感主要是来自红色、黄色。绿色、黄绿色有时也有辣的味道。

涩味：橙黄、灰绿让人联想到未成熟果子涩的味道。

一种颜色有时不仅仅代表一种味道，它需要在具体环境中人们的心理上得到确认。

了解了色彩配色相关知识后，在制作动画时只要色彩运用得当，就会作出充满视觉冲击力的作品。

## 3.2 Flash 中的【样本】面板和【颜色】面板

Flash 中颜色的设置方法大致有三种，可以使用【样本】面板、【颜色】面板、【颜色选择】面板。虽然这些面板外观不同，但其基本使用方法是一样的，这三种面板的颜色设置方法及效果基本相同。

### 3.2.1 【样本】面板

选择【窗口】→【样本】命令，打开【样本】面板，效果如图 3-2 所示，在【样本】面板中显示的是纯色块和一些渐变样式。当选择【样本】面板时，单击右边的▾≡按钮，会弹出【样本】面板的快捷菜单，如图 3-3 所示。

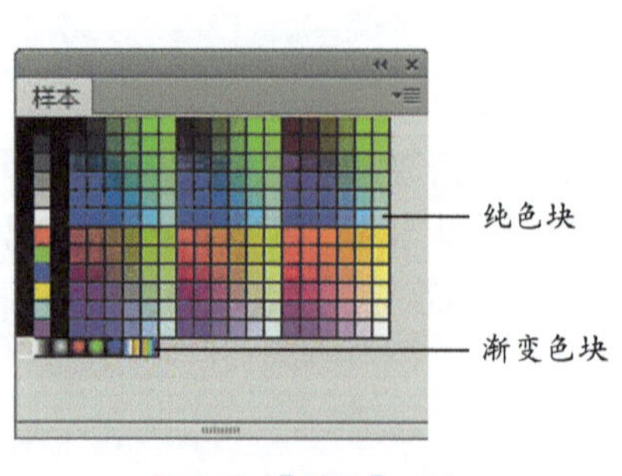


图 3-2 【样本】面板

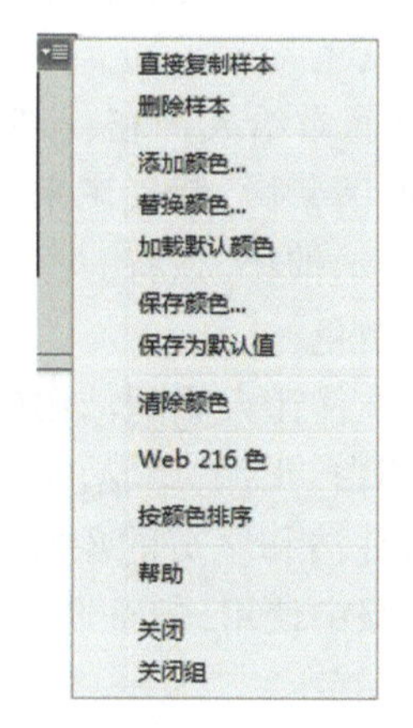


图 3-3 【样本】面板的快捷菜单

在【样本】面板的快捷菜单中，几个主要的命令说明如下。

- 直接复制样本：在面板中选中一种颜色，执行此命令可在面板中默认颜色块的下方或后面复制一份同样的颜色块。
- 添加颜色：用于导入外部颜色，还能导入一幅 GIF 格式图片中的所有颜色。
- 替换颜色：可以将面板中现有所有颜色块全部替换为另一组新的颜色块。
- 加载默认颜色：选择此命令，则将所有新设置的颜色替换为系统原有的默认颜色。
- 清除颜色：除了留下黑、白两色以外，该命令会清除所有其他颜色。要想恢复为默认的颜色，只需选择【加载默认颜色】命令即可。
- 按颜色排序：打破原有颜色排列循序，重新排列颜色。

## 3.2.2 【颜色】面板

选择【窗口】→【颜色】命令，打开【颜色】面板，效果如图 3-4 所示。【颜色】面板是一个调配颜色的面板，在【颜色】面板中可以设置线条颜色和填充颜色，可以设置在【样本】面板中没有的各种纯色和渐变样式，还可以设置颜色值和透明度。在【类型】下拉列表中有“无”“纯色”“线性渐变”“径向渐变”“位图填充”等颜色填充样式。

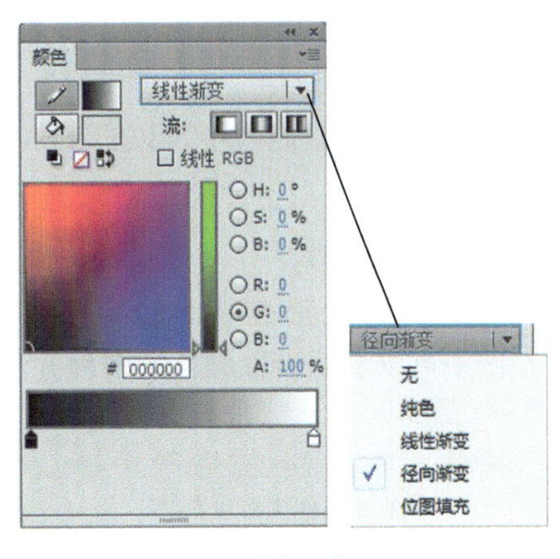


图 3-4 【颜色】面板

## 3.2.3 【颜色选择】面板

在工具箱或者绘图工具的【属性】面板中单击【线条颜色】按钮或【填充颜色】按钮，会弹出一个【颜色选择】面板，效果如图 3-5 所示。

在该颜色选择面板的上方除了有具体颜色显示外，还有【颜色值设置】栏、【透明度值设置】栏和【无颜色设置】按钮。另外，单击最右端的按钮，会打开【颜色】对话框，如图 3-6 所示，在此对话框上可以设置【颜色选择】面板中没有的颜色，但只能是纯色。

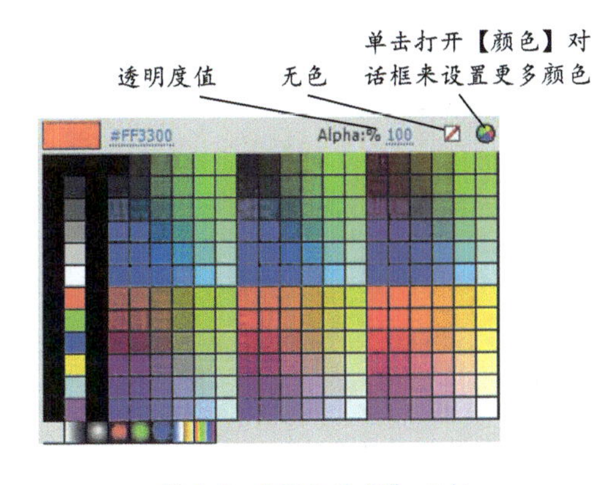


图 3-5 【颜色选择】面板

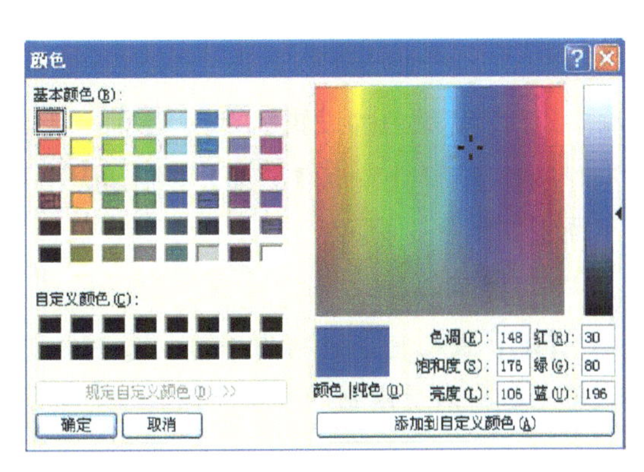


图 3-6 【颜色】对话框

## 3.3 颜色的设置

在 Flash 中，颜色不仅可以在各种颜色面板中设置，还能用吸管工具进行设置。在使用这些方法设置之前，可以先选中需要进行设置的色块或者线条，这样在设置完后，选中图形的颜色会自动更改为设置的颜色。

### 3.3.1 用【样式】面板和【颜色选择】面板设置颜色

用【样式】面板和【颜色选择】面板设置颜色的方法很简单，只需打开【样本】面板或【颜色选择】面板，在需要的色块上单击，即可选择一种相应的颜色。

### 3.3.2 用【颜色】面板设置颜色

在【颜色】面板中可以设置不同的颜色类型，不同的颜色类型对应不同的面板内容。

**1．纯色设置**

在【颜色】面板中的【类型】下拉列表中选择“纯色”选项，面板如图 3-7 所示。在图中可以看到设置颜色的多种方法。

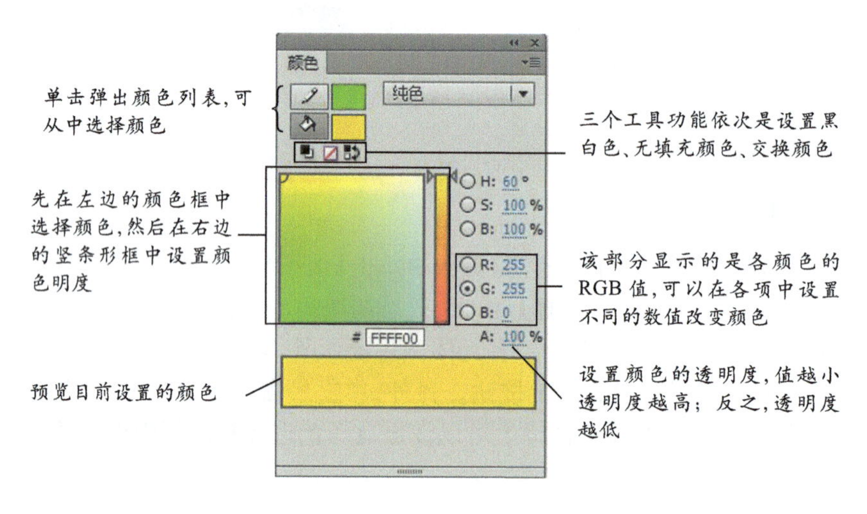


图 3-7　设置纯色

**2．渐变颜色的设置**

选择【颜色】面板【类型】下拉列表中选择“线性渐变”或者“径向渐变”选项时，其面板如图 3-8 所示。

**提示：**

【流】选项区的选项用于控制超出渐变限制的颜色，有 3 个选项，表示用不同的方式填充超出渐变限制的多余空间，效果如图 3-9 所示。

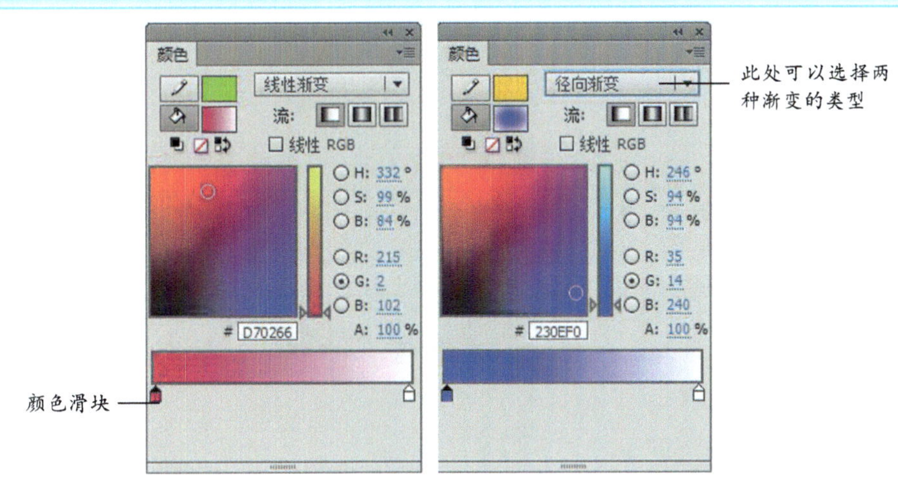


图 3-8　渐变颜色的设置

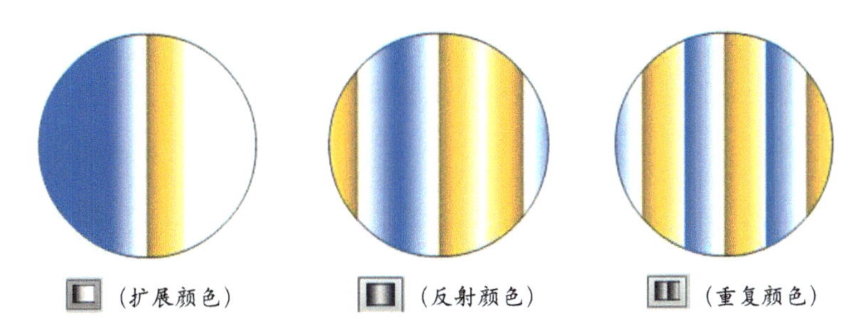


图 3-9　【流】选项区选择不同选项的填充效果

下面以线性渐变类型为例，说明如何在【颜色】面板中设置渐变颜色。

**设置渐变颜色的操作步骤如下。**

(1) 单击处的颜色框，打开颜色列表，选择最下面一行的第 4 个绿黑渐变样式，这时【颜色】面板中的【类型】自动变为“径向渐变”。

**技巧：**

也可以直接在【类型】下拉列表中选择一种渐变选项，只是此时所显示的是上一次使用过的渐变颜色。

(2) 在中单击左边的绿色滑块，在颜色框和旁边的明度条中设置这个滑块的颜色，也可以直接调整颜色值来设置滑块的颜色，如图 3-10 所示。如果要改变另一个滑块的颜色，其操作步骤也是相同的。

**注意：**

在选择滑块颜色时，不可以在按钮和按钮打开的【颜色选择】面板中选择颜色，因为这种选择会改变颜色的类型。如选择了某种单色，【类型】下拉列表中的选项就会变为“纯色”。

另外，在滑块上双击，会弹出颜色列表，这时可以从中选择一种颜色应用到该滑块，如图 3-11 所示。

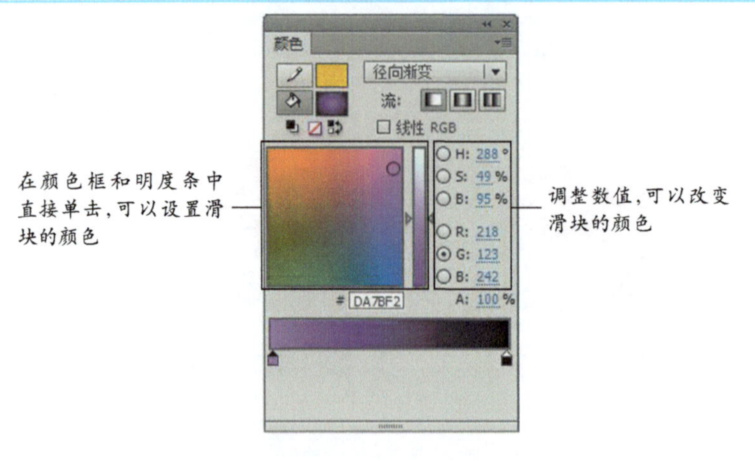


图 3-10　设置滑块的颜色

(3) 如果要在▭中的两个滑块之间添加滑块，则将光标移至两个滑块之间的任意位置，当光标变为▭形状时单击，即可添加一个滑块，并且滑块颜色为单击处的颜色，如图 3-12 所示。当然，可以单击滑块接着改变颜色。

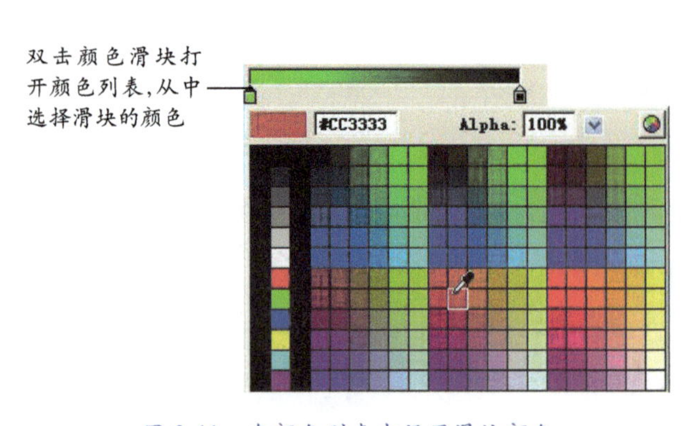


图 3-11　在颜色列表中设置滑块颜色

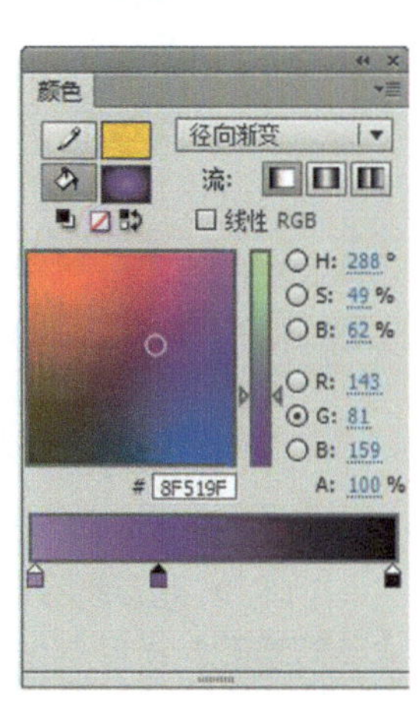


图 3-12　添加滑块

(4) 如果要改变某种颜色在渐变中的应用范围，就用鼠标将对应的滑块在颜色条中左右拖动即可；若要删除某个滑块颜色，则将对应的滑块图标由颜色条向下拖动至消失即可。

### 3．位图颜色的设置

在【颜色】面板的【类型】下拉列表中选择“位图填充”选项，则会弹出【导入到库】对话框，如图 3-13 所示。在对话框中选择一张图片，单击【确定】按钮，将位图作为填充色导入。选择导入的一张图片作为填充色并填充矩形后，效果如图 3-14 所示。如果要选择计算机中的其他位图作为填充颜色，重新选择图片并导入即可。

**注意：**

用导入的图片填充颜色时，如果当前填充区域小于图片尺寸，则只从位图左上角开始填充当前区域，填充的效果是只显示了位图的一部分。

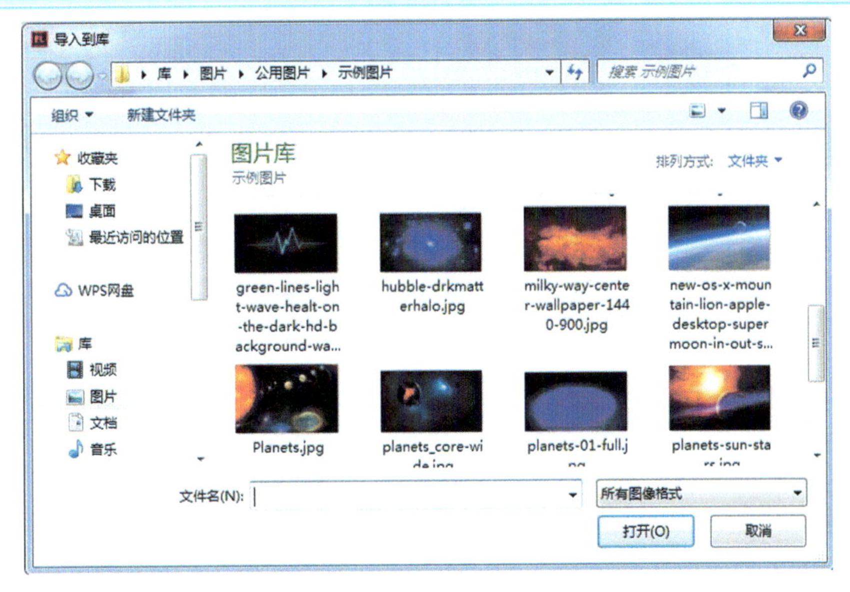

图 3-13 【导入到库】对话框

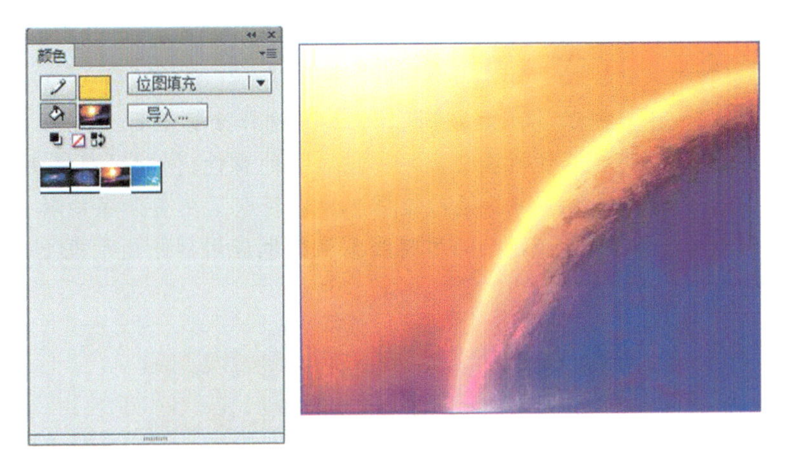

图 3-14 导入位图并用位图填充矩形颜色的效果

### 3.3.3 用滴管工具设置颜色

滴管工具可以从舞台上指定的位置获取色块、位图和线段属性来应用于其他对象。选中需要设置颜色的图形，选择滴管工具，将鼠标光标移至舞台中的任意位置，单击即可选中单击处的颜色，然后可以对选中的图形进行颜色填充。

下面以一个实例来说明滴管工具的使用方法。

**滴管工具的使用方法如下。**

(1) 选择矩形工具，在舞台上绘制如图 3-15 所示的不同属性的矩形框组，第一列分别将矩形设置为单色填充、位图填充、线型设置。

(2) 先用选择工具将第 1 行的第 2 个矩形选中。选择滴管工具，将光标移至第 1 个矩形的色块上，当光标变为时单击，即可将选中的矩形填充为同样的颜色。同时，光标也由变为，表示已经获取了滴管工具所在位置的矢量色块颜色。将鼠标光标

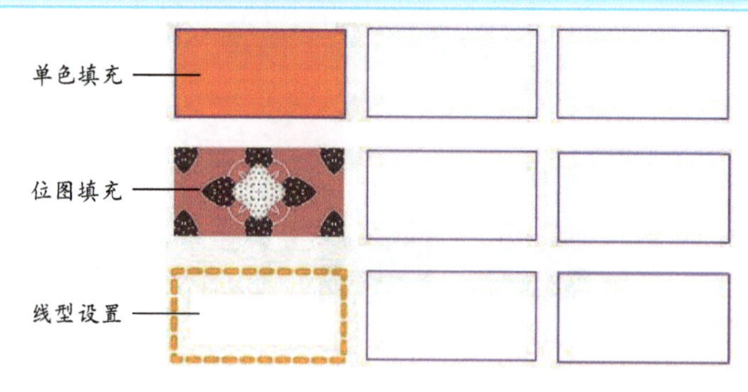


图 3-15　矩形框组

移至第 3 个矩形内部单击，可以将获取的颜色运用到此矩形。

（3）在第 2 行，按照第（2）步的方法，可以用滴管工具将位图颜色填充至后面的矩形框内部。

**注意：**

如果位图不是以颜色填充在图形中，而是直接导入至舞台，则在用滴管工具之前需要将图形打散，才能将位图作为填充颜色，否则滴管工具只能选取单击部位的一种颜色作为填充颜色。

（4）在第 3 行，用选择工具将第 2 个矩形选中。选择滴管工具，将光标移至线框上，当光标变为时单击，获取滴管所在位置的矢量线条的属性，同时可将第 1 个矩形线条的颜色和样式等属性应用到选中的矩形线框上。在获取了矢量线条的属性后，光标变为，在第 3 个矩形的线框上单击，即可将线条属性也应用到此矩形框上，最后效果如图 3-16 所示。

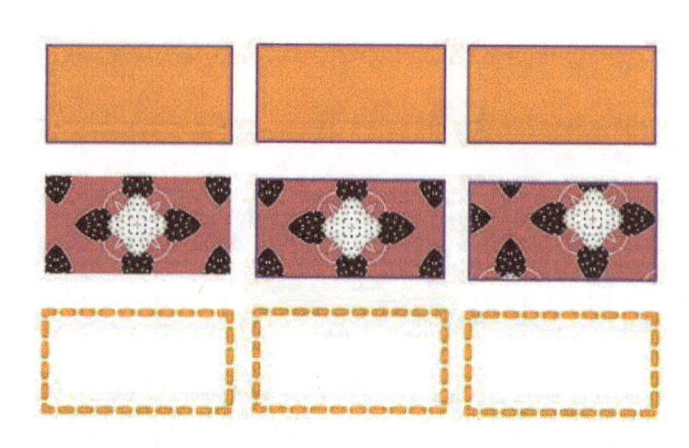

图 3-16　滴管工具的应用

## 3.4　填充工具的运用

颜色的填充不仅可以填充已有色块和线段，还能为没有边框的色块添加边框或给没有填充颜色的线描图形填充颜色，这弥补了绘图工具中对于删除了线段和色块的图形不能再进行颜色设置的缺陷。

在运用【颜色】面板和滴管工具设置颜色时，也能将设置的颜色同时进行填充。

另外，比较常用的还是用填充工具对图形进行填充。

### 3.4.1 墨水瓶工具

选择工具箱的墨水瓶工具，打开【属性】面板，如图3-17所示。墨水瓶工具不仅可以对矢量线段的颜色、样式和宽度重新进行设置，还能为填充色块添加边框。但要注意，它只对线条起作用，对矢量色块无用。

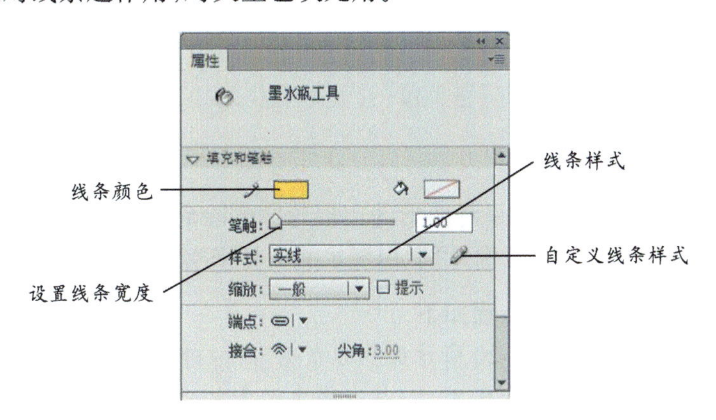


图3-17 墨水瓶工具的【属性】面板

#### 1. 更改线条颜色

下面介绍如何用墨水瓶的属性替换原有轮廓线的属性。

**更改线条颜色的具体操作步骤如下。**

(1) 执行【文件】→【打开】命令，打开第2章绘制的千纸鹤图形。如果图形是群组对象，则先选中图形，再执行【修改】→【取消组合】命令，将图形分离。

**注意：**

墨水瓶工具对进行过群组的图形无法发挥作用。

(2) 单击工具箱中的按钮，然后单击工具箱中颜色区的按钮，在弹出的颜色列表中选择一种颜色，如图3-18所示。

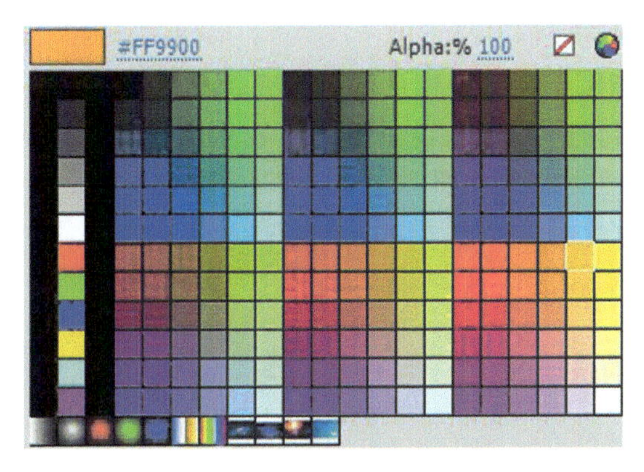


图3-18 选择线条颜色

(3) 将光标移至场景中，这时光标形状变为。将光标移到千纸鹤的线条上单击，

即可对该线条进行颜色填充。如要将线条颜色整体填充，则先将所有线条全部选中，再使用墨水瓶工具进行颜色填充即可，效果如图 3-19 所示。

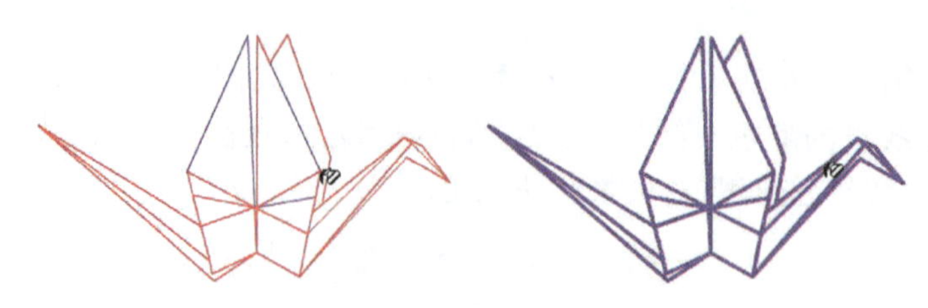

图 3-19　设置线条颜色

### 2．添加边框

在绘制图形的过程中，如果将图形的边框轮廓删除后还想添加边框轮廓，或者要给只有填充色块的图形添加轮廓，可以用墨水瓶工具来实现。

**添加边框的具体操作步骤如下。**

（1）在舞台上绘制如图 3-20 所示的热带鱼图形，并确定所有图形处于打散状态。

（2）选择工具箱中的墨水瓶工具，单击颜色区中的按钮，在弹出的颜色列表中选择一种边框颜色。

（3）将光标移至图形的边框位置，单击即可为图形添加边框，效果如图 3-21 所示。

图 3-20　绘制热带鱼图形

图 3-21　添加边框后的效果

## 3.4.2　颜料桶工具

### 1．认识颜料桶工具

颜料桶工具可用于填充未填色的轮廓或者改变现有色块的填充色。在工具箱中选择颜料桶工具后，打开【属性】面板，如图 3-22 所示。选择要填充的颜色，接着将光标移到要填充颜色的图形内部单击，即可填充颜色。

**注意：**

颜料桶工具只能填充打散的线条图形的颜色。

### 2．颜料桶工具的选项区

（1）填充方式

选择工具箱中的颜料桶工具，单击选项区的按钮，弹出下拉列表，如图 3-23 所示。各个选项的功能可以参考表 2-2 中的介绍。如果图形中有空隙或缺口，可以在这里做出选择后进行填充。

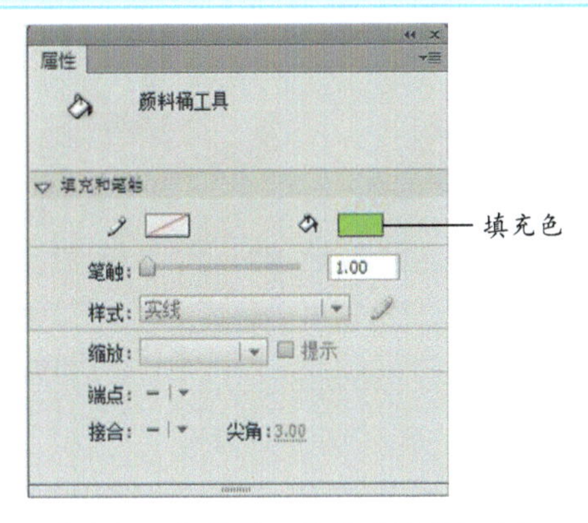


图 3-22 颜料桶工具的【属性】面板

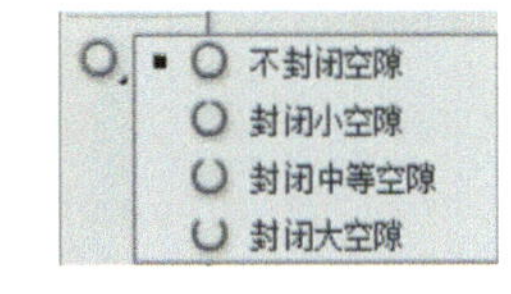


图 3-23 颜料桶工具的选项区

(2) 锁定填充

在选项区中还有一个【锁定】按钮，激活此按钮后，能让填充的颜色可以相对于舞台锁定，锁定主要针对渐变颜色，效果如图 3-24 所示。

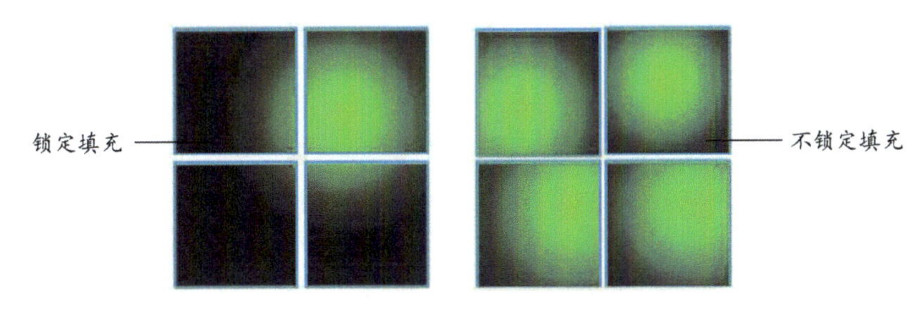


图 3-24 是否同锁定填充的效果

**注意：**

运用锁定填充时首先要建立一个锁定目标。所谓锁定目标就是确定渐变颜色在整个舞台上的位置。

### 3. 颜料桶工具的使用

下面以一个实例来深入了解一下颜料桶工具的使用方法。

**颜料桶工具具体操作步骤如下。**

(1) 用绘图工具绘制一个只有线框而没有填充的蛋糕图形，效果如图 3-25 所示，并确保其所有线条处于打散状态。

(2) 选择工具箱中的颜料桶工具，单击颜色区的填充按钮，打开【颜色】面板，设置填充的颜色，这里首先将填充色设为粉红色。

(3) 在工具箱选项区中单击按钮，在弹出的列表中选择“封闭大空隙”选项，这是为了防止在绘图过程中因为线段连接得不够紧密而导致无法填充颜色。

(4) 将光标移至舞台中，在蛋糕的最上层区域单击，将其填充为粉红色。按照同样的方法将下面的蛋糕层依次填充不同的颜色，效果如图 3-26 所示。

(5) 下面设置一种双色渐变填充。打开【颜色】面板，【类型】选择为“径向渐变”。在颜色条中单击其中的一个滑块，在中间的色板中调整这个色彩滑块的颜色；用同样

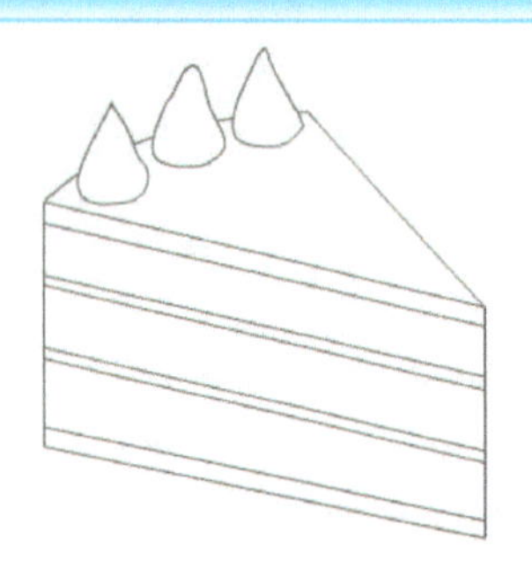

图 3-25　绘制图形

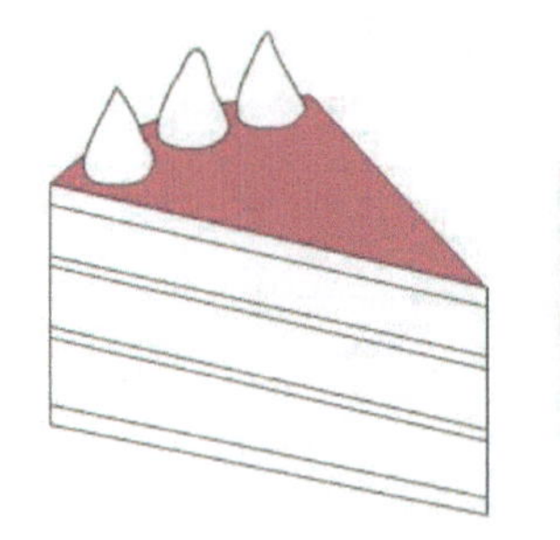

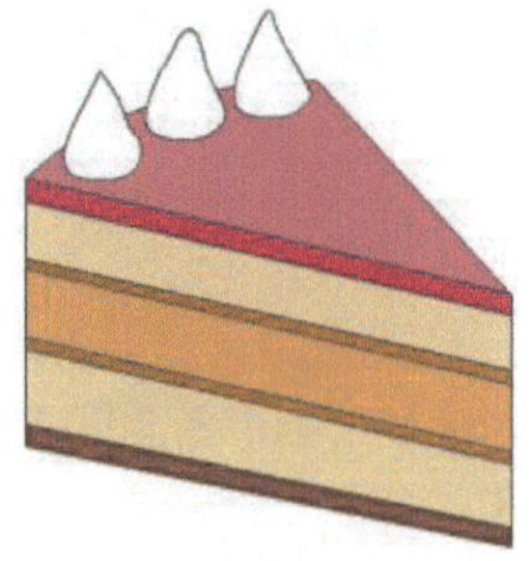

图 3-26　填充颜色

的方法设置另一个滑块的颜色，最终效果如图 3-27 所示。

（6）如果事先选择了工具箱选项区的锁定项，则需要取消对它的选择。

（7）设置完后，回到舞台，用颜料桶工具在蛋糕上的三个奶油点上单击即可，效果如图 3-28 所示。

（8）设置铅笔工具，用它在蛋糕中绘制一些点缀，最后效果如图 3-29 所示。

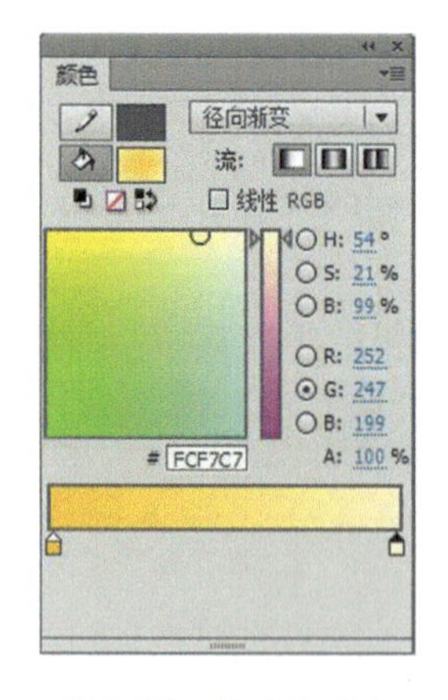


图 3-27　设置渐变色

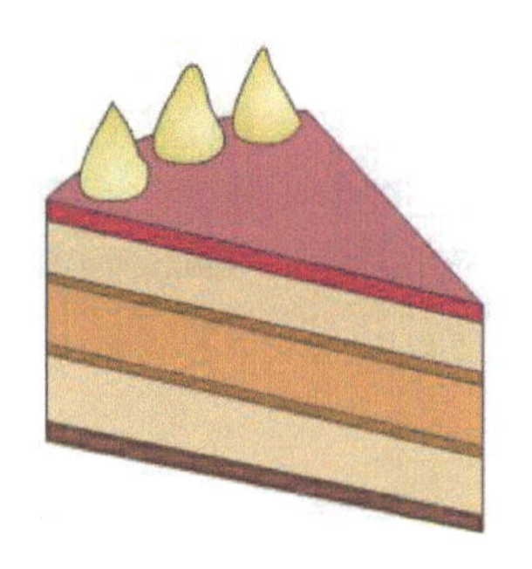

图 3-28　填充渐变色

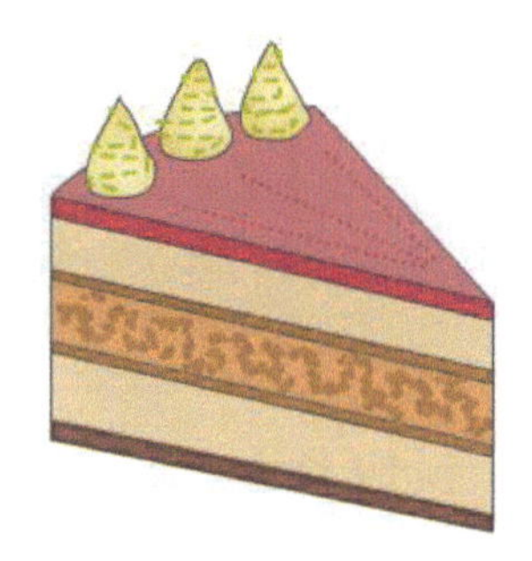

图 3-29　最后效果

## 3.4.3　刷子工具

刷子工具能用于绘制矢量色块。在 Flash 中，用此工具绘制的图形实际上是一个填充图形。

选择工具箱中的刷子工具，将光标移至舞台上按住鼠标左键拖动鼠标，即可绘制图形。在选择了刷子工具后，观察此工具的选项区，如图 3-30 所示。

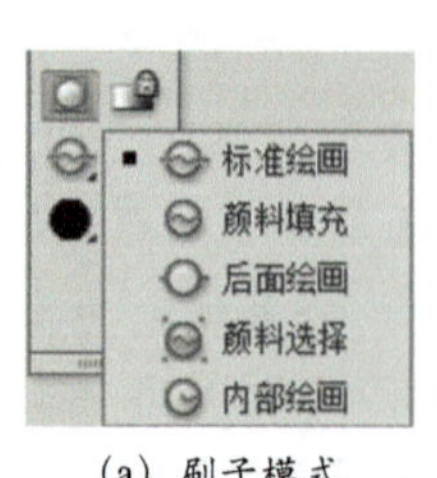


（a）刷子模式

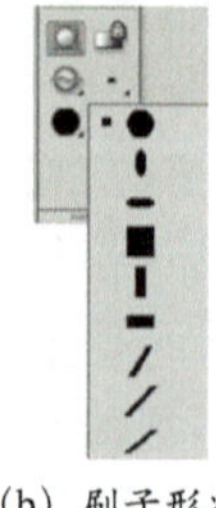

（b）刷子形状

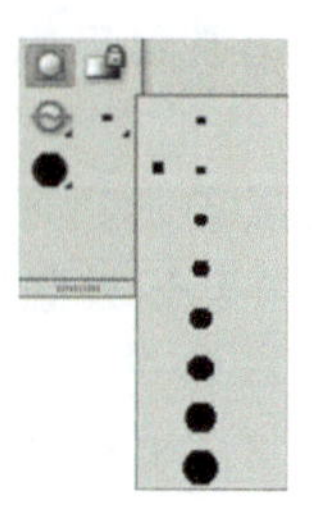

（c）刷子大小

图 3-30　刷子工具的选项区

选项区域中的【锁定填充】按钮主要用于控制渐变填充颜色的笔刷效果。当选中该按钮时，刷子工具拖动产生的渐变效果将成为一个整体渐变，它与刷子工具涂抹的次数和位置无关；如果没有选中该按钮，则每拖动刷子一次，产生的渐变效果都是一个完整的渐变过程，效果如图 3-31 所示。

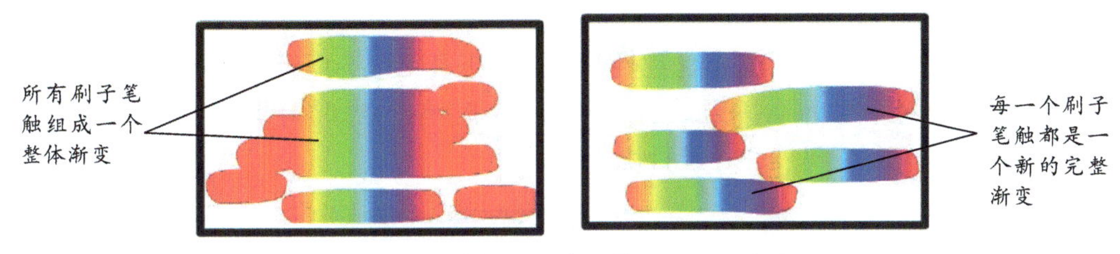


图 3-31 选择锁定填充前后的不同效果

单击选项区域中的按钮，在弹出的下拉列表中可以对刷子工具的绘制模式进行设置，该列表包括标准绘画、颜料填充、后面绘画、颜料选择和内部绘画 5 个选项，各个选项的具体功能及含义如图 3-32 所示。

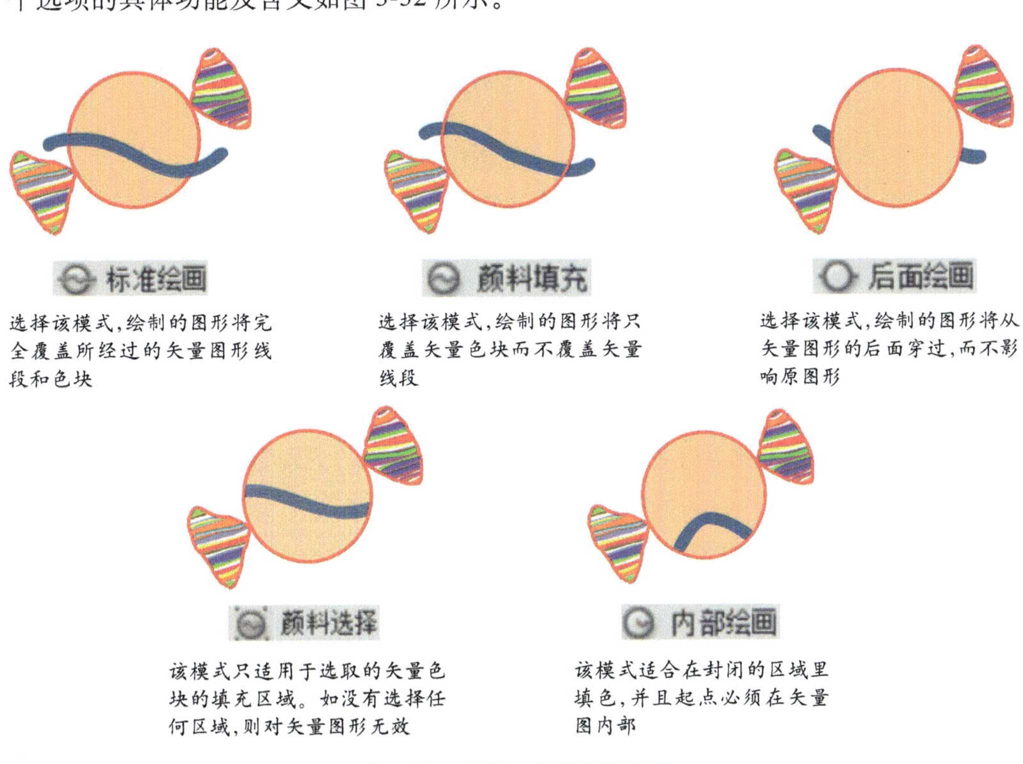


图 3-32 刷子工具的绘图模式

## 3.5 用渐变变形工具对颜色进行调整

渐变变形工具主要用于对有渐变填充和位图填充的图形进行颜色调整，可以利用渐变变形工具对所填颜色的范围、方向和角度等进行设置。

### 3.5.1 渐变填充的颜色调整

渐变填充有线性渐变和径向渐变两种，对于不同的渐变方式，渐变变形工具有不同的调整方法。

#### 1. 线性渐变的调整

在舞台上绘制一个矩形，填充线性渐变。在工具箱中选择渐变变形工具，将光标移至舞台中绘制好的矩形中，当光标形状变为时单击，出现调节框，效果如图 3-33 所示，用调节框可以对渐变颜色进行调节。

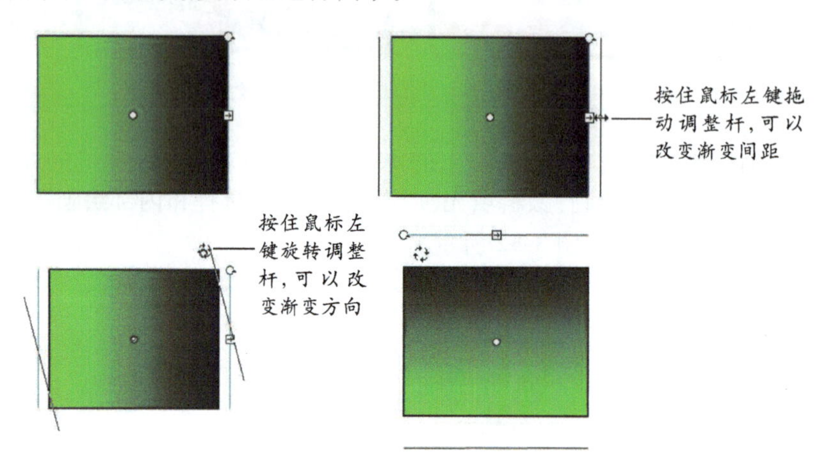


图 3-33 线性渐变的调节框

#### 2. 径向渐变的调整

**调整径向渐变的操作步骤如下。**

(1) 在舞台上绘制一个径向渐变的填充矩形。在工具箱中选择渐变变形工具，将光标移至矩形中，当光标形状变为时单击，出现调节框，效果如图 3-34 所示。

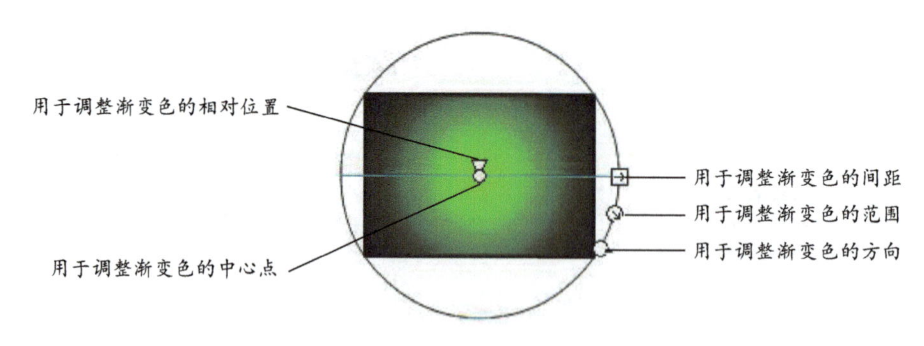


图 3-34 径向渐变的调节框

(2) 调整渐变色的相对位置。将鼠标光标移至椭圆中心圆圈的小三角上，当光标变为小三角形状后，拖动鼠标移动小三角，在适当位置释放鼠标，会发现渐变色改变了，效果如图 3-35 所示。

(3) 调整渐变色的中心点。将鼠标光标移至调节框中心的小圆圈上，当光标变为时，按住鼠标拖动，可调整渐变色的中心点，如图 3-36 所示。

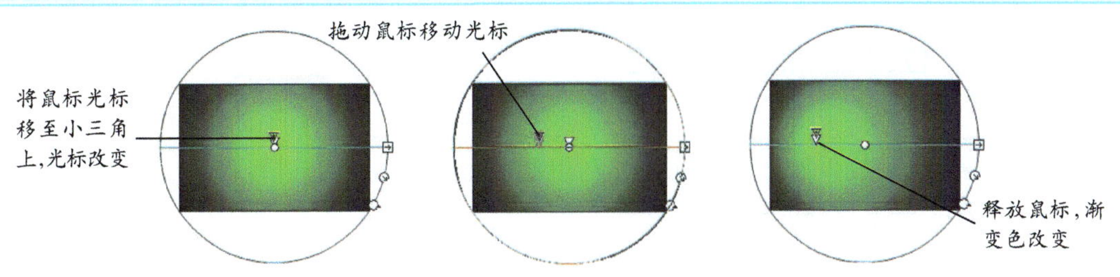


图 3-35　调整渐变色的渐变中心

(4) 调整渐变色的间距。将鼠标光标移至⊡图标上,当光标变为↔形状,按住鼠标左键拖动调整渐变色的间距,如图 3-37 所示。

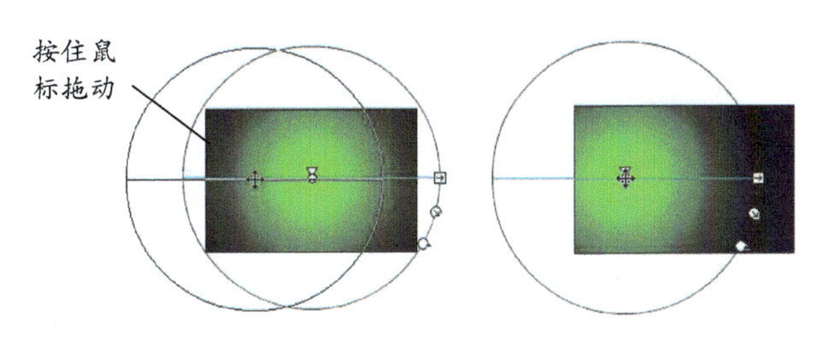


图 3-36　调整渐变色的中心点

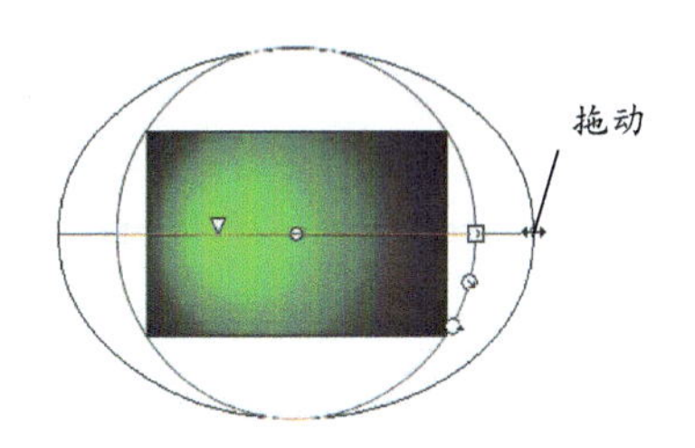


图 3-37　调整渐变色的间距

(5) 调整渐变色的范围。将鼠标光标移至图标上,当光标变为形状,按住鼠标左键拖动调整渐变色的范围,如图 3-38 所示。

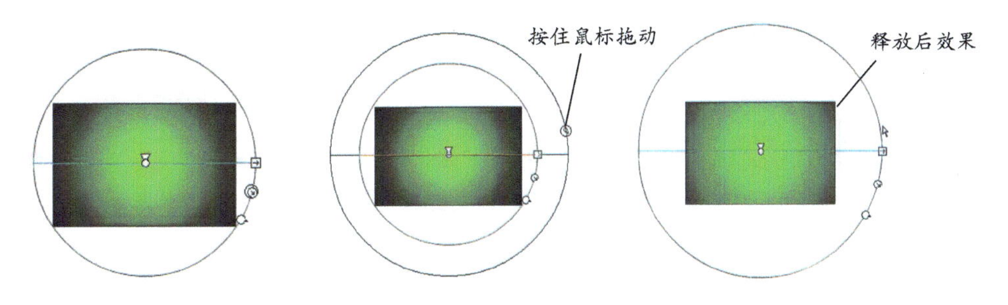


图 3-38　调整渐变色的范围

(6) 调整渐变色的方向。将鼠标光标移至图标上,当光标变为形状,按住鼠标左键旋转调整渐变色的方向,如图 3-39 所示。

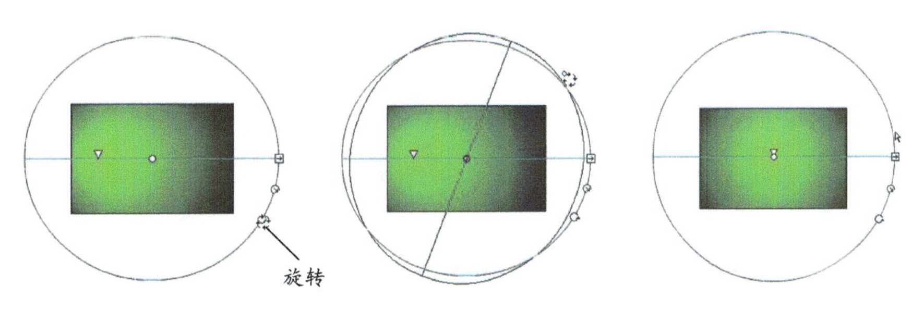


图 3-39　调整渐变色的方向

### 3.5.2 位图填充的颜色调整

在对图形进行了位图填充后，选择渐变变形工具，在填充好的位图上单击，出现位图填充的调节框，效果如图 3-40 所示，利用调节框对位图填充进行调整，其基本方法与渐变填充的一样，不再赘述。

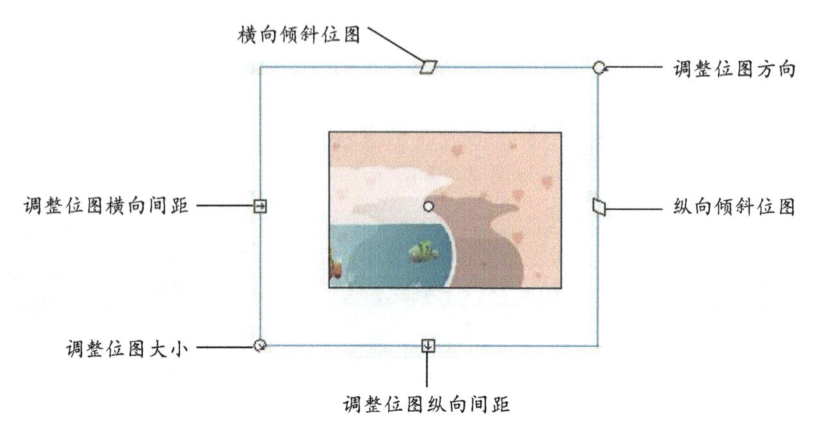


图 3-40　位图填充的颜色调整

## 3.6 上 机 实 战

在对 Flash 中的颜色和颜色填充有所了解后，接下来将以 2 个实例巩固本章所学的内容。

### 3.6.1 填充 QQ 绿青蛙

在第 2 章中绘制了 QQ 表情绿青蛙的轮廓，下面给绘制的绿青蛙填充颜色。

**给绿青蛙填充颜色具体操作步骤如下。**

(1) 选择【文件】→【打开】命令，打开绘制了 QQ 绿青蛙表情的 Flash 文件。

(2) 打开【颜色】面板，单击面板上的按钮，选择绿黑径向渐变颜色，在下面的颜色条中单击最左边的滑块，在颜色框中改变滑块的颜色。再选择最右边的滑块，用同样的方法改变滑块，在【颜色】面板中的颜色设置如图 3-41 所示。

(3) 用选择工具将一只绿青蛙全选，并确定绘制绿青蛙的线条都处于打散状态，在工具箱中选择颜料桶工具，在青蛙身体内部（除嘴、眼睛部位处）单击，效果如图 3-42 所示。

(4) 颜色填充完后，在工具箱中选择渐变变形工具，将光标移至舞台中的青蛙身体部位，当光标变为形状，单击，出现调节框，调整渐变颜色，如图 3-43 所示。

(5) 用同样的方法将青蛙的其他填充部位一一进行调整。

(6) 将工具切换为颜料桶工具，设置填充色为淡绿色，再在青蛙嘴部线条的内部单击即可，效果如图 3-44 所示。

(7) 用同样的方法，将其他的绿青蛙填充颜色。

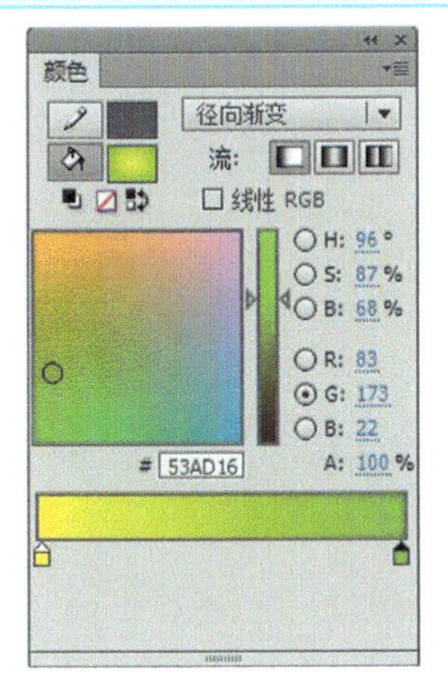


图 3-41　在【颜色】面板中更改渐变颜色

图 3-42　用填充工具为青蛙填充颜色

图 3-43　用渐变变形工具调整颜色

图 3-44　填充颜色

## 3.6.2　绘制棒棒糖

(1) 将填充色设为无色，线条颜色设为黑色，用矩形工具、椭圆工具、铅笔工具，钢笔工具等绘图工具绘制如图 3-45 所示的棒棒糖轮廓图形。

**注意：**

**在绘制过程中，如果选择了【对象绘制】功能，线型图必须打散，这样才能删除重叠的多余线段，最后绘制好的图形可以形成群组，也可以保持打散状态。**

(2) 在【颜色】面板中的【类型】栏中选择“线性渐变”，分别单击下方的渐变颜色条中的滑块，并在面板中间的颜色框中设置各个滑块的颜色。如果要增加滑块，则在两个滑块之间单击即可，效果如图 3-46 所示。

(3) 选择颜料桶工具，将鼠标光标移至舞台，在第一个棒棒糖的大圆上单击，即可将刚刚设置的颜色填充。

(4) 如对填充的颜色不满意，选择渐变变形工具，在刚刚填充的颜色上单击，出现调节框，用调节框将渐变色的距离和渐变的角度进行改变，如图 3-47 所示。

(5) 用同样的方法将所有的图形都填充好不同的渐变颜色，效果如图 3-48 所示。

(6) 用选择工具将所有线条选取后按 Delete 键将其删除。选择墨水瓶工具，设置线条颜色为深绿，将光标移至第一个棒棒糖的手柄部，当光标变为 时单击，填充线条颜色。按照同样的方法，将其他两个棒棒糖填充为橘红色和深蓝色的线条，如图 3-49 所示。

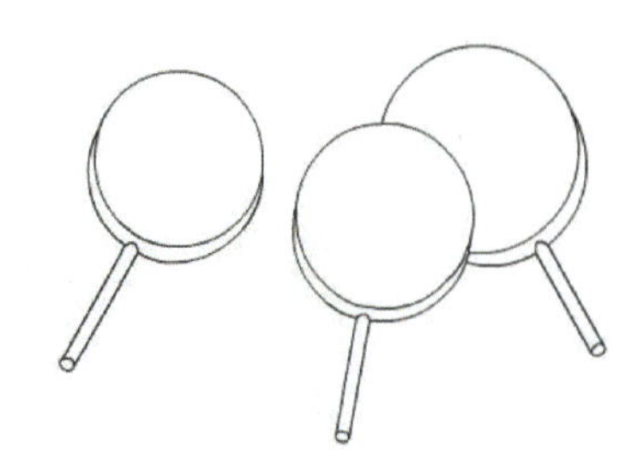

图 3-45 绘制的棒棒糖轮廓图形

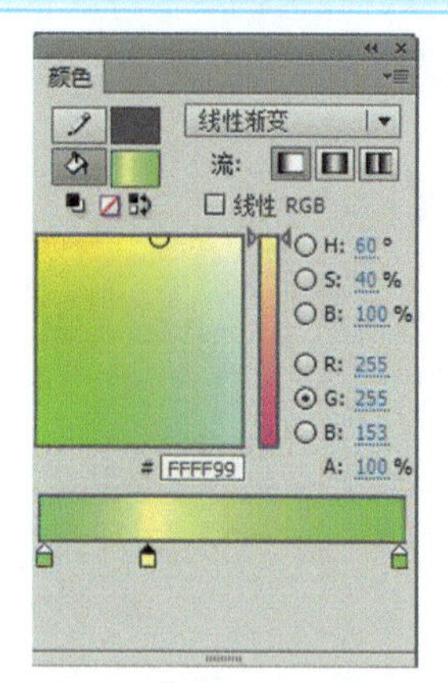


图 3-46 设置渐变颜色

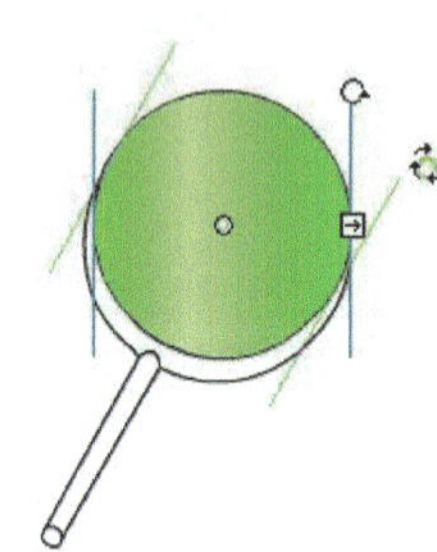
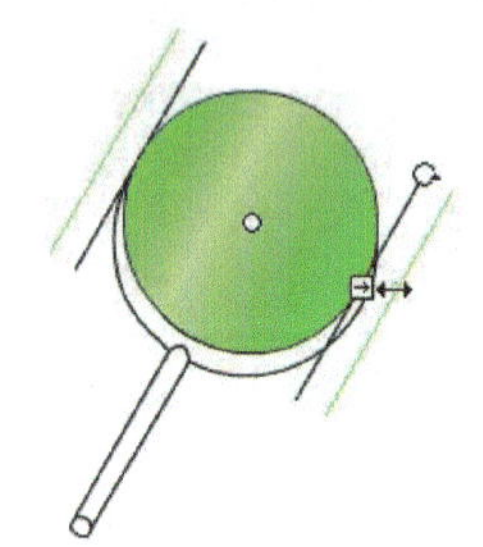

图 3-47 调整颜色

图 3-48 将图形填充好渐变颜色

图 3-49 设置和填充边线

(7) 选择刷子工具,在选项区中设置刷子的大小和形状,在【颜色】面板中设置笔刷的颜色,在每个棒棒糖的中心位置绘制如图 3-50 所示的螺旋纹。

(8) 最后,再在每个棒棒糖的手柄部绘制相同色系的蝴蝶结,效果如图 3-51 所示。

图 3-50 用刷子工具绘制螺旋纹

图 3-51 最后效果

## 3.7 习 题

**1．填空题**

（1）Flash 中的颜色可以使用__________、__________设置，也可以在工具箱和【属性】面板中____________________________设置。

（2）滴管工具可以从舞台上指定的位置获取________、________和________来应用于其他对象。

（3）可以利用渐变变形工具对所填颜色的__________、__________和__________等进行设置。

**2．选择题**

（1）在【颜色】面板中可以对多种类型的颜色进行设置。下面最全面的类型是（　　）。

A．纯色、渐变颜色　　B．纯色、线性、径向

C．无、纯色、渐变颜色、位图颜色　　D．无、纯色、线性、径向

（2）在【样式】面板中执行【添加颜色】命令，当导入一幅 GIF 格式的图像时，导入的是（　　）。

A．图像中的所有颜色　　B．图像本身

C．图像的一部分　　D．图像包含最多的一种颜色

（3）下列对于滴管工具的描述正确的是（　　）。

A．只能获取指定位置的颜色

B．可以获取指定位置的色块

C．可以获取指定位置的线条属性

D．可以获取指定位置的色块、位图和线段属性

（4）下列说法正确的是（　　）。

A．墨水瓶工具对所有形式的图形都有用，直接在要填充的位置单击即可将线条颜色填充

B．墨水瓶工具只对打散的图形有用

C．墨水瓶工具对进行了群组的图形无用

D．墨水瓶工具的填充颜色只能是单色

**3．判断题**

（1）【样本】面板中的颜色不可更换或添加。（　　）

（2）【颜色】面板可以设置 Flash 中所有的颜色。（　　）

（3）渐变颜色只能在【颜色】面板中更换。（　　）

（4）滴管工具只能选取矢量颜色，不能在位图上选取颜色。（　　）

（5）位图不可以作为颜色填充在图形里。（　　）

4．简答题

（1）怎样利用【颜色】面板设置渐变颜色？

（2）如何添加或者删除【颜色】面板中的滑块？

（3）简述用滴管工具设置颜色的方法，并说明在用它设置位图颜色时应该注意什么。

（4）简述墨水瓶工具的使用方法。

（5）怎样用渐变变形工具调整渐变色？

# 第4章 Flash中的文本

文字在 Flash 中的作用不次于图形，在制作时常常要用到文字。Flash 提供了强大的文本编辑功能，本章将对此进行介绍。

**本章要点：**

- 掌握用文本工具输入文字的方法。
- 学会创建静态文本、动态文本和输入文本的方法。
- 了解设置文本属性的方法。

## 4.1 文 本 工 具

### 4.1.1 认识文本工具

文本工具 T 是帮助用户输入文字的。利用 Flash 的文本工具可以创建三种类型的文本：静态文本、动态文本和输入文本。

**提示：**

- 静态文本：显示固定不变的字符或文本，或者在大多数计算机上显示不可修改的特殊字体。
- 动态文本：可以实时更新的文本，如股票报价、体育得分等。
- 输入文本：可以捕获用户输入的信息，如应用于调查表、用户信息等方面。

文本被创建后，可以在【属性】面板上设置文本的方向、字体、颜色、间距、对齐等属性，可以对文本进行旋转、缩放、倾斜和翻转等操作，还能将文本转换为图形。

### 4.1.2 输入文字

选择工具箱中的文本工具，将鼠标光标移至舞台中，鼠标光标形状变为+A，单击后出现一个文本框（或者按住鼠标左键拖出一个文本框），在文本框中用输入法输入文字，输入完毕后单击文本框外的任意空白处，文本框消失，这样即完成文字的编辑，如图 4-1 所示。

输入文字 输入文字 +A

图 4-1 输入文字

输入文字后，若要对文字内容进行修改，只需再次选择文本工具，用文本工具选择要修改的文字直接修改即可。

### 4.1.3 文本的【属性】面板

选择文本工具，打开其【属性】面板，在其中可以设置文字的各种属性，如图4-2所示。

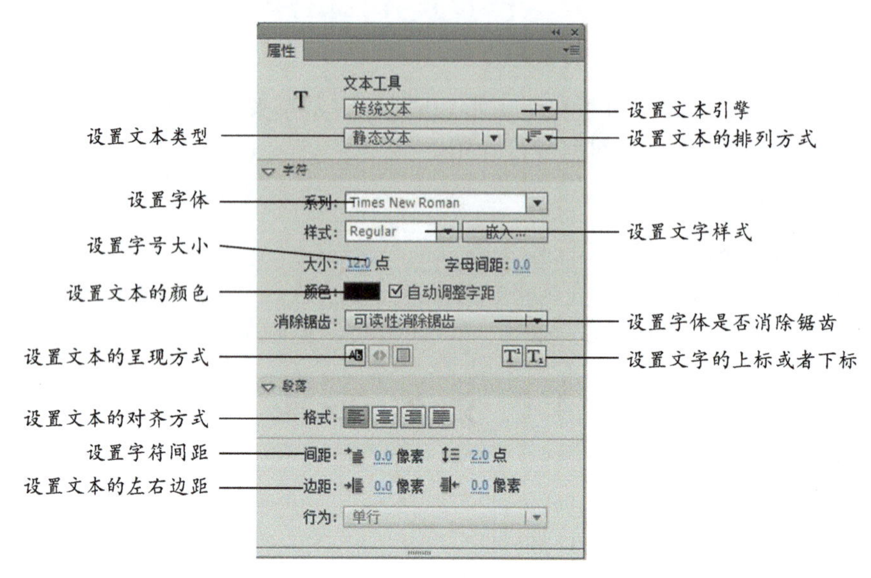


图4-2 文本工具的【属性】面板

**提示：**

选择不同的文本类型，呈现的【属性】面板也不太一样，但基本上是一致的，图4-2显示的是静态文本的【属性】面板。

## 4.2 Flash 中的三种文本类型

### 4.2.1 静态文本

**1. 什么是静态文本**

静态文本包括两种：固定文本块（其文本框有宽度限制）和可扩展文本块（其文本框无宽度限制）。在固定文本块中输入文字，当文字达到设置的文本框的宽度后，将自动进行换行，而不增加文本框的宽度；在可扩展文本块中输入文字，当输入的文字达到设置的文本框的宽度后，并不会自动进行换行，而是自动延伸文本框的宽度。

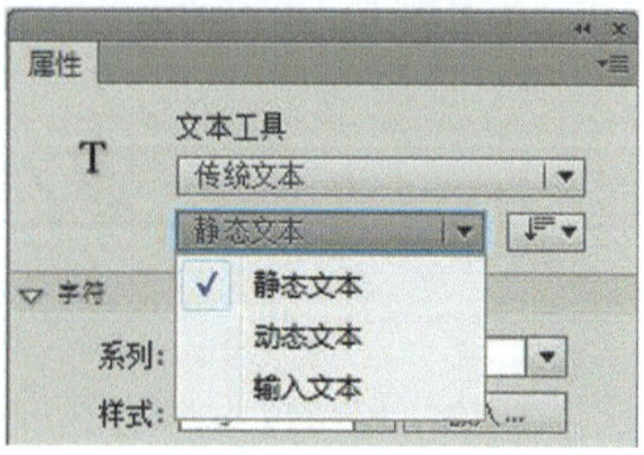

**2. 创建静态文本**

**创建静态文本的操作步骤如下。**

(1) 选择工具箱中的文本工具，打开【属性】面板，在【文本类型】中选择“静态文本”选项，如图4-3所示。

图4-3 在【文本类型】中选择“静态文本”选项

(2) 设置好文本属性后，将鼠标光标移至舞台，光标形状变为+A，在舞台上单击，就会出现一个右上角带有小圆圈的文本框，如图 4-4 所示，在文本框中输入文字，文本框会随文字的增加自动扩宽，此时创建的是可扩展文本块。

(3) 如果在设置好文本属性后将光标移至舞台，单击并拖动鼠标，会出现一个矩形文本框，此文本框的右上角是一个小方块，如图 4-5 所示，在文本框内输入文字，文本框不会随文字的增加自动扩宽，而是自动换行，此时创建的是固定文本块。

图 4-4　可扩展文本块

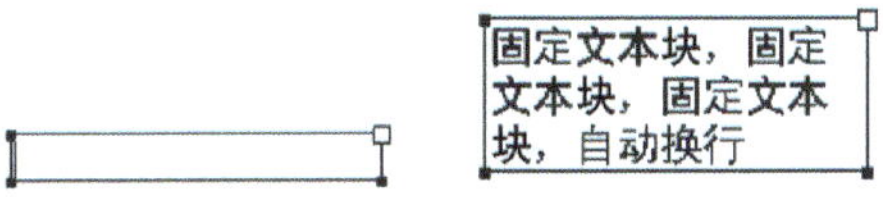

图 4-5　固定文本块

(4) 如果要将固定文本块转换为可扩展文本块，则将光标置于固定文本框右上角的小方块上双击，小方块变为小圆圈，如图 4-6 所示，固定文本块即可变为可扩展文本块。

图 4-6　将固定文本块转换为可扩展文本块

(5) 要结束文本的输入，则用鼠标在舞台空白处单击即可。

## 4.2.2　动态文本

### 1．什么是动态文本

动态文本是相对于静态文本而言的，动态文本框就相当于一个变量，可以赋值，随着变量值的更改，文本框的内容也会随之改变。

### 2．创建动态文本

**创建动态文本的操作步骤如下。**

(1) 选择工具箱中的文本工具，打开【属性】面板，在【文本类型】中选择“动态文本”，其【属性】面板如图 4-7 所示。

(2) 设置好文本属性后，在舞台上单击或者按住鼠标拖动，都会出现右下角带有小方形的固定文本块，在其中输入文字即可。如要将其转换为可扩展动态文本块，则只需在固定文本框右下角的小方形上双击即可，如图 4-8 所示。

(3) 要结束文本的输入，只要在舞台空白处单击，这时会发现动态文本结束输入后，文本周围有一个虚线框，如图 4-9 所示。

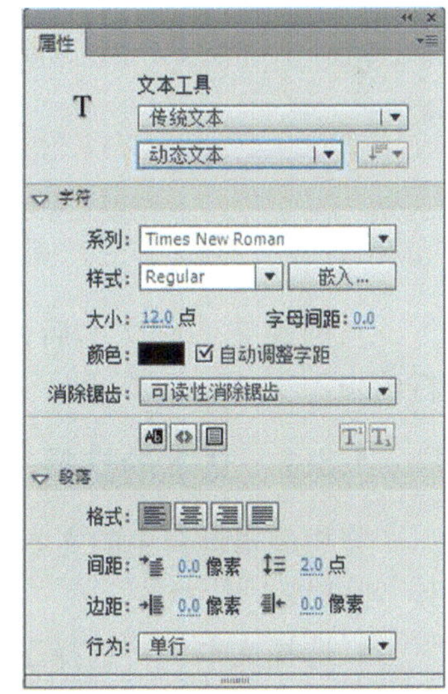


图 4-7　“动态文本”文本类型对应的【属性】面板

**注意：**

动态文本在没有输入文字时，结束文本的输入，舞台上会保留已经建立的文本框，呈虚线显示，如图 4-10 所示。而静态文本则不会出现虚线。

### 4.2.3 输入文本

**1. 什么是输入文本**

输入文本是用来和用户交互的控件，其创建方式和动态文本基本一样，只是它是由外界输入，主要用于接收用户输入的数据。

**2. 创建输入文本**

选择工具箱中的文本工具，打开【属性】面板，在【文本类型】中选择“输入文本”，其【属性】面板如图4-11所示，按照输入静态文本和动态文本的方式，设置好文字属性后在舞台上输入文字即可。

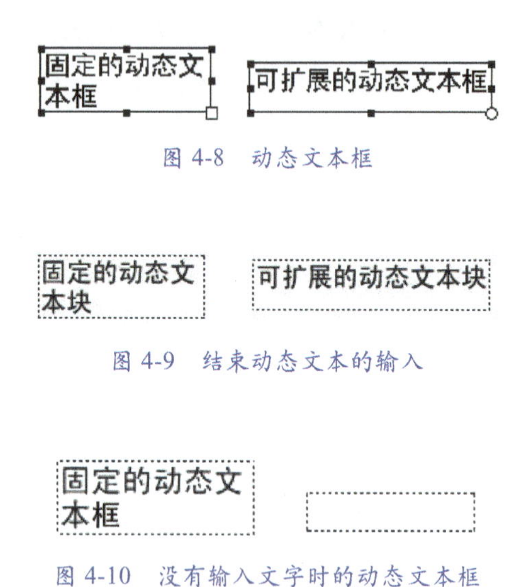


图4-8 动态文本框

图4-9 结束动态文本的输入

图4-10 没有输入文字时的动态文本框

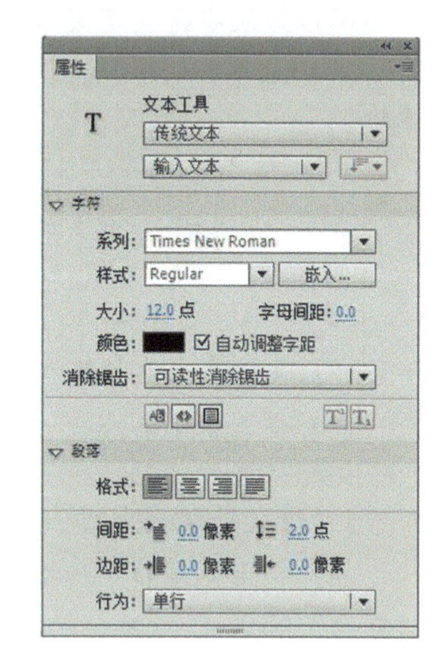


图4-11 “输入文本”类型的【属性】面板

## 4.3 编辑文本

当创建完一段文本后，如果文本不能满足编辑动画时的要求，就需要对文本进行编辑。

### 4.3.1 文本的选择

要想编辑舞台中的文本，就必须先选择文本。文本的选择有两种方式即选择文本块，或选择文本文字。

- 选择文本块：选择工具箱中的选择工具，用选择工具单击舞台中的文本，可选择整个文本块，选中的文本块周围会出现蓝色线条。图4-12所示是静态文本被选中状态。
- 选择文本文字：选择工具箱中的文本工具，将光标移至舞台的文本上，当光标变为I形状时，按下鼠标左键并进行拖动，可选择部分或者全部的文本文字，如图4-13所示。

图 4-12　文本选中状态　　　　图 4-13　选择部分文本

**注意：**

如果要修改文本内容，必须要选择文本文字才能进行编辑。

### 4.3.2　设置文本的属性

在输入了文本时，用户可以对文本的属性进行设置。在创建新文本时，其属性由当前【属性】面板中的参数决定，对于创建好的文本，也可以在【属性】面板中修改属性。下面以静态文本为例进行说明。

**设置静态文本属性的操作步骤如下。**

(1) 字体的设置：选中舞台中的一段文字，在【属性】面板上单击系列: Times New Roman 中的下拉按钮，在弹出的列表框中选择一种字体。

(2) 字号的设置：单击大小: 12.0 点选项的数字编辑区，然后输入数字来设置字号的大小。或者将光标移至数字上按住鼠标左键并拖动鼠标，也可以改变字号的大小。

(3) 文字的颜色和样式：单击颜色: 选项的颜色框，打开颜色列表，单击可以选择字体的颜色；再单击样式: Regular 选项的下三角按钮，可以设置文字为粗体、斜体或者粗斜体状态。设置文字颜色及样式的效果如图 4-14 所示。

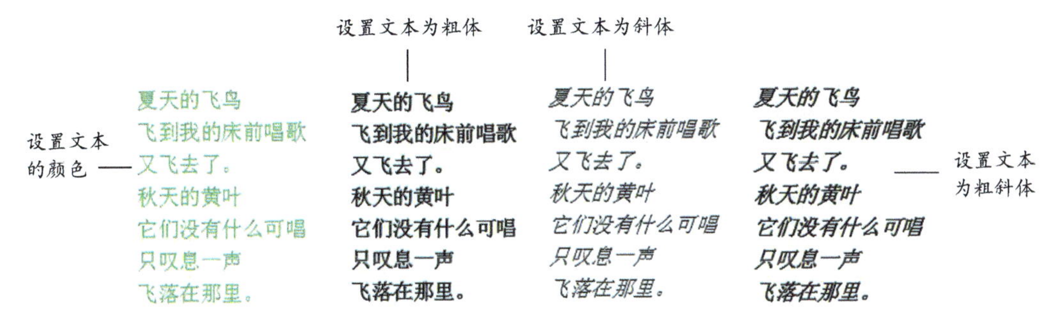


图 4-14　设置文本的颜色和样式

**注意：**

默认情况下，设置文本颜色时只能使用纯色，不能使用渐变颜色。如需使用渐变颜色，必须将文字分离。

(4) 文字的排列方式：单击排文方式按钮，在弹出的下拉列表中选择文字的排列方式，有"水平""垂直""垂直，从右向左"三种排列方式，效果如图 4-15 所示。

(5) 文字的对齐方式：选择"水平"排列方式，出现图标；选择"垂直"排列方式，出现图标。单击这些图标可以设置文字的对齐方式。

(6) 字符间距：将光标置于字母间距: 1.0 选项数字上，然后按下左键左右拖动鼠标，或者直接输入具体的数字值，可以设置字符的间距。

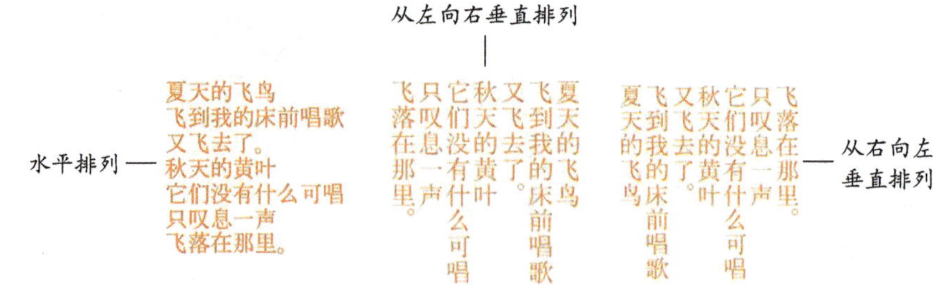


图 4-15　排文方式

(7) 字符位置：选中某个字符，然后单击按钮，可以将文字设置为上标或者下标，效果如图 4-16 所示。

(8) 段落格式：在【段落】选项区中的【间距】或者【边距】部分可以通过改变某个选项的数值对文字的段落格式进行设置，如图 4-17 所示。

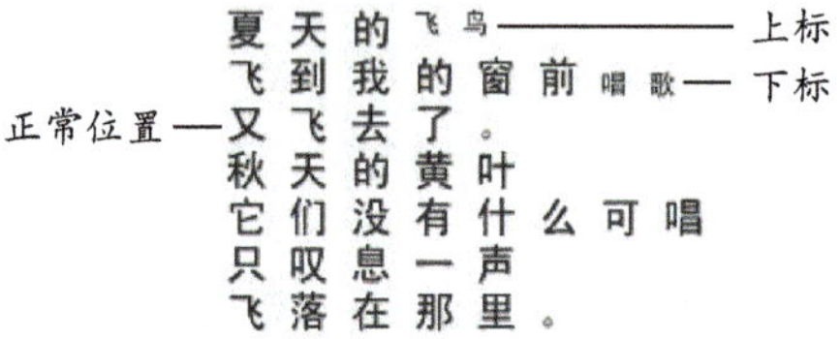

夏 天 的 飞 鸟 —— 上标
飞 到 我 的 窗 前 唱 歌 —— 下标
正常位置 —— 又 飞 去 了 。
秋 天 的 黄 叶
它 们 没 有 什 么 可 唱
只 叹 息 一 声
飞 落 在 那 里 。

图 4-16　设置字符位置

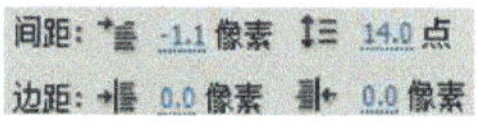

间距：-1.1 像素　14.0 点
边距：0.0 像素　0.0 像素

图 4-17　对文字的段落格式进行设置

(9) 文字链接：选中要设置链接的文字，然后在文本【属性】面板的【链接】选项中输入链接的网址，效果如图 4-18 所示。按 Ctrl+Enter 组合键播放动画，再单击窗口中的链接文字，即可跳转到链接的网站上。

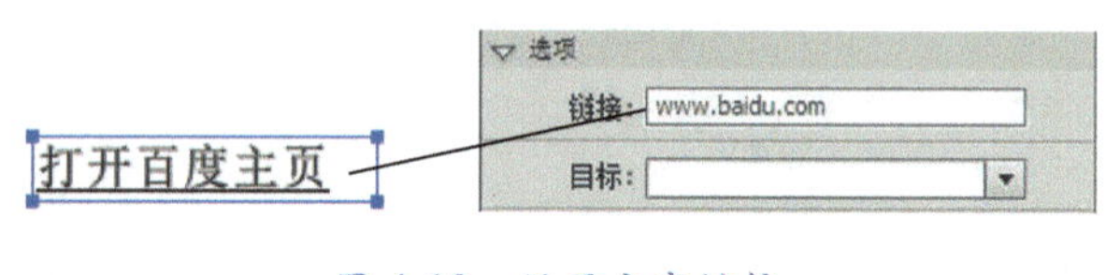


图 4-18　设置文字链接

## 4.4　文本的分离与变形

### 4.4.1　文本的分离

输入文字后形成文本块。对于文本块，我们只能将其整体放大、缩小、旋转或者改变文本块中的文字属性。如果想要对文字进行更多的编辑，则需要对文本进行分离，可以将整个文本块分离成一个个的文字。这样分离后（也就是打散）的文本是作为图形来进行编辑的。

用文字工具在舞台上输入文本，用选择工具选择这段文本，选择【修改】→【分离】命令，这时选定文本中的每一个字符都会成为一个单独的文本块；再次选择【修改】→【分离】命令，可将这些文字都会转换为图形，如图 4-19 所示。这些转换为图形的文字可以像图形一样进行编辑，比如渐变色的填充、轮廓的填充、文字轮廓的改变等。

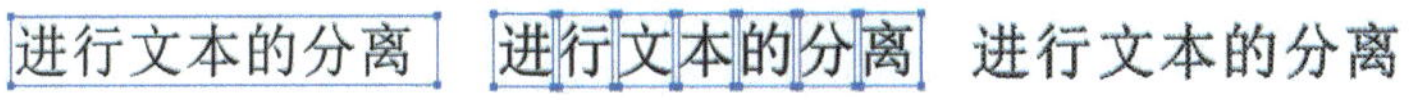

进行文本的分离
进行文本的分离
进行文本的分离

图 4-19　分离文本

**技巧：**

用选择工具选取了文本块后，可以在选取的文字上方右击，在弹出的快捷菜单中选择【分离】命令即可。

**注意：**

分离后的文本文字无法再组合为一个可编辑的文本块，另外，【分离】命令不适用于位图字体。

### 4.4.2　文本的变形

文字输入后形成的文本块可以进行变形，变形的文字依然可以进行编辑，比如设置文本格式、添加文字等。

变形文本的方法：在舞台中输入文本后，用选择工具选择该文本，在工具箱中选择任意变形工具，舞台中的文本块周围出现变形框，将鼠标光标移至变形框上，单击后按住鼠标左键拖动，可以对文本块进行变形操作，如图 4-20 所示。

文本的变形
文本的变形
文本的变形
文本的变形

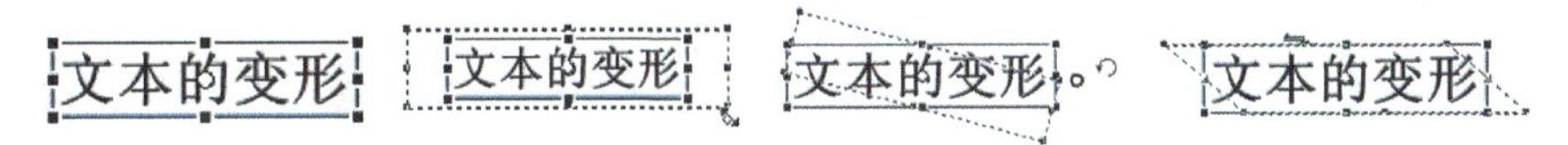

图 4-20　文本的变形

## 4.5　上 机 实 战

### 4.5.1　制作描边文本

**制作描边文本的具体操作步骤如下。**

(1) 新建一个空白文档。选择工具箱中的文本工具，在舞台上输入文本并调整大小。

(2) 在工具箱中选中选择工具，再右击输入的文本，在弹出的快捷菜单中选择【分离】命令，将文本块分离，这时文本并没有被打散，如图 4-21 所示。

(3) 再执行一次【分离】命令，将文本打散，如图 4-22 所示。

FLASH

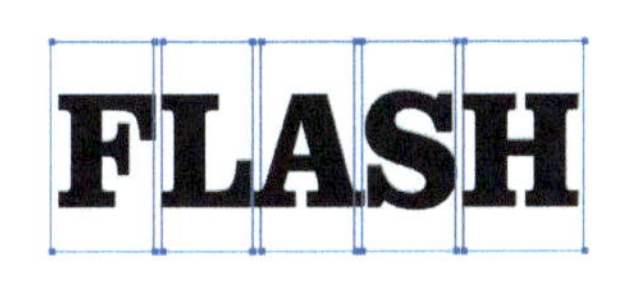

图 4-21　分离文本

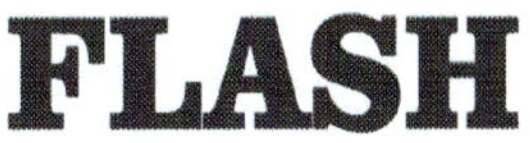

FLASH

图 4-22　打散文本

(4) 选择工具箱中的墨水瓶工具，在【属性】面板中设置颜色和样式，依次在文本的边缘单击，即可将文字描边，如图 4-23 所示。

图 4-23　描边文字

（5）单击工具箱中的选择工具，按住 Shift 键，分别在各个字母的填充上单击，将所有打散字母的填充内容选中，按 Delete 键将其删除，效果如图 4-24 所示。

图 4-24　选中文本填充内容并删除

（6）选择【文件】→【保存】命令，将文档保存。

## 4.5.2　制作滚动文本

因为网页上空间有限，为了更有效地利用版面，我们经常可以看到一些滚动文本。下面就制作一段滚动文本。

**制作滚动文本的具体操作步骤如下。**

（1）新建一个 Flash 文件，设置文档尺寸为 350 像素 ×300 像素。

（2）选择工具箱中的文本工具，打开【属性】面板，设置字体为宋体、字号为 18 点，在【文本类型】中选择“动态文本”，将【行为】选项设置为“多行”，如图 4-25 所示。

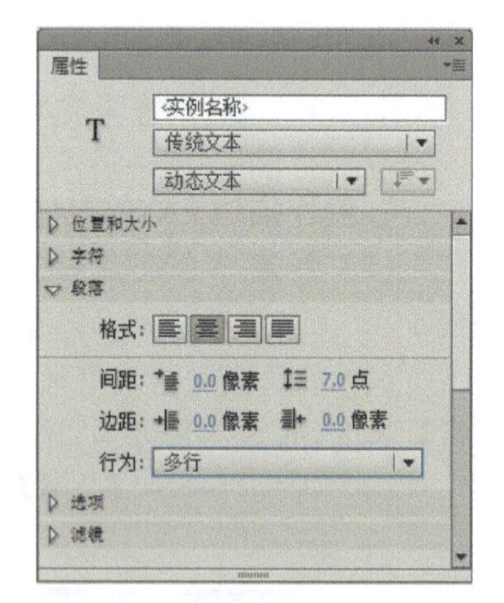


图 4-25　设置文本属性

（3）在舞台上创建一个文本框，并输入《登鹳雀楼》《望庐山瀑布》两首诗的内容。再在文本框上右击，从弹出菜单中选中【可滚动】命令，在【属性】面板中将文本框的宽、高的值分别调整为 200 和 220，对于在文本框中没有显示的文字可以不用理会，如图 4-26 所示。

（4）打开【组件】面板，选择 User Interface 中的 UIScrollBar 组件，拖到场景中文本框的右边并且要放在内部。再在【属性】面板中设置高为 220，并与文本框上下对齐。用矩形工具绘制一个宽为 200、高为 240 的线框并设置样式为斑马线。此时的效果如图 4-27 所示。

（5）这样滚动文本就制作完成了。按 Ctrl+Enter 组合键测试动画，就可以用鼠标拖动滚动条滚动文本了，如图 4-28 所示。

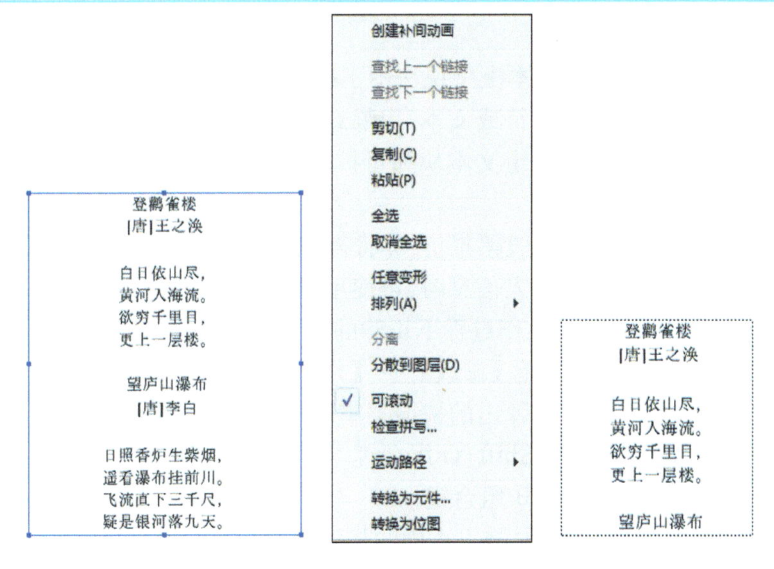


图 4-26 调整文本框大小

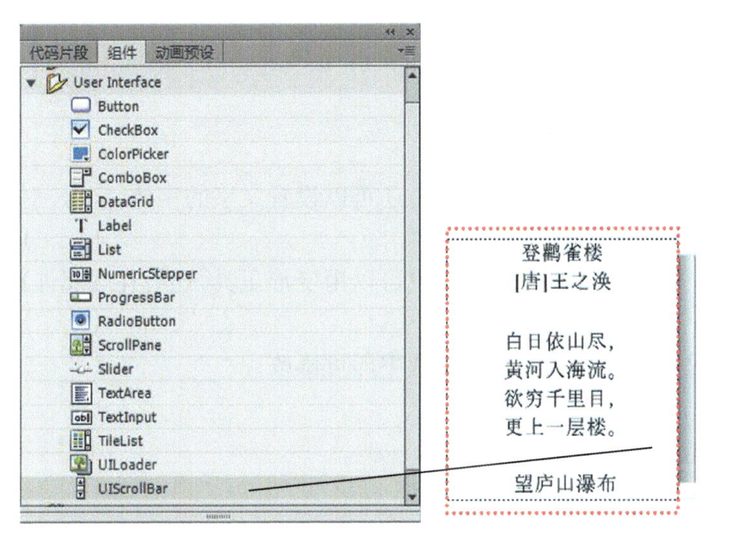


图 4-27 拖入 UIScrollBar 组件并增加虚线框

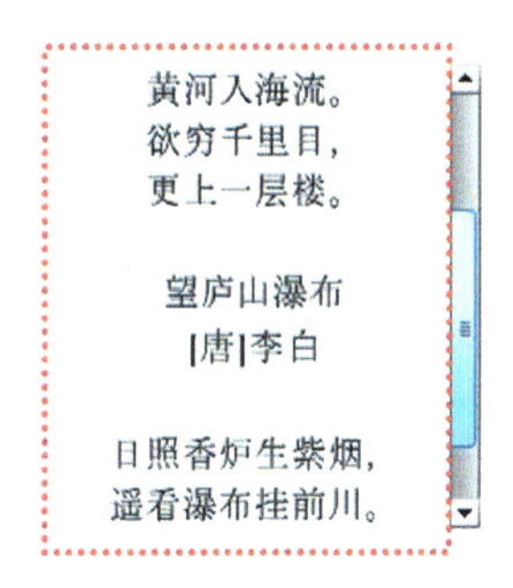


图 4-28 测试滚动文本效果

## 4.6 习 题

**1．填空题**

（1）利用 Flash 的文本工具可以创建三种类型的文本：________、________和________。

（2）静态文本包括________和________。

（3）________在没有输入文字时结束了文本的输入，舞台上会保留已经建立的文本框，呈虚线状态显示。而________则不会出现虚线。

（4）选择【修改】→【分离】命令，这时选定文本中的每一个字符都会________。

### 2．选择题

（1）下列对于 Flash 中的文本类型说法不正确的是（　　）。

A．对于无须更改的字符或文本，用静态文本

B．只有静态文本有固定文本块和可扩展文本块之分，动态文本和输入文本中没有这种区别

C．动态文本主要用于股票报价、体育得分等

D．在需要捕获用户输入信息时，可使用输入文本类型

（2）下列关于分离文本的操作过程不正确的是（　　）。

A．选择文本文字，选择【修改】→【分离】命令

B．选择文字，右击，在弹出的快捷菜单中选择【分离】命令

C．选择文字，按 Ctrl+Shift+G 组合键

D．选择文字，按 Ctrl+B 组合键

（3）下列对于分离的文本，说法不正确的是（　　）。

A．分离的文本文字可以成为单个的文本块

B．分离后的文本文字可以成为图形进行编辑

C．分离后的文本文字还可以重新组合为一个文本块

D．不能分离位图文字

### 3．判断题

（1）在【属性】面板上不仅可以设置文本类型，还可以设置文字的字体、字号、对齐方式、字符间距、段落格式等。（　　）

（2）文本的变形可以在【变形】面板上进行，也可以用变形工具，还能在【属性】面板上操作。（　　）

（3）要修改文本文字，只需用选择工具将文本选中即可修改。（　　）

### 4．简答题

（1）怎样设置文本属性？

（2）在 Flash 中怎样创建动态文本？

（3）怎样将文本进行分离？

# 第5章　图形的编辑

在Flash中用绘图工具创建的矢量图形以及导入的位图图像，可以对其进行变形、缩放、旋转、排列、对齐等操作。本章主要使用工具栏中的工具、菜单中的命令以及配合一些设计面板，对绘制的图形进行编辑操作。

**本章要点：**

- 选择工具的使用以及选取对象的方法。
- 认识橡皮擦工具。
- 了解查看工具的使用方法。

## 5.1　选择图形

### 5.1.1　选择工具

选择工具在前几章已经运用过，本节将通过实例对其应用进行具体介绍。

**选择图形的具体操作步骤如下。**

(1) 单击绘图工具，取消对象绘制按钮的选择，在舞台上绘制一个图形，如图5-1所示。

(2) 单击工具栏中的选择工具，选择图形。

(3) 如果想要选择图形的填充内容，用鼠标在填充内容上单击即可。例如，想选择图形的线条，用鼠标在线条上单击即可；在线条上双击则可以选择相连的所有线条，如图5-2所示。

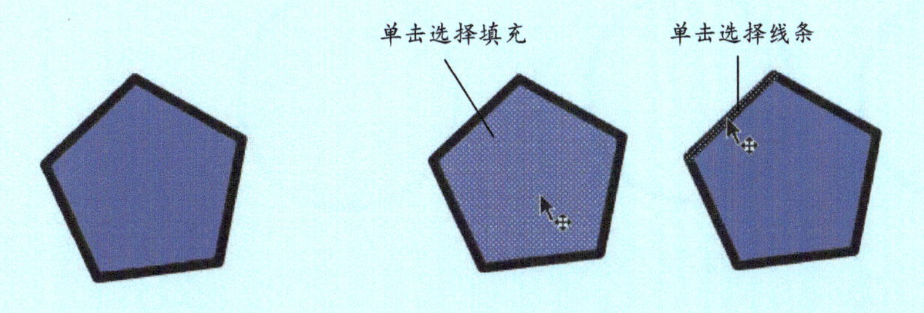


图5-1　绘制图形

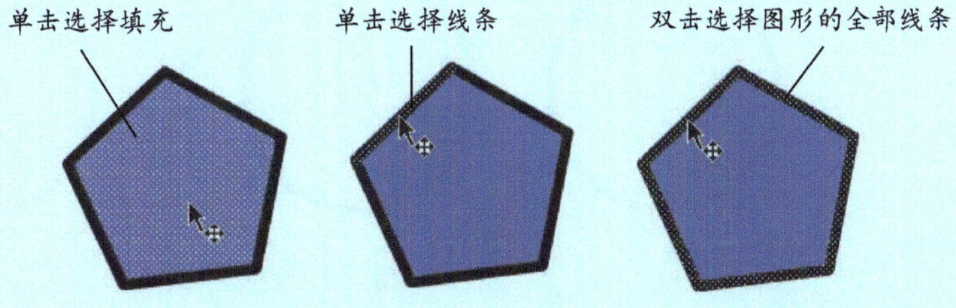

图5-2　选择图形的线条或填充

(4) 如果要将图形的线条和填充内容同时选上，可以采用框选的方法（即拖动鼠标将要选择的图形全部包括在拖动的框里），如图5-3所示，可双击图形的填充内容将图形全选。

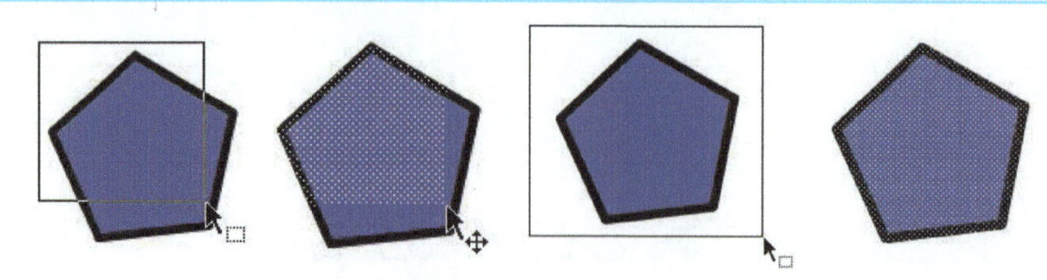

图 5-3　框选图形

提示：

对于用对象绘制模式绘制的图形，或者进行了群组的图形，直接用选择工具在图形上单击即可选择整个图形。

用选择工具除了可以选择图形外，还可以移动、复制图形，甚至还能调整图形。

按 Ctrl+A 组合键可以选择舞台中所有的对象。

## 5.1.2　套索工具

### 1．套索工具的基本使用

对于选择部分图形，就可以用到套索工具。套索工具不仅可以选择整个图形，还能通过自由勾画来选择图形不规则的一部分。

**套索工具的基本使用方法如下。**

（1）用绘图工具在舞台上绘制一个包含线型和填充的图形，并确保图形处于打散状态。

注意：

套索工具只对打散的图形有效。

（2）选择工具栏中的套索工具，将鼠标光标移至舞台中，按下鼠标左键不放在图形中进行拖动，释放鼠标后，选区自动闭合，如图 5-4 所示。

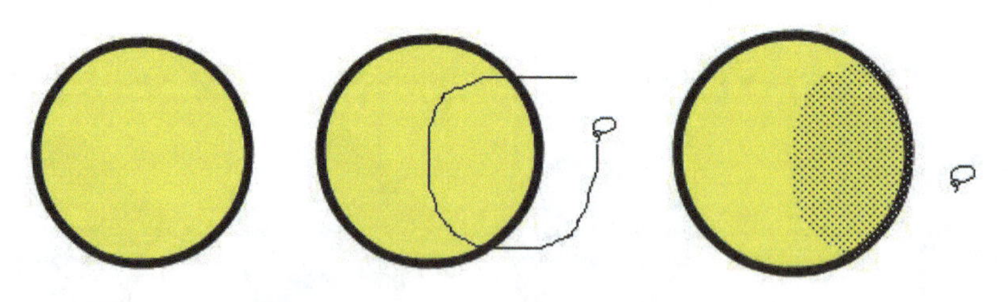

图 5-4　套选工具

技巧：

如果想绘制直线段，按住 Alt 键，依次单击即可。

### 2．套索工具的选项区

选择套索工具后，在工具栏的选项区中有、、三个按钮。单击按钮还会弹出【魔术棒设置】对话框，该对话框用于设置魔术棒选取的色彩范围。套索工具选项区及【魔术棒设置】对话框，如图 5-5 所示。

魔术棒：用于选取位图中的颜色

多边形套索：用于对不规则图形进行比较精确的选取

魔术棒属性：单击该按钮弹出【魔术棒设置】对话框，可以设置魔术棒选取的色彩范围

魔术棒设置

阈值(T): 10　　确定

平滑(S): 一般　　取消

用于定义选取颜色的近似值，值越大，选取的邻近颜色范围就越大

用于指定选取范围边缘的平滑度，有像素、标准、粗略和平滑4个选项

图 5-5　套索工具的选项区及【魔术棒设置】对话框

- 魔术棒：套索工具中的魔术棒工具是专门用于位图图形的，可进行位图复杂色块的选择。下面以一个实例来说明它的用法。

**使用魔术棒工具的操作步骤如下。**

(1) 选择【文件】→【导入】→【导入到舞台】命令，将一张位图图片导入舞台。在图片上右击，在弹出的快捷菜单中选择【分离】命令，将置入的图片打散。

(2) 选择工具栏中的套索工具，在选项区中激活【魔术棒】按钮，并单击【魔术棒属性】按钮，打开【魔术棒设置】对话框，设置魔术棒的属性值（所设的值不同，所选的范围也会不同）。

(3) 将鼠标光标移至图形上，光标变为形状，在需要选择的颜色上单击，魔术棒将根据上一步所设的数值选取与单击处颜色相近的区域，被选中的部分以点的形式呈现。按 Delete 键将选中部分删除，如图 5-6 所示。

图 5-6　选取位图色彩范围

- 多边形套索：当需要选择一些颜色不相近，区域不规则的图形时，可以用多边形套索模式选取，具体操作方法是：选择套索工具，在选项区中单击多边形套索按钮，将光标移至舞台，在对象的任意处单击，作为多边形的起点；移动鼠标，有一直线跟随光标移动，在适当位置再次单击，以确定选择了一条直线边；用同样的方法依次单击，可绘制一个多边形区域；最后双击，完成区域的选取，如图 5-7 所示。

### 5.1.3　其他选择图形的方式

除了用以上专用选择图形的工具选择图形外，还能用任意变形工具、部分选择工具选择图形，具体操作方法是：在工具栏中选择这两种工具，直接在要选取的图形上单击即可，其选择状态如图 5-8 所示。图形选取的目的主要是为了调整和变换图形。

图 5-7 多边形套索的使用

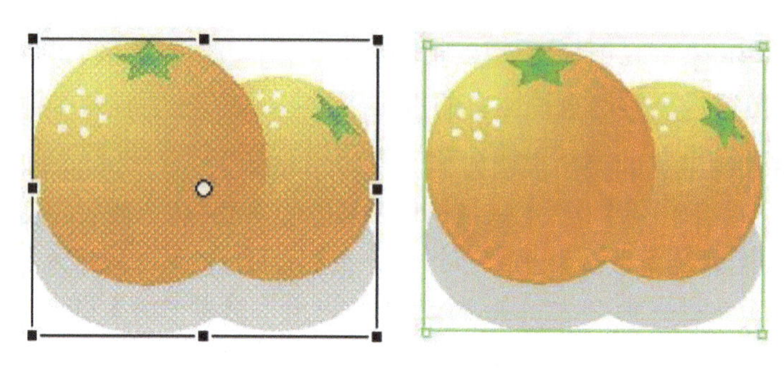

图 5-8 用任意变形工具和部分选择工具选取图形

## 5.2 图形的变换

对于绘制好的图形，可以通过任意变形工具和变形面板等将对象进行缩放、旋转和倾斜等操作，以使其达到要求的效果。

### 5.2.1 任意变形工具

利用任意变形工具可以对图形进行缩放、旋转、倾斜、翻转、透视、封套等变形操作，进行变形的对象既可以是矢量图形，也可以是位图或文字。

选择工具栏中的任意变形工具，观察它的选项区，如图 5-9 所示。

**使用任意变形工具的具体操作步骤如下。**

（1）用绘图工具在舞台上绘制一个图形。在工具栏中选择任意变形工具，在舞台上单击需要编辑的对象，对象处于被选中状态，并在周围出现控制框和 8 个控制点，如图 5-10 所示。

（2）缩放对象：将鼠标光标移到控制框 4 角的控制点上，当光标变为或形状时，按住鼠标左键向图形内部拖动鼠标可等比缩小图形，向外拖动鼠标可等比放大图形，如图 5-11（a）所示。将光标移到控制框 4 边的控制点上，当光标变为↕或↔形状时，按住鼠标左键拖动水平或垂直方向上的 4 个控点，可改变图形在水平或垂直方向上的大小，如图 5-11（b）右边所示。

（3）旋转对象：将鼠标光标移至线框的 4 角时，当光标变为形状时，按住鼠标左键不放并拖动鼠标，可将图形进行旋转，如图 5-12 所示。

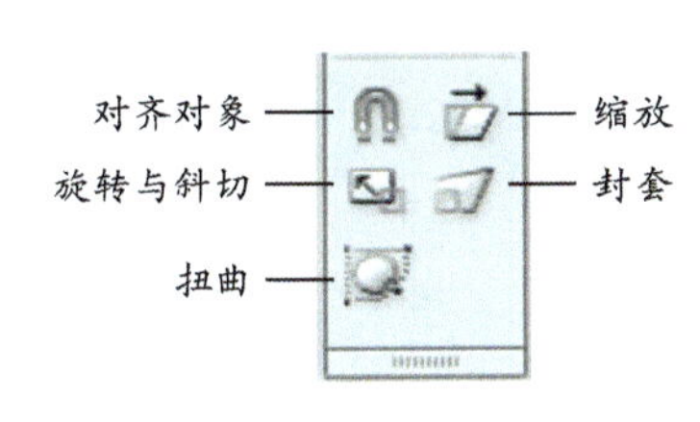


图 5-9　任意变形工具的选项区

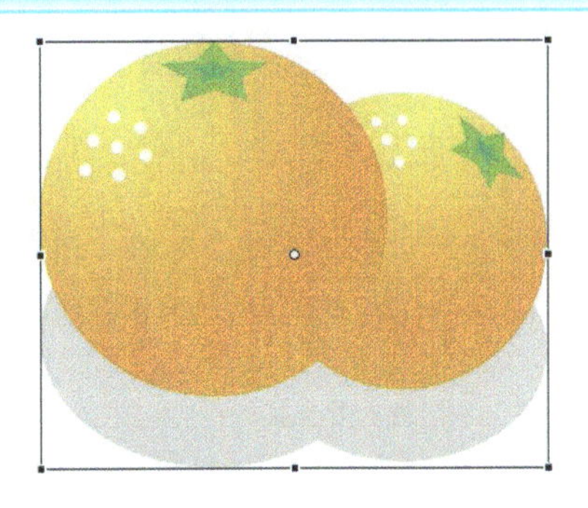

图 5-10　进入任意变形状态

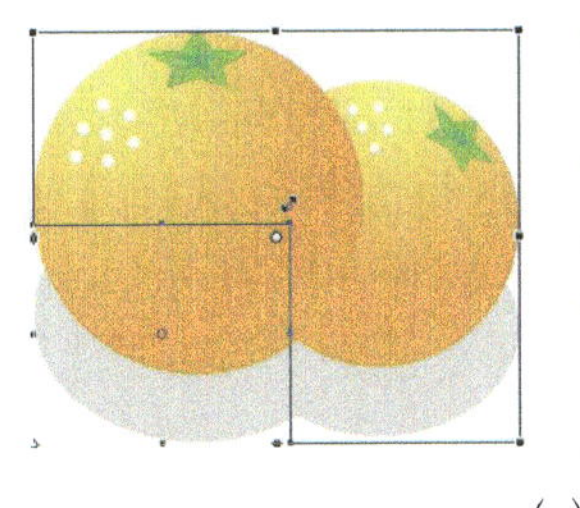

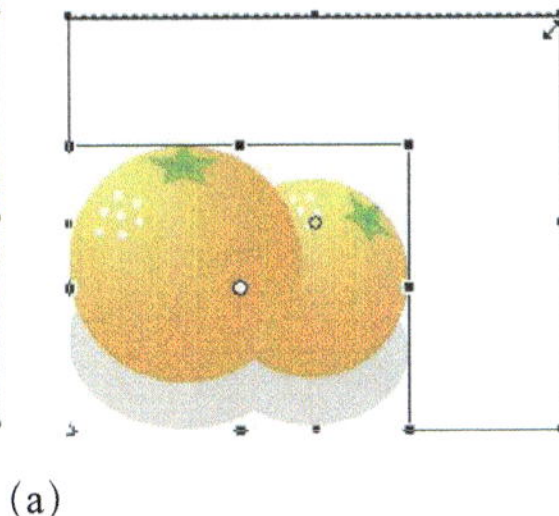

(a)

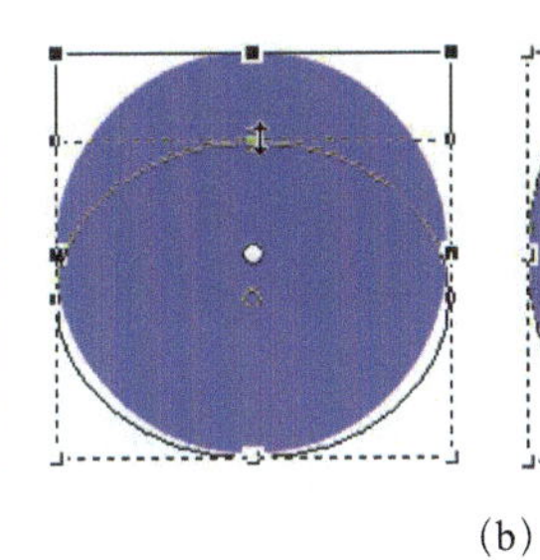

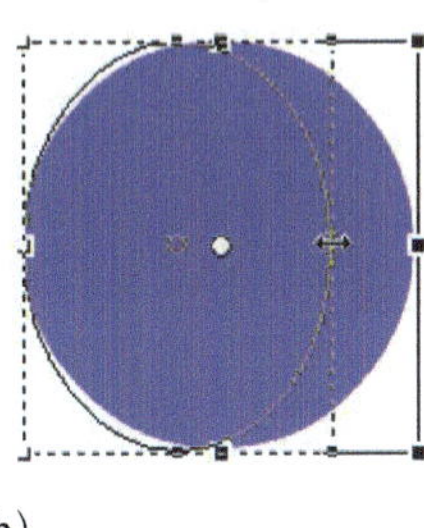

(b)

图 5-11　等比缩放

**注意：**

任意变形工具选取了对象后，对象中心会出现一个白色的控制点，调整这个控制点可以改变对象的旋转中心。

(4) 倾斜：当鼠标光标移至线框边线上时，光标变为⇌或⇵形状，按住鼠标左键不放并拖动鼠标，可进行倾斜操作，如图 5-13 所示。

(5) 扭曲：按住 Ctrl 键，将鼠标光标移至控制框的 4 个角时，光标变为▷，按住左键不放并拖动鼠标，可进行扭曲操作，如图 5-14 所示。

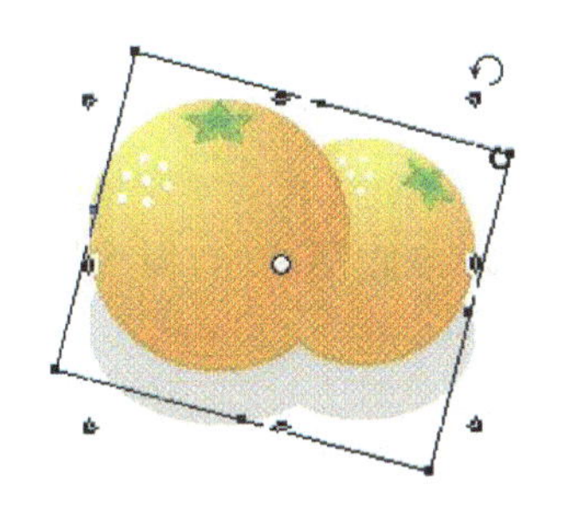

图 5-12　旋转图形

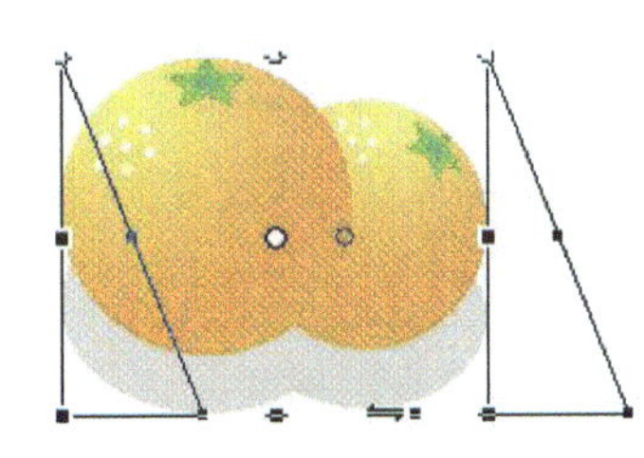

图 5-13　倾斜图形

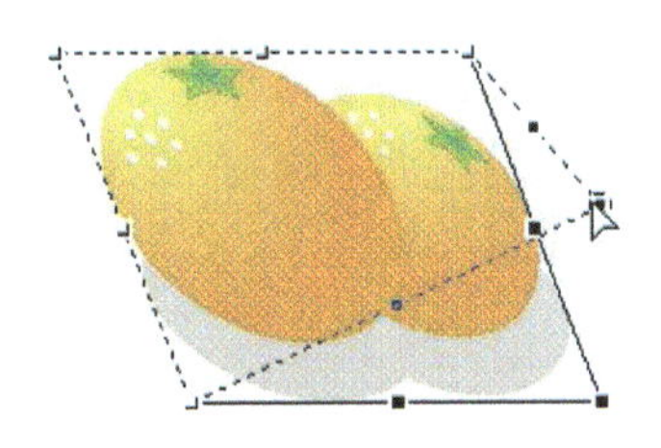

图 5-14　扭曲图形

(6) 封套：在工具箱选项区单击按钮，或者选择【修改】→【变形】→【封套】命令，进入封套状态，控制框周围会出现一系列变换点，用鼠标拖动变换点和切线手柄，对封套进行修改，如图 5-15 所示。

(7) 要结束变形操作，单击舞台空白区域即可。

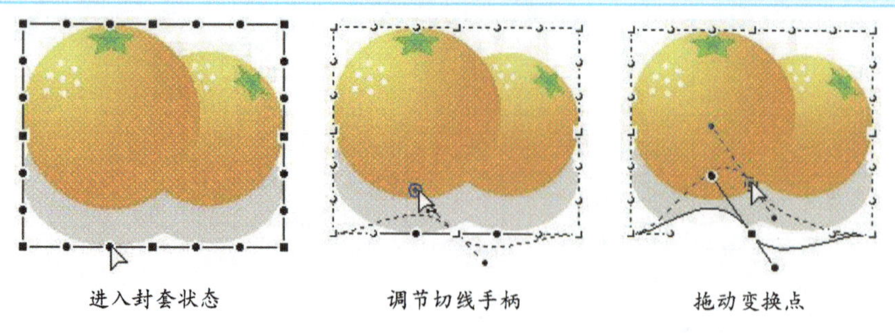


图 5-15　对图形进行封套操作

### 5.2.2 【变形】面板

用任意变形工具只能对图形进行比较粗略的缩放或旋转。当需要对图形进行比较精确的缩放、旋转或变形时，可以通过【变形】面板对图形进行编辑。选择【窗口】→【变形】命令（或按 Ctrl+T 组合键），打开【变形】面板，如图 5-16 所示。

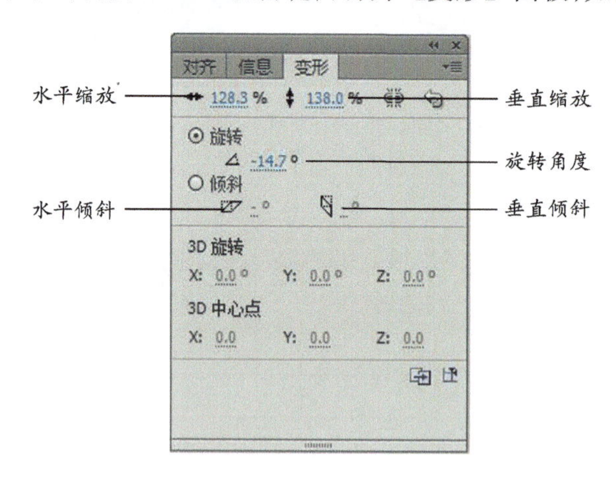


图 5-16　【变形】面板

**使用【变形】面板编辑图形的操作步骤如下。**

(1) 选取需要变形的对象，再打开【变形】面板。

(2) 缩放对象：在【变形】面板中的水平缩放框中输入缩放值，可改变对象水平方向的宽度；在垂直缩放框中输入缩放值，可改变对象垂直方向的宽度，如图 5-17 所示。

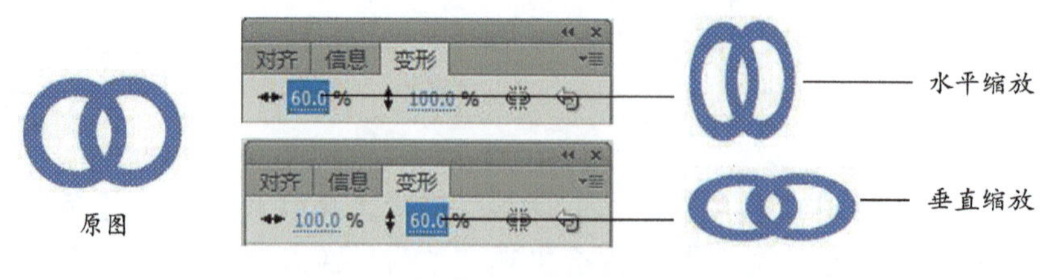


图 5-17　在【变形】面板中缩放对象

(3) 旋转对象：在【变形】面板中选中【旋转】单选按钮，在后面的文本框中输入旋转的角度值，按 Enter 键，即可使所选对象精确地旋转。

（4）倾斜对象：在【变形】面板中选中【倾斜】单选按钮，在水平倾斜文本框中输入数值，在垂直倾斜文本框中输入数值，按 Enter 键，即可使所选对象精确地倾斜。

### 5.2.3　【变形】命令

选择【修改】→【变形】命令，观察【变形】命令的子菜单，如图 5-18 所示。

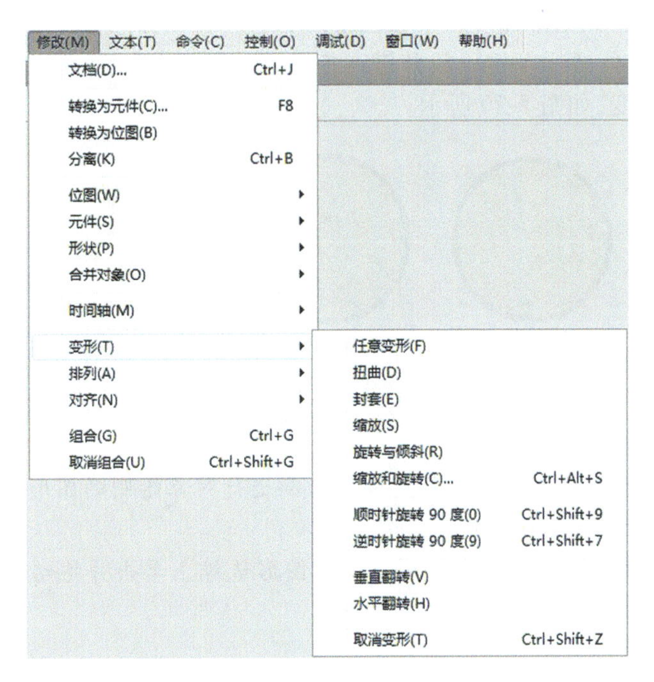


图 5-18　【变形】命令的子菜单

【变形】子菜单中的命令不仅包含了任意变形工具的所有操作项目，还能将对象进行翻转。对于任意变形工具中的操作项目，这里就不再具体讲解，现在主要介绍用此命令来翻转图形。

选择舞台中的图形，选择【修改】→【变形】命令，在弹出的子菜单中选择【垂直翻转】或【水平翻转】命令，将图形翻转，如图 5-19 所示。

选择图形

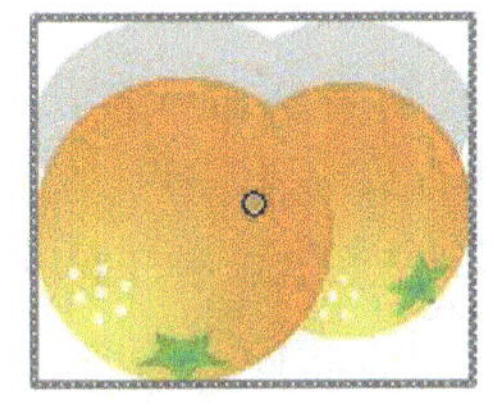
垂直翻转图形

水平翻转图形

图 5-19　翻转图形

## 5.3　图形的调整

图形调整就是指用工具栏中的工具对图形的形状进行调整，它与图形变换的区别是：变换是针对图形的整体而言，调整是针对图形的细节而言。

Flash 中可进行图形调整的工具有选择工具和部分选取工具。

### 5.3.1 利用选择工具调整图形

选择工具除了能选取图形外，还能对绘制好的图形轮廓进行更改。

用选择工具更改图形轮廓的具体操作步骤是：用绘图工具在舞台上绘制一个圆形，单击选择工具，让图形保持在不被选中的状态。将鼠标光标移至图形边缘，当光标变为↖形状时，按住鼠标左键不放并进行拖动，当调整出适当形状时，释放鼠标，即可将图形的形状改变，如图 5-20 所示。

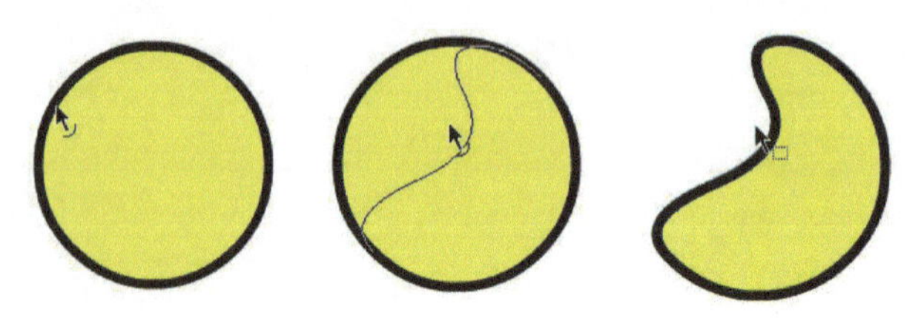

图 5-20 改变图形形状

**注意：**

选择工具的更改图形轮廓功能对于打散和进行对象绘制的图形都适用，除了进行群组的对象外，对于线条和填充也都适用。

另外，如果按下 Ctrl 键的同时用鼠标在图形边缘上单击并拖动图形，可创建一个新的转角点，如图 5-21 所示。

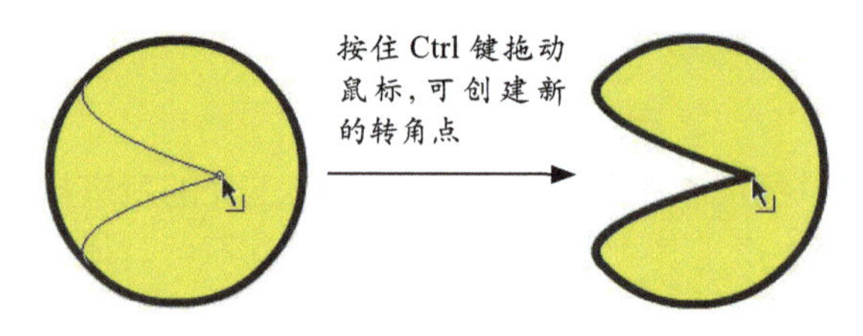


图 5-21 创建新的转角点

### 5.3.2 利用部分选取工具调整图形

部分选取工具与选择工具相比有着更强大的图形调整功能。当用部分选取工具在图形边缘单击后，被选中的边框有许多小锚点，在操作过程中，部分选取工具的光标会出现不同的形状，这些不同形状光标的含义如下。

- ↖▫：当光标移到某个锚点上时，光标变为↖▫形状，按住鼠标左键拖动，可改变该节点的位置。
- ↖▪：当光标移到除锚点以外的线段上时，光标变为↖▪形状，按住鼠标左键拖动，可以移动整个图形的位置。
- ▷：当光标移到锚点的切线手柄上时，光标变为▷形状，按住鼠标左键拖动，可以调节与该锚点相连的线段的曲度。

下面具体来演示一下用部分选取工具调整图形的方法。

**利用部分选取工具调整图形的操作步骤如下。**

(1) 用矩形工具在舞台上绘制一个矩形。选择工具栏中的部分选取工具，将鼠标光标移至图形边缘，当光标变为形状时单击，这时图形轮廓上会出现一系列锚点，如图 5-22 所示。通过调整锚点可修改图形形状。

**注意：**

对于进行群组的图形，部分选取工具将不能调整它们的形状。

另外，选择钢笔工具后，如果按住 Ctrl 键不放，钢笔工具将暂时切换为部分选取工具；松开 Ctrl 键，又回到钢笔工具。

(2) 单击被选图形上的某个锚点后，拖动鼠标，可移动锚点，如图 5-23 所示。

(3) 按住 Alt 键，单击图形上的某一个锚点后，按住鼠标左键不放拖动鼠标，出现调节杆和切线手柄，可将转角锚点转化为曲线锚点，如图 5-24 所示。

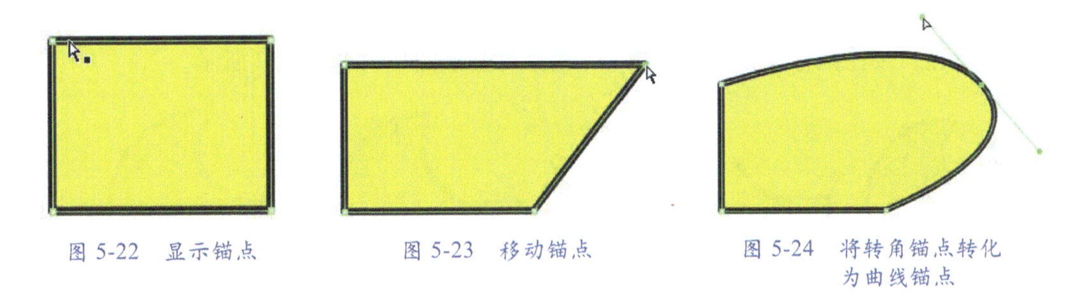

图 5-22　显示锚点　　图 5-23　移动锚点　　图 5-24　将转角锚点转化为曲线锚点

**提示：**

转角锚点显示为空心正方形，曲线锚点显示为空心圆圈。

(4) 转化为曲线锚点后，释放鼠标。将光标移至调节杆上的切线手柄上，当光标变为▷形状时，按住鼠标左键并拖动鼠标，可调整图形的曲度；如果按住 Alt 键不放再拖动鼠标，可单独调整每一个切线手柄，如图 5-25 所示。

(5) 单击图形上的某一锚点，按 Delete 键将其删除，如图 5-26 所示。

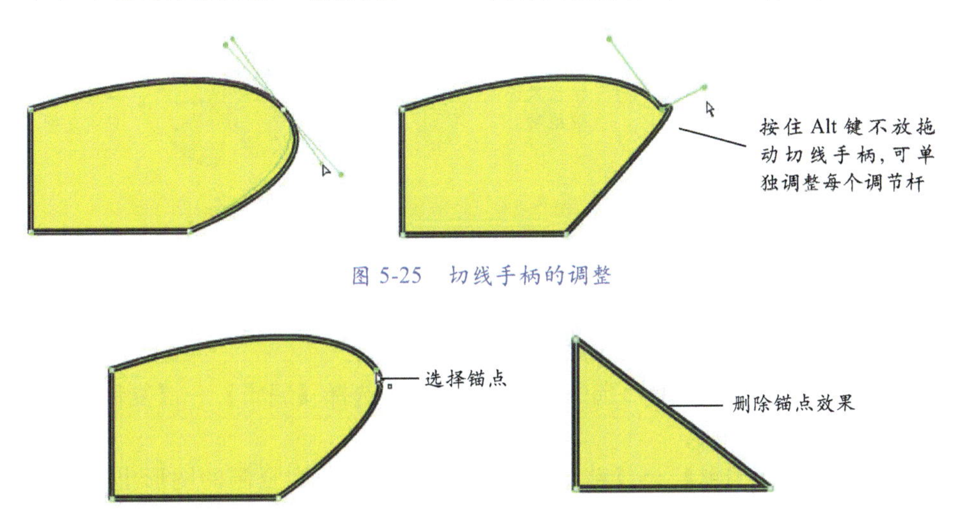


图 5-25　切线手柄的调整

图 5-26　删除锚点

**注意：**

部分选取工具只能将转角锚点转化为曲线锚点。若想将曲线锚点转化为转角锚点，则要用钢笔工具在该锚点上单击。部分选取工具不具备添加锚点的功能，要想添加锚点，用钢笔工具在要添加锚点的线条上单击即可。

## 5.4 图形的其他操作

图形还可以进行移动、复制、组合、叠放、对齐等操作。

### 5.4.1 图形的移动和复制

#### 1．图形的移动

当用选择工具、套索工具和任意变形工具选择舞台上的对象后，当光标变为形状时，按住左键拖动鼠标，即可移动对象。当用部分选择工具选择图形后，当光标变为形状后，按住鼠标左键拖动鼠标，可以移动整个图形，如图 5-27 所示。

图 5-27　移动对象

#### 2．图形的复制

● 用拖动鼠标的方法复制图形：如果用选择工具选取了要复制的对象，按住 Ctrl 键并拖动鼠标即可进行复制；如果用任意变形工具选取了要复制的对象，按住 Alt 键并拖动鼠标可进行复制；如果用套索工具选取了要复制的对象，按住 Ctrl+Alt 组合键并拖动鼠标可进行复制，如图 5-28 所示。

图 5-28　复制图形

● 用组合键复制图形：选中要复制的图形，按 Ctrl+C 组合键将图形复制到剪贴板，再按 Ctrl+V 组合键可以将对象粘贴到舞台上，从而完成复制操作；如果按 Shift+Ctrl+V 组合键，则可以将对象进行原位置粘贴。

● 用菜单命令复制图形：选中要复制的图形，选择【编辑】→【复制】命令，然后进行如下的操作。

➢ 如果选择【编辑】→【粘贴到中心位置】命令，则复制的图形出现在舞台的中心位置。

➢ 如果选择【编辑】→【粘贴到当前位置】命令，则复制的图形出现在原图的位置。

➢ 如果选择【编辑】→【选择性粘贴】命令，则会弹出【选择性粘贴】对话框，可以设置粘贴的类型，如图 5-29 所示。

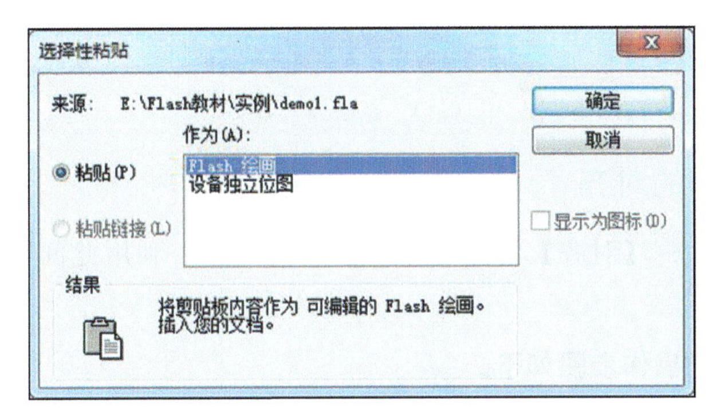


图 5-29　【选择性粘贴】对话框

## 5.4.2　图形的组合

在 Flash 中，有时需要将多个相关的图形作为一个整体来处理，这就需要将它们进行组合。组合的图形还可以取消组合，返回到组合前的状态。

选择要进行群组的对象，按 Ctrl+G 组合键，或选择【修改】→【组合】命令，均可以群组对象，下面以一个实例来具体说明。

**组合图形的操作步骤如下。**

(1) 用绘图工具在舞台中绘制一朵小花，用选择工具将其全部框选，如图 5-30 所示。

(2) 选择【修改】→【组合】命令，或按 Ctrl+G 组合键，可组合图形，如图 5-31 所示。

图 5-30　选择要组合的图形

图 5-31　将选中的图形进行组合

(3) 选取组合后的对象，选择【编辑】→【编辑所选项目】命令或双击组合对象，可进入该组合的编辑状态。该组合进入编辑状态后，舞台中的其他对象将变淡，不能进行操作，只有该组合呈鲜亮显示状态，并以组合前的状态进行编辑。要恢复正常状态，只要双击空白区域即可，如图 5-32 所示。

(4) 如果要取消组合，则选择【修改】→【取消组合】命令，或者按 Shift+Ctrl+G 组合键。

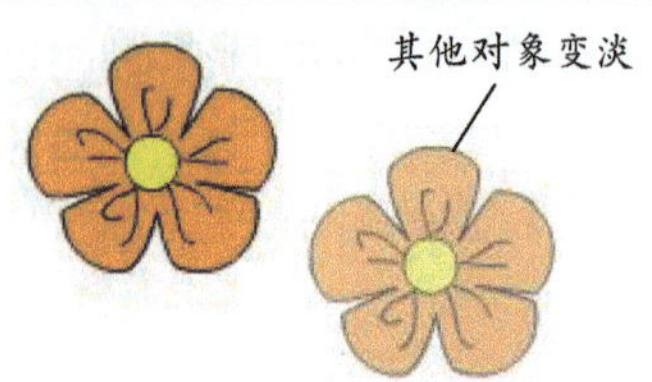

双击组合对象进入编辑状态

可以对该组合对象分别进行编辑

双击空白区域恢复正常状态

图 5-32　编辑组和对象

### 5.4.3　图形的对齐

选择【窗口】→【对齐】命令，打开【对齐】面板，利用此面板可使舞台中的图形对齐。

**对齐图形的操作步骤如下。**

(1) 将 5.4.2 小节中制作的小花复制几份，分别设置不同的大小。

(2) 按 Ctrl+A 组合键将图形全部选中，选择【窗口】→【对齐】命令，打开【对齐】面板，如图 5-33 所示。

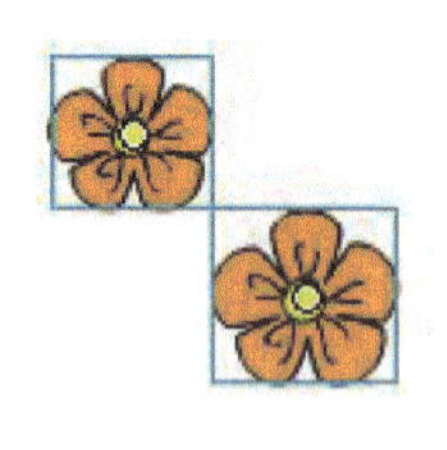

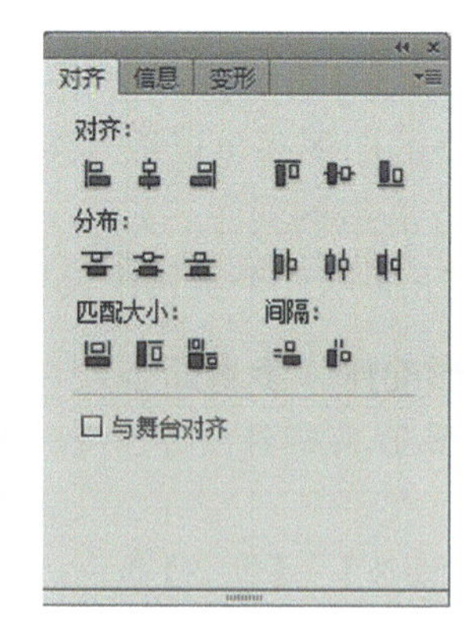


图 5-33　选择图形并打开【对齐】面板

(3) 在【对齐】面板中单击某一对齐按钮，即可将所选图形按某一方式进行对齐，图 5-34 所示为单击【顶对齐】按钮后的对齐效果。对齐对象后，还能设置对象的分布形式和匹配大小，图 5-35 所示为单击【水平居中分布】按钮后的分布效果。

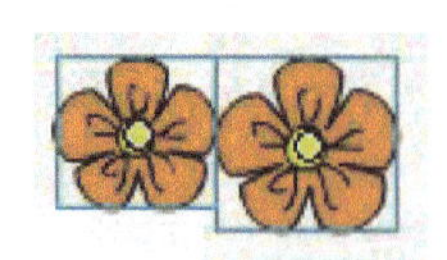

图 5-34　顶对齐效果

图 5-35　水平居中分布效果

**提示：**

在【对齐】面板中选中【与舞台对齐】复选框，可以将所选图形与舞台对齐。

除了【对齐】面板外，还可以利用【修改】→【对齐】子菜单中的命令来对齐舞台中的图形。【对齐】子菜单中所提供的命令与【对齐】面板中选项的功能是完全一致的。

### 5.4.4　图形的叠放

Flash 中不同图层的图形排列顺序会不一样，上一图层的图形在下一图层图形的上方。

在 Flash 的同一图层中，根据图形创建的先后顺序和图形模式来叠放图形，也就是说，最先创建的图形位于最底部，最后创建的图形位于最上部；打散模式的图形位于底部，对象绘制和群组的图形位于上部。

对于同一图层的图形，可以调整它们的叠放顺序，具体操作方法是选择舞台中的对象，选择【修改】→【排列】子菜单中的一条命令，如图 5-36 所示，就可以改变选择对象的叠放顺序。另外，还可以将选中的图形锁定或解除锁定，以确定是否改变其排列顺序。

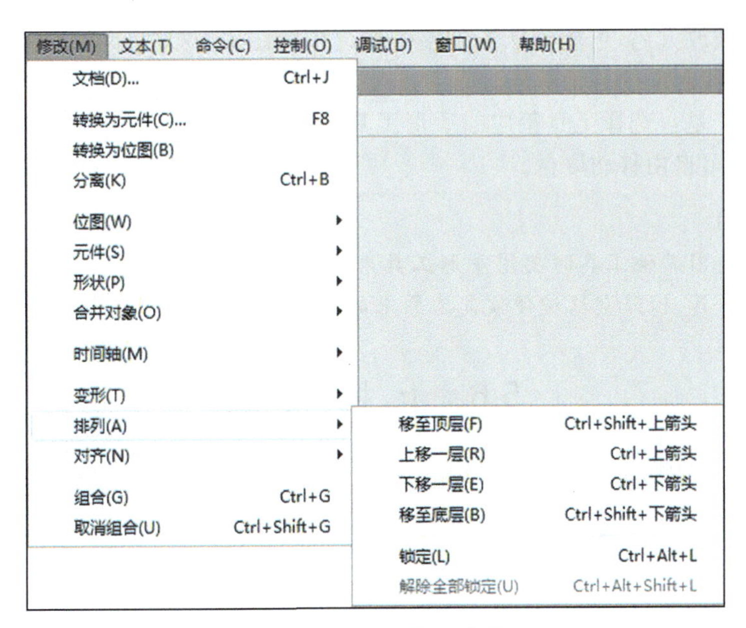


图 5-36　【排列】子菜单

## 5.5　图形查看工具

在 Flash 制作过程中为了便于操作，可以将场景放大或缩小，这样能把握整体或刻画细节，这时就需要用缩放工具和手形工具来实现。

### 5.5.1　缩放工具

在 Flash 中，如要在整个舞台上查看对象的特定区域，可以用缩放工具缩放图形。缩放工具最大的缩放比率取决于显示器的分辨率和文档大小。

缩放工具的使用方法是：选择工具栏中的缩放工具，在选项区单击按钮，光标变为形状，在舞台上单击，放大舞台；如要缩小舞台，则按住 Alt 键（此时光标变为形状）单击。

**提示：**

如果在选项区中选择的是按钮，则按 Alt 键时光标变为形状。

**技巧：**

如果要放大对象的特定区域，可以选择缩放工具（无须选择放大或缩小按钮），然后按住鼠标左键在需要查看的区域拖出一个矩形选框即可。

除了使用缩放工具外，要进行缩放还可以选择【视图】→【缩放比率】子菜单中的命令，或在舞台右上方的 100% 下拉列表框中选择或者输入所需要的数值。

放大的快捷键为 Ctrl + +，缩小的快捷键为 Ctrl + -。

### 5.5.2　手形工具

当舞台被放大后，可能无法看到整个舞台中的图形，这时就可以用手形工具移动舞台，来查看舞台中的各个部分。

操作方法是：选择工具箱中的手形工具，光标变为形状，按住鼠标左键不放并拖动鼠标，即可自由移动舞台。

**技巧：**

如果在使用其他工具时要用手形工具来查看舞台上的对象，可以按住空格键暂时切换为手形工具，松开空格键便恢复为原来的工具。

## 5.6　上 机 实 战

本章将图形相关的工具讲解完毕，这样就能轻松自如地绘制漂亮的图形了。

### 5.6.1　绘制燃烧的蜡烛

**绘制蜡烛的具体操作步骤如下。**

(1) 选择工具栏中的铅笔工具，在选项区中单击平滑选项，在舞台上绘制如图 5-37 所示的图形。

(2) 选中选择工具，将光标移至轮廓线上，当光标变为形状时，拖动鼠标，调整蜡烛的轮廓，使之更为圆滑，调整后的效果如图 5-38 所示。

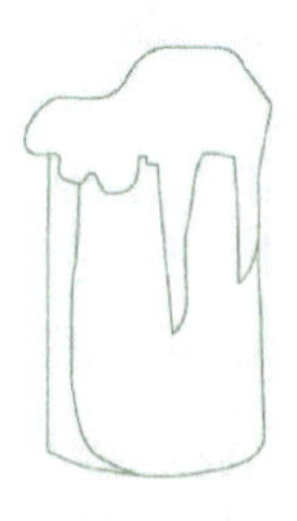

图 5-37　绘制蜡烛的基本形状

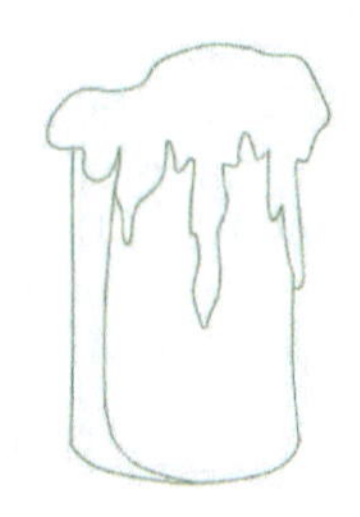

图 5-38　调整蜡烛的轮廓

(3) 蜡烛的整体轮廓调整完成后，再用铅笔工具在轮廓中绘制细节，并用选择工具进行调整，效果如图 5-39 所示。

(4) 选择颜料桶工具，打开【颜色】面板，设置填充颜色为黄色和橙色的渐变。在填充时要注意光线及明暗关系的变化。在填充渐变颜色时，如果渐变颜色的渐变范围和方向不对，可以将对应色块选取后，用渐变变形工具对其进行更改。颜色填充后的效果如图5-40所示。

(5) 将图中的线条一一选中，按Delete键将其删除，此时蜡烛的烛身就绘制完成了，效果如图5-41所示。

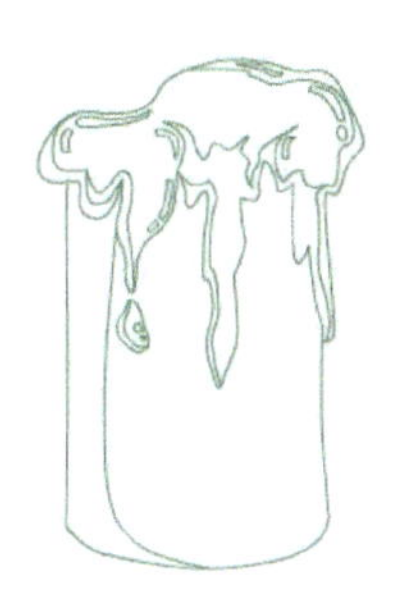

图5-39 绘制蜡烛轮廓细节

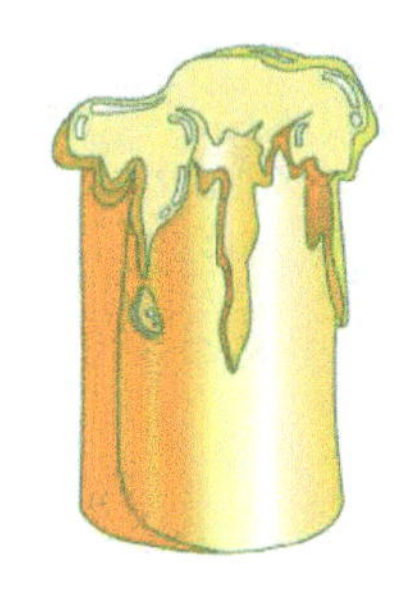

图5-40 为绘制完成的蜡烛轮廓填色

图5-41 绘制完成的蜡烛烛身

(6) 先按Ctrl+A组合键将舞台中的图形全选，再按Ctrl+G组合键将选中的图形群组。这样做是为了避免绘制好的蜡烛烛身受以后绘制图形的影响。

(7) 接下来绘制蜡烛的烛焰。选择钢笔工具，绘制如图5-42所示的图形。选择部分选取工具在图形边缘单击，出现调节点和调节杆，对图形进行调节，使烛焰形状更逼真。

(8) 选中刚绘制的烛焰，按Ctrl+B组合键将图形打散。用选择工具选中填充颜色，打开【颜色】面板，在【颜色类型】选项中选择“线性渐变”，在渐变条中增加颜色滑块，并设置滑块的颜色，主要是黄色和橙色之间的渐变。然后将渐变颜色应用到烛焰中，效果如图5-43所示。

(9) 如果烛焰颜色的渐变位置不对，再选择渐变变形工具，在填充颜色上单击，出现调节框，调节渐变色，如图5-44所示。

图5-42 绘制蜡烛烛焰

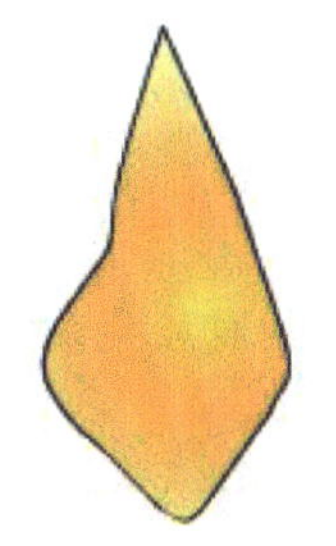

图5-43 设置渐变颜色

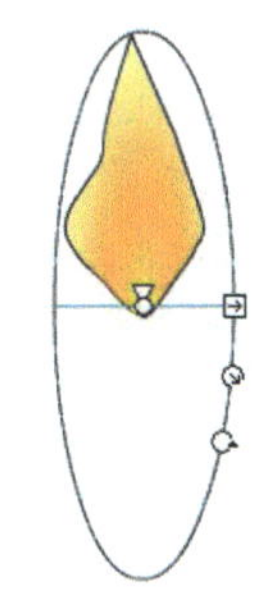

图5-44 用颜料桶工具调节渐变颜色

(10) 用选择工具选中边框线条，按Delete键将其删除。用选择工具将填充内容选中，拖放至烛身上方，用任意变形工具调整其大小以适合烛身，如图5-45所示。

(11) 绘制烛光。选择椭圆工具，在【颜色】面板中将笔触颜色设置为无色，填充

颜色设为淡黄色渐变，在烛焰上绘制烛光。如果烛光位于最底层，则将它选中，选择【修改】→【排列】→【移至顶层】命令，将烛光放置在烛焰上方，使烛焰有朦胧的感觉。最终效果如图 5-46 所示。

至此，一根燃烧的蜡烛就绘制好了。

图 5-45　将烛焰移至烛身上方

图 5-46　绘制烛光

### 5.6.2　绘制风车的动画场景

**绘制风车动画场景的具体操作步骤如下。**

（1）新建一个 Flash 文档，右击舞台，在弹出的快捷菜单中选择【文档属性】命令，打开【文档设置】对话框，将文档尺寸设置为 700 像素 × 500 像素。

（2）选择多角星形工具，在【属性】面板中单击【选项】按钮，打开【工具设置】对话框，将【样式】设为多边形，【边数】设为 3，在舞台上绘制一个等边三角形。

（3）选中选择工具，将鼠标光标依次置于三角形的三个角上，当光标变为↖形状时拖动鼠标，将等边三角形调整为扁一点的等腰三角形。再选中选择工具，将光标移至三角形底边上，当光标变为↖形状时拖动鼠标，调整底边为弧形，如图 5-47 所示。

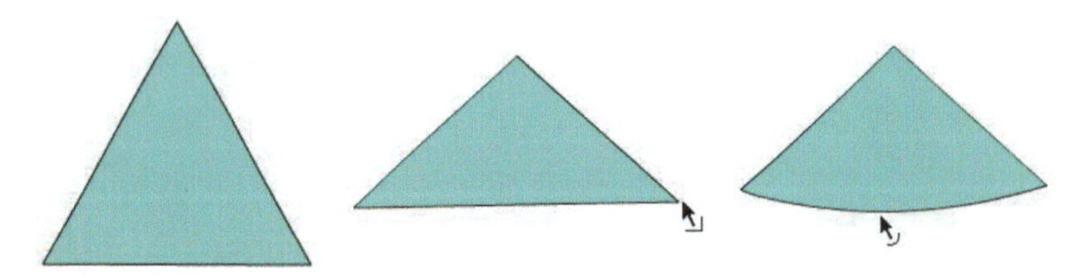

图 5-47　调整三角形

（4）选择直线工具，在小三角形下面绘制如图 5-48 所示的图形，并将底边调整为弧形。

（5）选择矩形工具和椭圆工具，在图形内部绘制小圆圈和小矩形，作为小窗和门，如图 5-49 所示。

（6）选择矩形工具，打开【属性】面板，将【矩形边角半径】值均设为 15，在舞台上绘制一个长条形。

（7）选中绘制的长条形，在【颜色】面板中将边框颜色设为无色，填充色设为黑、白、黑的线性渐变。单击颜料桶工具，在图形上拖动调整渐变的范围，效果如图 5-50 所示。

（8）用选择工具选中长条形，按住 Alt 键对其进行拖动，将此图形复制一份。

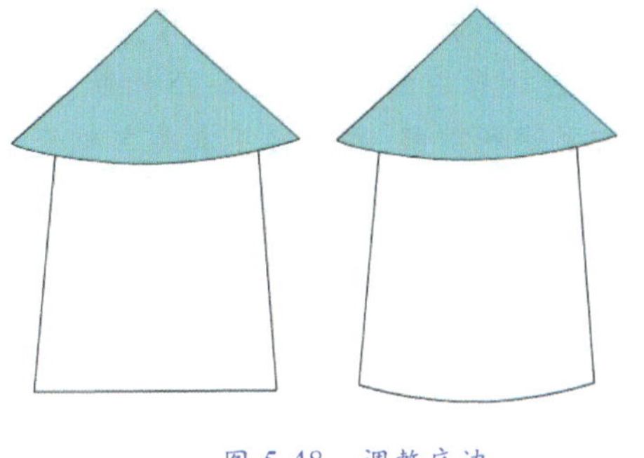

图 5-48　调整底边

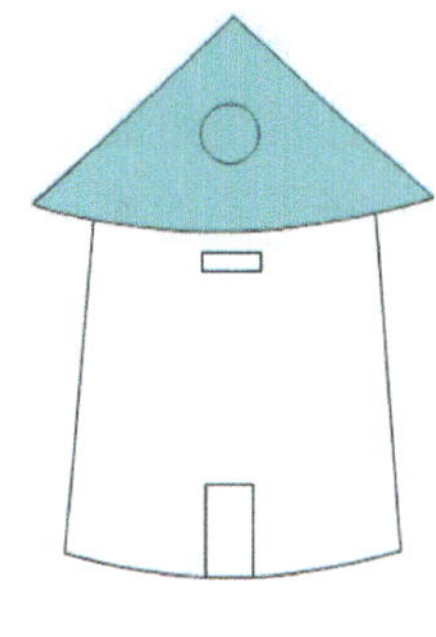

图 5-49　绘制门窗

图 5-50　绘制长条形并调整渐变色

(9) 选中其中一个长条形，选择【窗口】→【变形】命令，打开【变形】面板，在【旋转】栏中输入 45，将长条形顺时针旋转 45°；再选中另一个长条形，在【旋转】栏中输入 –45，将长条形逆时针旋转 45°。

(10) 选择【窗口】→【对齐】命令，打开【对齐】面板，将两个长条形同时选中，在【对齐】面板中单击【水平中齐】按钮和【垂直中齐】按钮，这时两个图形的中心点对齐。按 Ctrl+G 组合键将这两个图形群组，效果如图 5-51 所示。

(11) 将步骤 (10) 群组的图形拖至小圆形上方，并将交叉点对齐圆形的中间，作为风车的旋转杆，如图 5-52 所示。

图 5-51　群组图形

图 5-52　放置在小圆形上方

(12) 选择矩形工具，绘制一个长为 30、宽为 12 的小矩形。按住 Alt 键用选择工具拖动小矩形，将其复制 5 份，使每份都首尾相接，如图 5-53 所示。

(13) 将 6 个连在一起的矩形全选，按 Ctrl+G 组合键群组图形。将群组后的图形向下复制 4 份，效果如图 5-54 所示。这样风车的扇页就做好了。

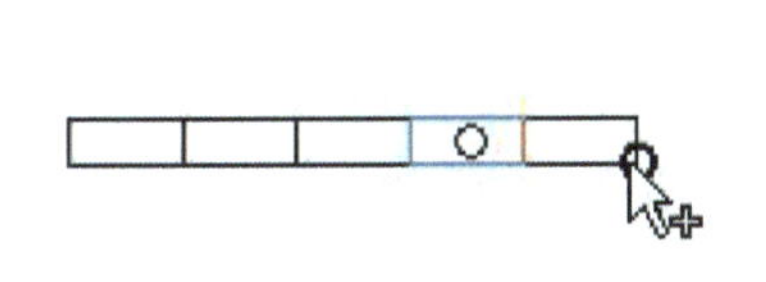

图 5-53　复制矩形

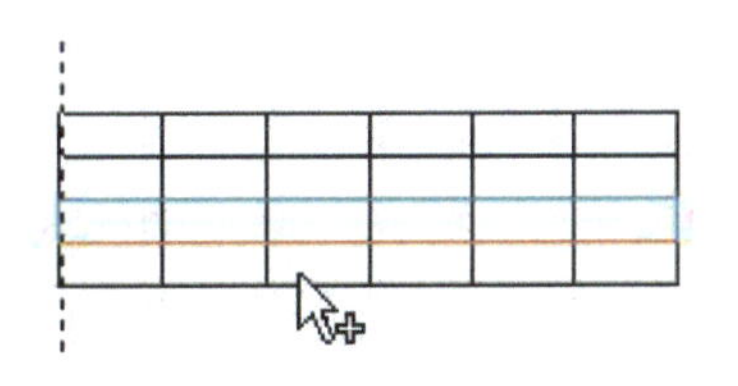

图 5-54　制作风车扇页

（14）将做好的风车扇页进行群组后，复制3份，将其中2个在【变形】面板中旋转45°，另外两个则旋转－45°，放置在风车旋转杆的两头，如图5-55所示。

（15）将风车的旋转杆和所有扇页选中并进行群组，用选择工具将其拖至一边。

（16）将剩下的图形用选择工具全部框选并按Ctrl+B组合键将其打散，用颜料桶工具和渐变变形工具重新设置填充的颜色，效果如图5-56所示。

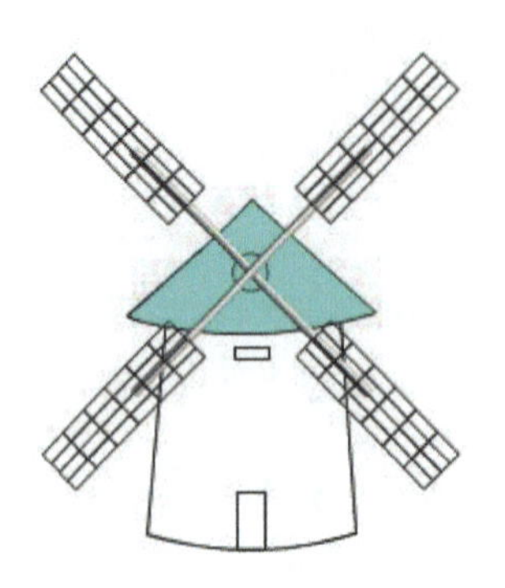

图5-55　将风车扇页放置在旋转杆的两头

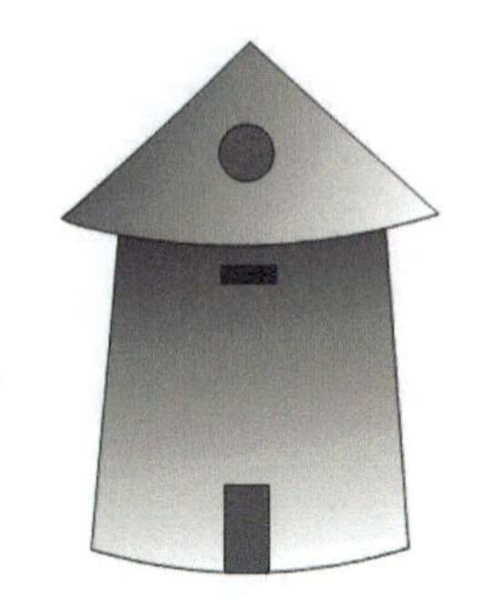

图5-56　重新设置颜色

（17）颜色设置完成后，再将旋转杆和扇页的中心点拖回小圆形中间，如图5-57所示。

（18）可以将图形整体复制，调整大小后，改变风车的旋转度，按不同大小错落地放置在一起。再绘制背景，这样一个关于风车的动画场景就完成了，如图5-58所示。

图5-57　绘制完成的风车

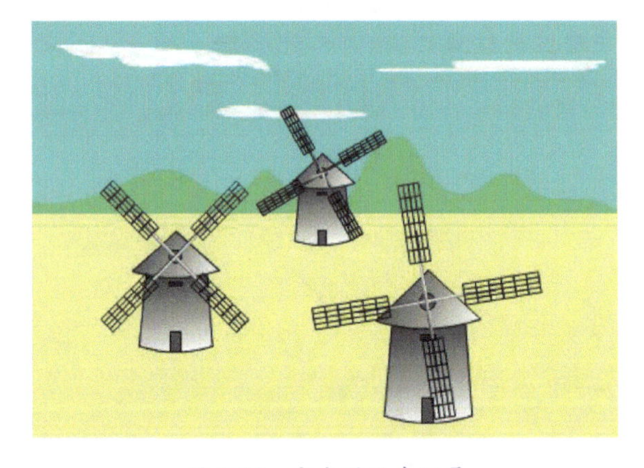

图5-58　完成的风车场景

## 5.7　习　　题

### 1．填空题

（1）________就是将选中的图形对象按比例放大或缩小，也可在水平方向或垂直方向分别放大或缩小。

（2）单击__________图形的线条后，线条即被选中。

（3）利用__________可以对图形进行缩放、旋转、倾斜、翻转、透视、封套等变形操作。

(4) 用选择工具选取要复制的对象时，按________键拖动鼠标即可进行复制。

**2．选择题**

(1) 套索工具对（　　）的图形有效。

A．对象绘制模式　　B．进行打散

C．群组　　D．以位图方式置入

(2) 除了能用任意变形工具旋转图形外，还能在（　　）旋转图形。

A．【变形】面板　　B．渐变变形工具

C．【对齐】面板　　D．【属性】面板

(3) 要将当前舞台中的对象全部选取，按（　　）组合键。

A．Ctrl+R　　B．Ctrl+A　　C．Ctrl+Shift+A　　D．Ctrl+Alt+A

(4) 缩放图形除了可以通过工具栏中的缩放工具来实现，还能通过其他方法进行。但是下面的方法中不对的是（　　）。

A．按 Ctrl++ 或 Ctrl+－ 组合键

B．选择【视图】→【缩放比率】子菜单中的命令

C．在场景右上方的 100% 下拉列表框中输入或选择所需要的数值

D．在【属性】面板中调整

**3．判断题**

(1) 所有不规则的图形选区，都可以用魔术棒选取。（　　）

(2) 如要选取图形中的某一部分，可用选取工具、套索工具和任意变形工具。（　　）

(3) 用任意变形工具旋转图形时，可以自己确定图形的旋转点。（　　）

(4)【变形】面板具备任意变形工具的所有功能。（　　）

(5) 转角锚点显示为空心正方形，曲线锚点显示为空心圆圈。（　　）

**4．简答题**

(1) 选择工具包括哪些功能？

(2) 怎样用部分选取工具调整图形？

(3) 怎样使复制的图形出现在舞台的中心位置？

(4) 怎样调整同一图层中图形的顺序？

# 第6章　元件与库

在Flash中,元件是一个特别的对象,它在Flash中只创建一次,但是在整个动画文件中可以反复使用,这样能缩减Flash动画文件的大小。也许正因为元件的存在,Flash才能广泛地应用于计算机网络中。

【库】面板是用于存放和管理元件的地方,还能用于存储和组织导入Flash中的文件。

**本章要点:**

- 元件的概念。
- 元件的种类。
- 元件的创建和编辑。
- 【库】面板的相关特点。
- 【库】面板的基本操作方法。

## 6.1　元件概述

### 6.1.1　什么是元件

元件是一个可以重复使用的小部件,可以独立于主动画进行播放。每一个元件都可以创建多个实例应用于动画中。创建的元件都会保存在【库】面板中。

### 6.1.2　元件的特点和作用

**1. 元件的特点**

要想更好地了解元件,就必须知道Flash中元件的特点,主要包括以下方面。

- 元件可以包含图形、位图以及动画,还能使用动作脚本控制元件。
- 每个元件都存在于当前文档的【库】面板中。
- 每个元件都有时间轴(【时间轴】面板的简称)、舞台以及若干图层。
- 元件只在文件中存储一次,却能无限次使用而不占用空间,大大提高了工作效率并缩小了文件的大小。
- 元件可以随意更改,更改后所有应用此元件实例的动画会自动进行更改。

**2. 元件的作用**

在Flash中使用元件,可以使文件显著缩小,从而可以加快SWF文件的回放速度(因为一个元件只需下载到Flash Player中一次)。元件还能在【库】面板中统一管理。

### 6.1.3　元件的种类

Flash 中有 3 种类型的元件，包括图形元件、影片剪辑元件、按钮元件。

**1. 图形元件**

图形元件是制作动画的基本元素之一，用于创建可反复使用的图形，它可以是静止的图片，用来创建连接到主时间轴的可重用动画片段；也可以是由多个帧组成的动画。图形元件不能添加交互式控件和声音控制。

**2. 按钮元件**

按钮元件用于创建动画的交互式控制按钮，以响应鼠标单击、滑过或其他事件。按钮元件包括“弹起”“指针经过”“按下”和“单击”4 种状态。可以定义与各种按钮状态关联的图形，并将动作脚本指定给按钮，这样用户就可以使用按钮来控制动画。此外，还可以给按钮添加事件的交互动作，使按钮具有交互功能。

**3. 影片剪辑元件**

影片剪辑元件是用途最广泛、功能最强大的一种元件类型。影片剪辑元件用于创建可重复使用的动画片段，影片剪辑拥有它自己的独立于主时间轴的多帧时间轴，所以可以将影片剪辑看作是主时间轴内嵌入的子时间轴，可以包含交互式控件、声音甚至其他影片剪辑实例，也可以将影片剪辑实例放在按钮元件的时间轴内，以创建动画按钮。

## 6.2　元件的创建

### 6.2.1　创建元件的基本方法

创建元件的方法有 2 种，一种是创建一个新的空白元件，即首先创建一个空白元件，然后在元件编辑模式下制作或导入内容；另一种方法是将已有的图形转换为元件，即通过舞台上选定的图形来创建元件。

- 创建新的空白元件：选择【插入】→【新建元件】命令或在【库】面板中单击【新建元件】按钮，弹出【创建新元件】对话框，在其中设置一个元件名称，再选择任意一种元件类型，单击【确定】按钮，即可进入新元件的编辑状态，这样就创建了一个空白元件，如图 6-1 所示。

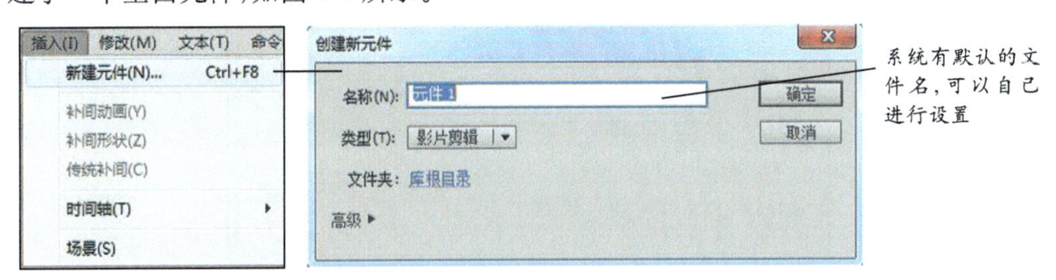


图 6-1　创建空白元件

- 将已有图形转换为元件：选择要转化为元件的图形对象，这些图形对象可以是矢量图形，也可以是文字、位图等，然后选择【修改】→【转换为元件】命令，或者直

接在图上右击并在快捷菜单中选择【转换为元件】命令，弹出【转换为元件】对话框，在该对话框中输入元件的名称并选择元件的类型即可，如图 6-2 所示。

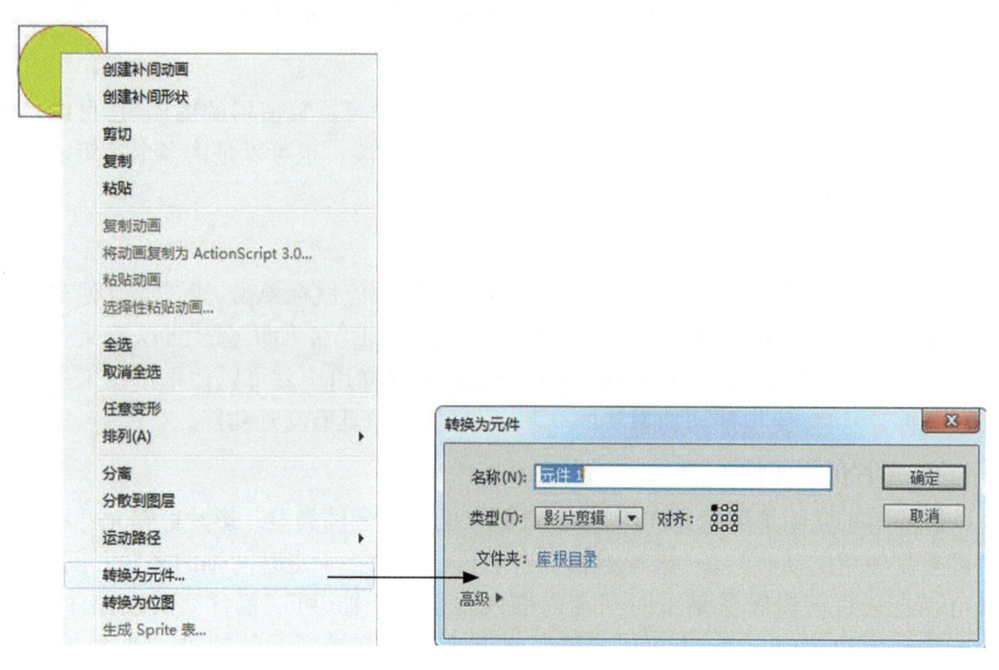


图 6-2　将图形转换为元件

## 6.2.2　创建不同类型的元件

### 1．创建图形元件

图形元件的创建在 Flash 的 3 种元件创建过程中是最为简单的，当制作动画并需要反复使用某个图形时，可以将其创建为图形元件，这样无论调用多少次，图形只在动画中保存一次，大大节省了空间。

**新建图形元件的具体操作步骤如下。**

(1) 选择【插入】→【新建元件】命令，弹出【创建新元件】对话框。

(2) 在对话框的【名称】栏中输入元件名（如"蝴蝶"），在【类型】中选择"图形"，单击【确定】按钮，即可创建一个名称为"蝴蝶"的图形元件，如图 6-3 所示。

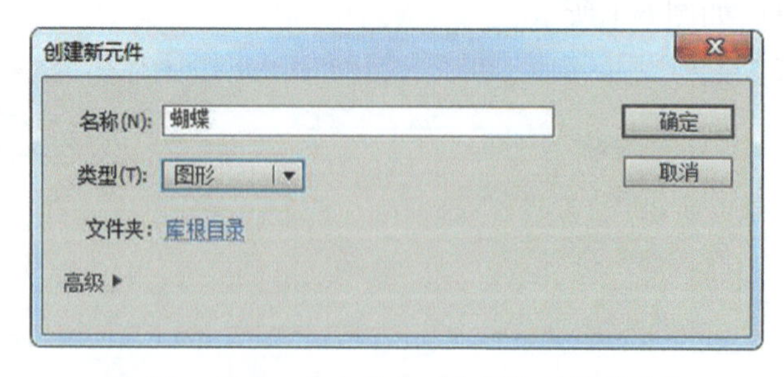


图 6-3　创建一个名称为"蝴蝶"的图形元件

(3) 此时就已经进入了元件的编辑状态，在元件编辑区的左上方会出现图形元件的图标，并在编辑区的舞台中心有一个定位点，如图 6-4 所示。

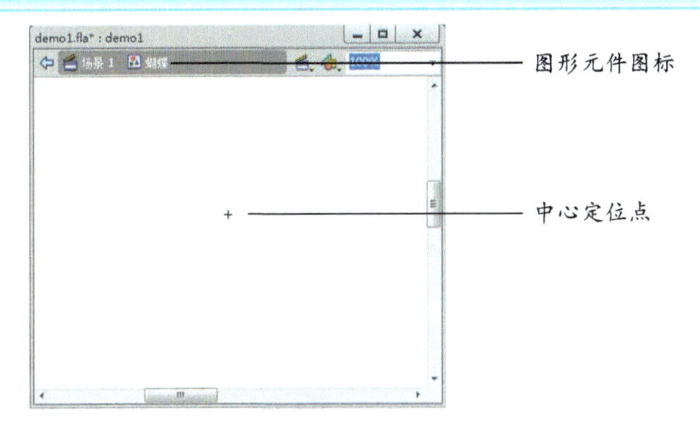


图 6-4 元件的编辑状态

(4) 在图形元件的编辑区中用绘图工具绘制一只蝴蝶，这只蝴蝶就是Flash中的一个图形元件。打开【库】面板，会发现名为“蝴蝶”的图形元件出现在列表框中，如图6-5所示。

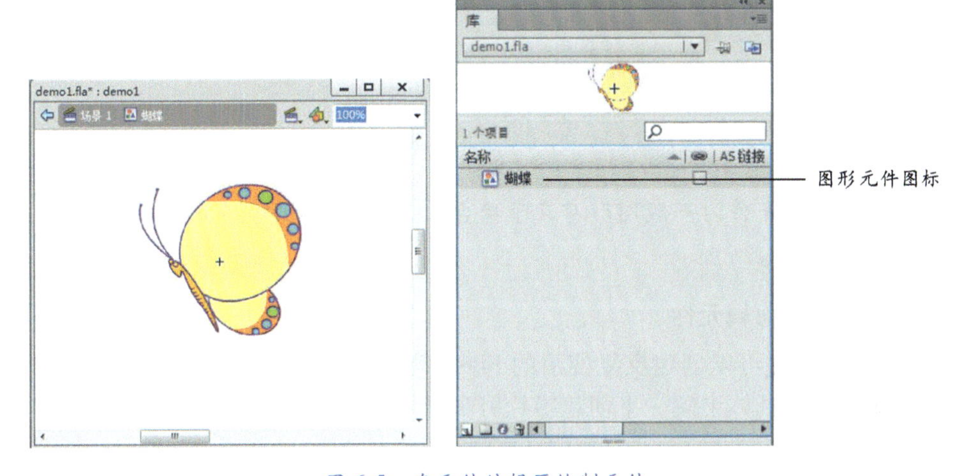


图 6-5 在元件编辑区绘制元件

(5) 单击“场景1”图标，回到场景中，用鼠标选中【库】面板中的蝴蝶元件并拖动到舞台中，产生一个元件实例，此时的蝴蝶图形是一个图形元件。选中元件实例后，除了选框外，还有一个圆点和一个“+”符号(“+”符号出现的位置会根据元件在编辑区创建位置的不同而有所不同)，并且在【属性】面板会显示相关信息，这是区分元件和非元件的标志，如图6-6所示。

**提示：**

在创建图形元件时，除了可以用单独的图形外，还可以创建由多个帧组成的逐帧动画。要注意的是，在将逐帧动画图形元件拖入场景中后，需要在场景中的这个图形元件所在的图层中添加与图形元件相应的帧，以保证图形元件所含帧的完整性，这样，在播放时才能看见这个逐帧动画。

**注意：**

在场景中选中图形元件后，按Ctrl+B组合键将图形打散，这样被打散的图形就不

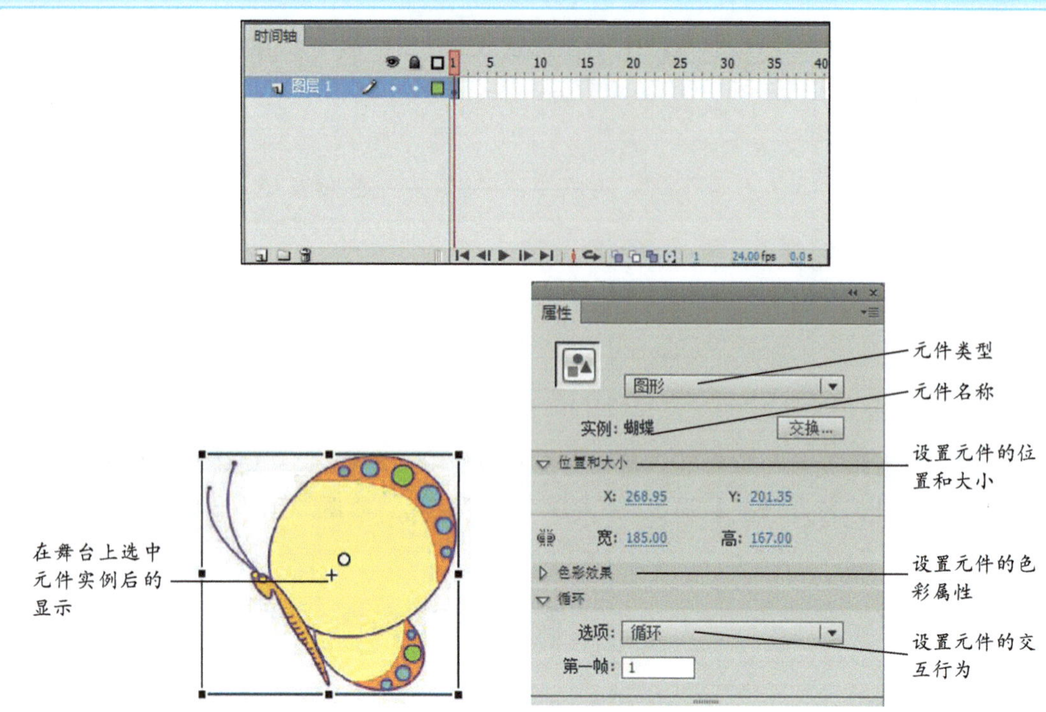


图 6-6　将元件实例放置到舞台中

是图形元件了，而是作为一般图形存在于舞台上，可以重新设置它的线条和颜色，而不会影响到元件本身。

## 2．创建影片剪辑元件

影片剪辑元件可以创建反复使用的 Flash 动画片段，此元件在 Flash 中的应用是最为广泛的，下面具体讲解一下创建影片剪辑元件的步骤。

**创建影片剪辑元件的具体操作步骤如下。**

(1) 选中舞台中的蝴蝶图案，右击，在弹出的快捷菜单中选择【转换为元件】命令，打开【转换为元件】对话框。在【名称】栏中输入“蝴蝶飞”，【类型】选择“影片剪辑”，单击【确定】按钮，此元件就保存到【库】面板中了，如图 6-7 所示。

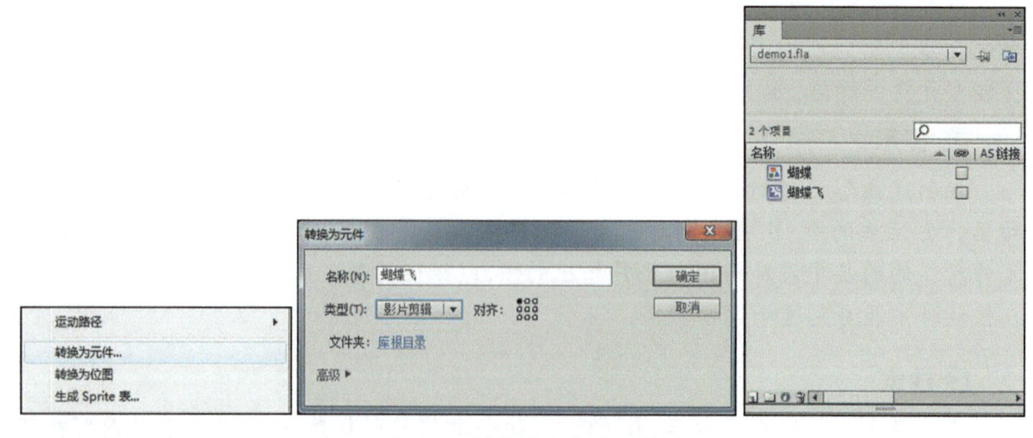


图 6-7　创建影片剪辑元件

(2) 在【库】面板中双击影片剪辑元件的图标，进入元件的编辑状态，如图 6-8 所示。

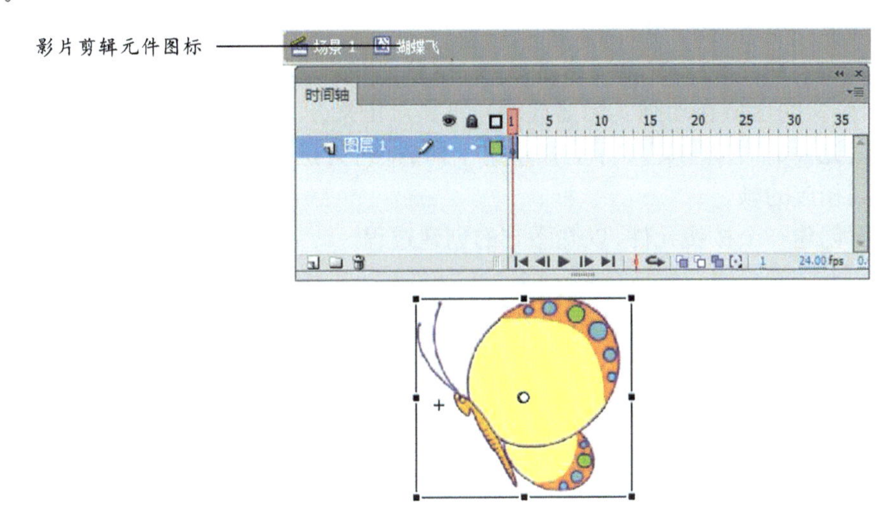


图 6-8　影片剪辑元件的编辑状态

**注意：**

这个影片剪辑元件是通过舞台中的图形元件转换而来的，在进入了元件编辑状态以后，编辑区的图形是作为一个图形元件被引入的，与【库】面板中的图形元件是相通的，只不过在影片剪辑元件中它是作为一个动画对象存在的。如果想要对蝴蝶图形本身进行编辑，需要回到蝴蝶图形元件的编辑状态后再进行编辑。

(3) 在编辑区中进行小动画的制作，如增加图层、帧、动作以及脚本等，方法与在舞台中制作动画的方法一样。

(4) 编辑完元件后，元件中的内容已成为一个独立的动画，可以在整个文档中重复使用。

**技巧：**

对于在场景中已经制作好的动画，如果要将其转换为影片剪辑元件，首先要按住鼠标左键在场景中的时间轴上从左上向右下拖动，将含有小动画所有部件的帧全部选中，然后在选中的帧上右击，从弹出的快捷菜单中选择【复制帧】命令；再按 Ctrl+F8 组合键新建一个影片剪辑元件，在编辑区时间轴的第一帧上右击，在弹出的快捷菜单中选择【粘贴帧】命令即可，这样场景中的动画也就转换为影片剪辑元件了。【复制帧】及【粘贴帧】命令如图 6-9 所示。

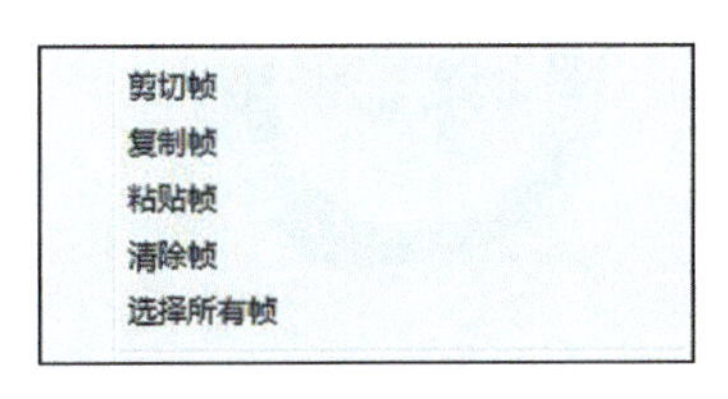


图 6-9　【复制帧】及【粘贴帧】命令

### 3. 创建按钮元件

按钮元件是用于创建动画中使用的交互控制按钮，可以响应鼠标事件。实际上它就是一段具有交互功能的影片剪辑，在时间轴上共包括“弹起”“指针经过”“按下”“单击”4 个帧，它们都对应一个特定的功能，分别说明如下。

- 弹起：指针没有经过按钮时按钮呈现的状态。
- 指针经过：指针滑过按钮时该按钮的状态。
- 按下：单击该按钮时所呈现的状态。
- 单击：用于定义响应单击的区域，也就是说在何处单击时按钮会有相应的反应，这个定义的区域在动画实际播放时并不显示出来。

按钮元件的时间轴在实际上并不用于播放，它只是对指针运动和动作做出反应，然后跳到相应的帧。

下面创建一个按钮元件，以熟悉它的创建过程。

**创建按钮元件的操作步骤如下。**

(1) 新建一个文档，选择【插入】→【新建元件】命令，打开【创建新元件】对话框。

(2) 在面板中的【名称】栏中输入“按钮1”，在【类型】选项区域中选择“按钮”选项，单击【确定】按钮，进入按钮元件的编辑状态，如图6-10所示。

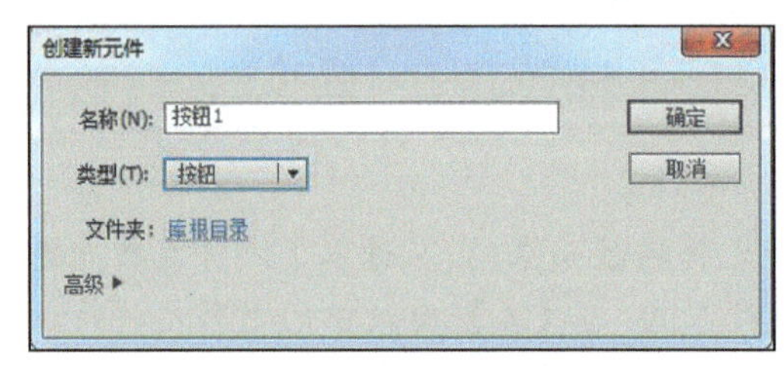

图6-10　创建按钮元件

(3) 在时间轴的“弹起”帧中的编辑区中绘制如图6-11所示的图形。

(4) 选中“指针经过”帧，按F6键插入一个关键帧。将此帧中的文字选中，在【属性】面板中将文字颜色改为红色，如图6-12所示。

(5) 用同样的方法在“按下”帧中插入关键帧，将帧选中，单击任意变形工具，按住Shift键，将编辑区的图形以中心为准缩小，如图6-13所示。

图6-11　绘制图形

图6-12　改变文字颜色

图6-13　改变图形大小

(6) 选中“弹起”帧中的图形，将其复制一份。单击“单击”帧，按F7插入一个空白关键帧。选择【编辑】→【粘贴到当前位置】命令，将图形按原位置粘贴在“单击”帧的编辑区中。

**注意：**

按钮元件中每一帧的图形位置最好相同。对于“单击”帧的编辑，只要在其编辑

区中确定鼠标的单击范围即可，可以是图形，也可以是单一色块。如果没有指定“单击”帧，那么一般状态的图形会被作用于“单击”帧。

另外，可以在按钮元件中使用图形元件或影片剪辑元件，但不能在按钮元件中使用另一个按钮元件。如果要制作动画按钮元件，可使用影片剪辑元件。

(7) 选择【编辑】→【编辑文档】命令，或单击元件编辑区左上方的“场景 1”图标，回到场景中。按 F11 键打开【库】面板，可以看到创建的“按钮 1”元件，如图 6-14 所示。

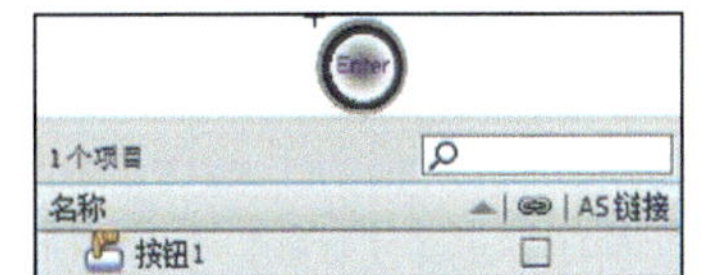

图 6-14 【库】面板中的按钮元件

## 6.3 元件的编辑

### 6.3.1 元件的应用

对于已经创建好的元件，可以在文档中的任何位置应用。具体方法为：返回到场景中，选择【窗口】→【库】命令，打开【库】面板，从中选择一个元件，并将其拖入舞台上，即完成了元件的应用。这实际上是创建了元件的一个实例。

### 6.3.2 元件的修改

在文档的编辑过程中，有时候需要对已经编辑的元件进行修改。需要注意的是，元件修改后，会改变文档中该元件的所有实例。

元件的修改分为元件的内容修改和元件属性的修改。

#### 1. 元件内容的修改

修改元件内容的方法是：打开【库】面板，双击元件图标，或者在应用了元件的实例上双击，即可进入元件的编辑状态，根据需要在编辑状态下进行修改处理。编辑完成，退出元件的编辑状态，返回到场景中。

#### 2. 元件属性的修改

元件属性的修改包括对其进行重命名、修改元件类型等操作，主要在【库】面板中修改。

**元件编辑的具体操作步骤如下。**

(1) 打开一个有元件的文档，打开【库】面板，可以看到已经创建的各种元件，比如 6.2 节中创建的“按钮 1”元件。

**提示：**

影片剪辑元件的图标为▣，按钮元件的图标为▣，图形元件的图标为▣。

(2) 选中【库】面板中的“按钮 1”元件，右击，在弹出的快捷菜单中选择【属性】命令，如图 6-15 所示。接着打开【元件属性】对话框，如图 6-16 所示，在对话框中可以对元件的名称和类型重新进行编辑。

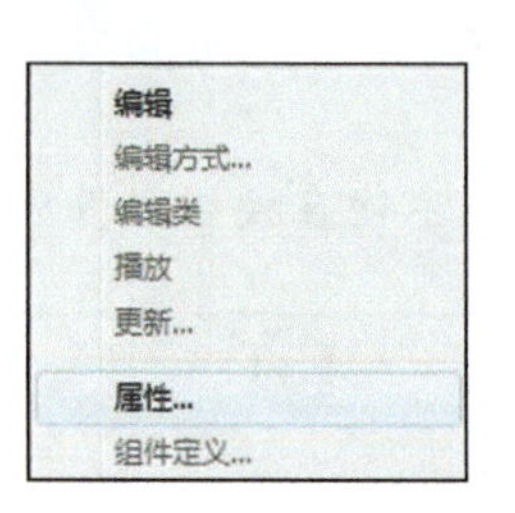


图 6-15　选择【属性】命令

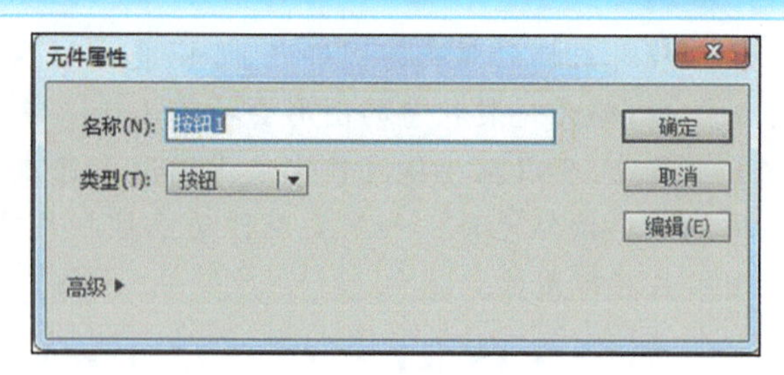


图 6-16　【元件属性】对话框

### 6.3.3　元件的交换

元件的交换是指为实例指定不同的元件。具体方法是：选择舞台上的元件实例，这里选择“按钮 1”元件实例并右击，从快捷菜单中选择【交换元件】命令，弹出【交换元件】对话框，在对话框中选择名为“圆形”的图形元件，单击【确定】按钮，即可将舞台上的“按钮 1”元件实例替换为“圆形”元件实例，如图 6-17 所示。

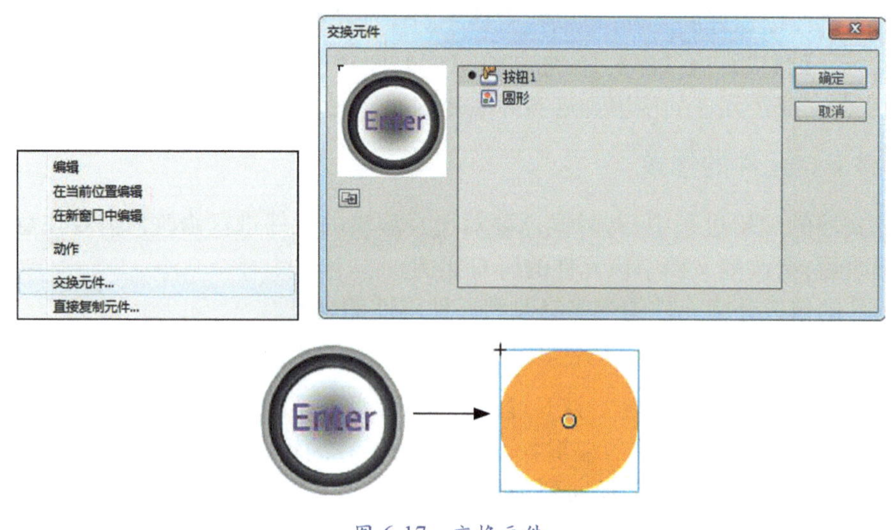


图 6-17　交换元件

## 6.4　元件实例的编辑

元件编辑完成后拖入舞台，便可作为一个实例存在于舞台中。实例与元件之间具有关联性，元件决定实例，实例也可以独立于元件存在。

#### 1. 查看实例的属性

每个元件的实例都有独立于该元件的、单纯属于自己的属性。在舞台上选择一个元件实例，打开【属性】面板，可以查看该实例的全部属性，如图 6-18 所示。

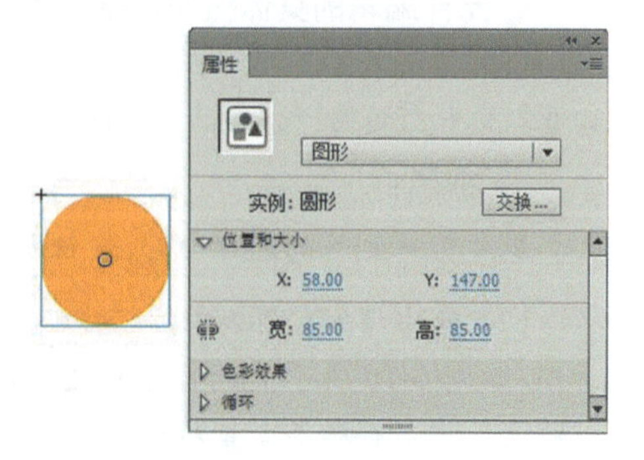


图 6-18　查看实例属性

2．编辑实例的属性

将元件拖入场景中并成为实例后，可以通过【属性】面板设置元件实例的属性。在场景中修改的元件实例不会影响文档中该元件的其他实例，更不会影响元件本身。

编辑实例的具体操作步骤如下。

（1）在场景中选取实例，这里选择“按钮1”实例。打开【属性】面板，如图6-19所示。单击“按钮”旁边的下拉箭头，在下拉列表中可以选择一种类型，在【实例名称】栏中可以输入实例的名称。

（2）如果在下拉列表中选择了“影片剪辑”选项，【属性】面板如图6-20所示。

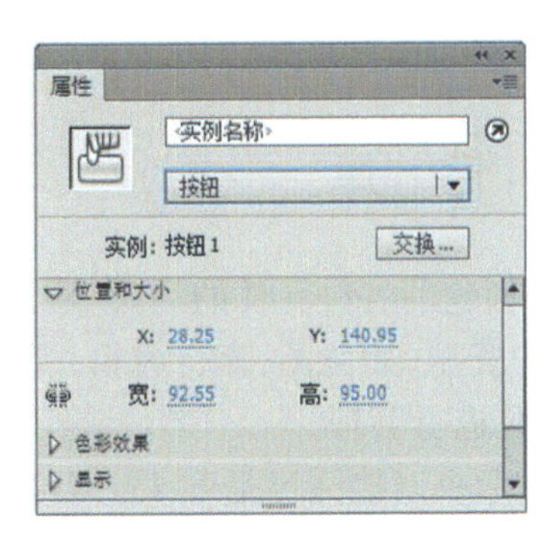


图6-19　按钮元件的【属性】面板

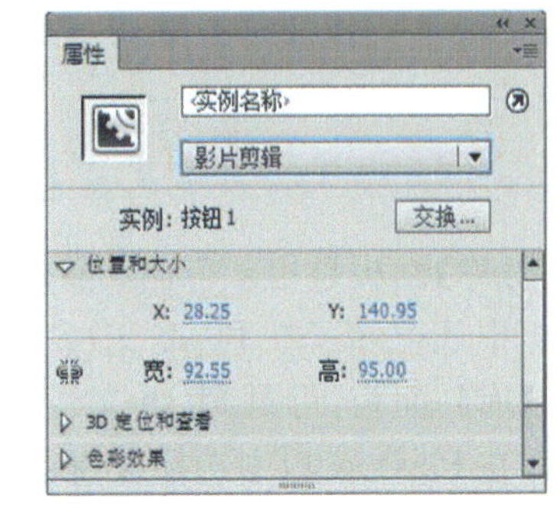


图6-20　影片剪辑元件的【属性】面板

（3）如选择“图形”选项，可以在其【属性】面板的【循环】选项区中设置实例循环播放的方式，如图6-21所示。选择“循环”选项，实例会以无限循环的方式播放；选择“播放一次”选项，则实例在舞台中只播放一次；选择“单帧”选项，当用户选取实例中的某一帧时，实例的动画效果将失效。

（4）无论选择什么类型的元件实例，在【属性】面板【色彩效果】选项区中都有【样式】下拉列表框，可以从中选择一种颜色调整方式调整其设置值，比如选择“高级”样式时的显示如图6-22所示。

图6-21　图形元件的【属性】面板

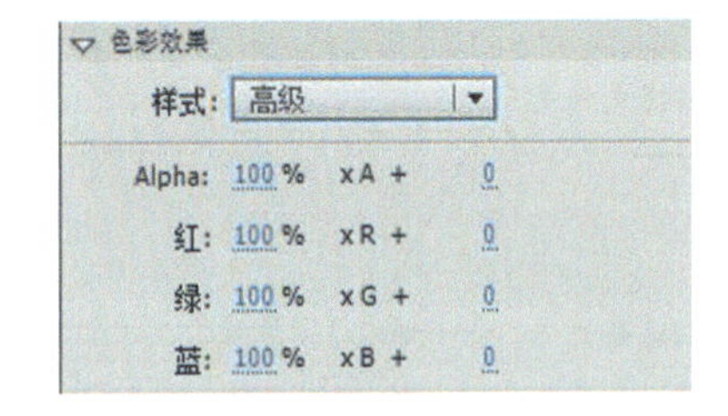


图6-22　选择“高级”样式时的显示

3．分离实例

元件决定实例，如果要断开实例与元件之间的连接关系，可以分离实例。分离实例后，修改该实例对应的元件时，将不会影响已经分离的实例。

分离实例的具体方法是：打开【库】面板，将元件拖入舞台。在舞台中选中元件的实例，选择【修改】→【分离】命令，即可将选中的元件实例分离，使之与元件断开连接，如图 6-23 所示。

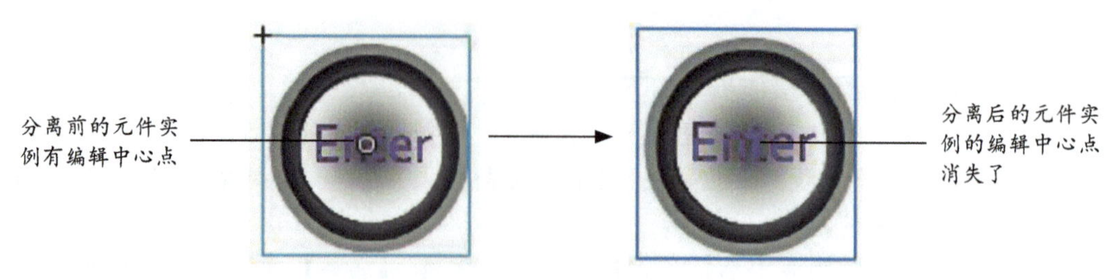


图 6-23　分离实例

## 6.5 元　件　库

【库】面板是用于存储和管理在Flash中创建的各种元件的场所。除了元件外，【库】面板中还存储了在 Flash 文档中使用的各种资源，如位图、声音剪辑、视频剪辑等。利用【库】面板，可对 Flash 文档中的各种资源进行管理。

在 Flash 窗口中选择【窗口】→【库】命令（快捷键是 F11），即可打开【库】面板。【库】面板及其快捷菜单如图 6-24 所示，可以通过【库】面板的各种工具和快捷菜单对元件及其他资源进行管理。

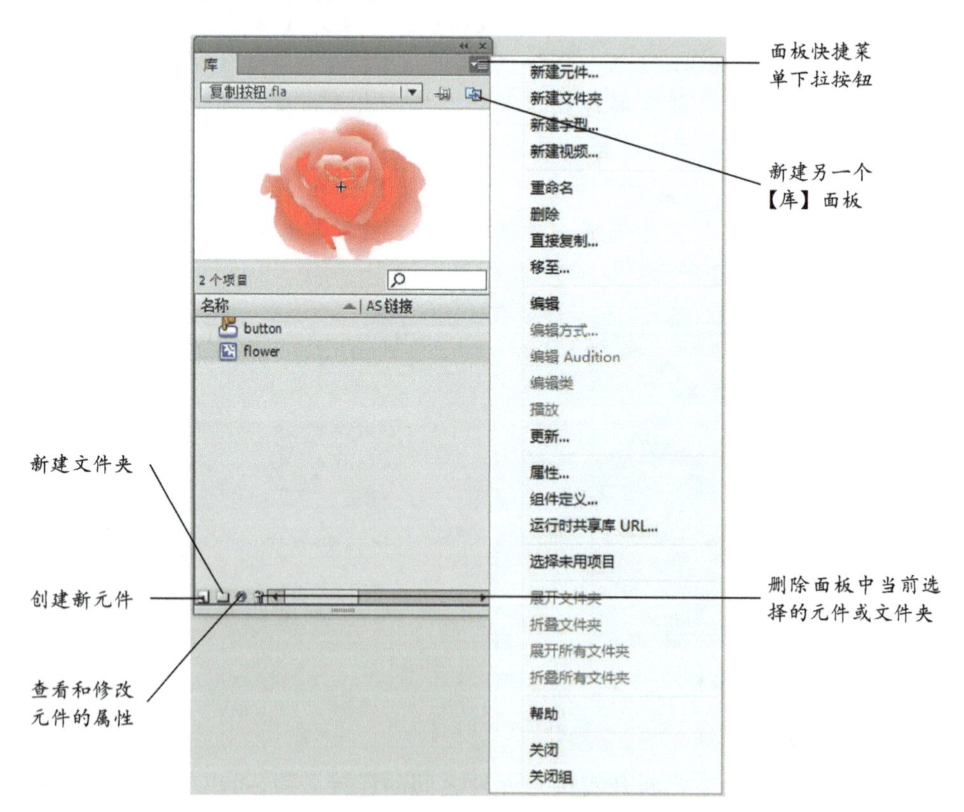


图 6-24　【库】面板及其快捷菜单

### 6.5.1　元件库的基本操作

下面主要介绍在【库】面板中如何管理元件。

#### 1. 重命名元件

可根据需要重命名【库】面板中的元件。具体操作步骤是：在【库】面板中双击某一元件的名称，然后在文本框中输入新的名称，按 Enter 键即可，如图 6-25 所示。

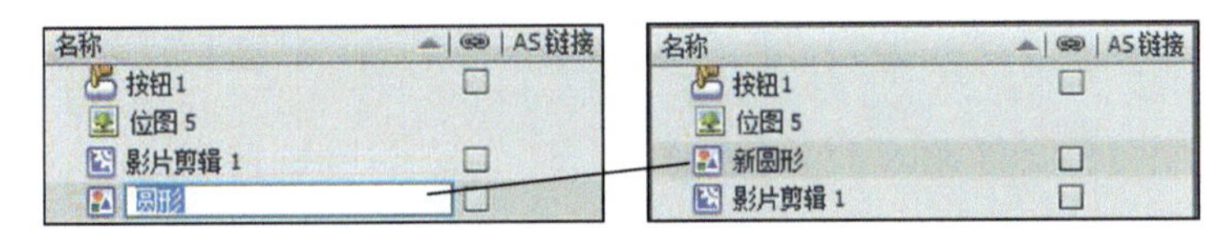


图 6-25　重命名元件

#### 2. 复制元件

在制作具有细微差别的元件的时候，可以复制元件后再更改元件内容的方法来节省制作时间。

所谓复制元件就是在【库】面板中现有元件的基础上建立一个具有同样内容的新元件。具体操作方法是：选择【库】面板中的一个元件，从【库】面板快捷菜单中选择【直接复制】命令，或者右击该元件并在弹出的快捷菜单中选择【直接复制】命令，弹出【直接复制元件】对话框，如图 6-26 所示，重新输入一个名称，单击【确定】按钮，即可复制元件，复制的元件在【库】面板中显示。

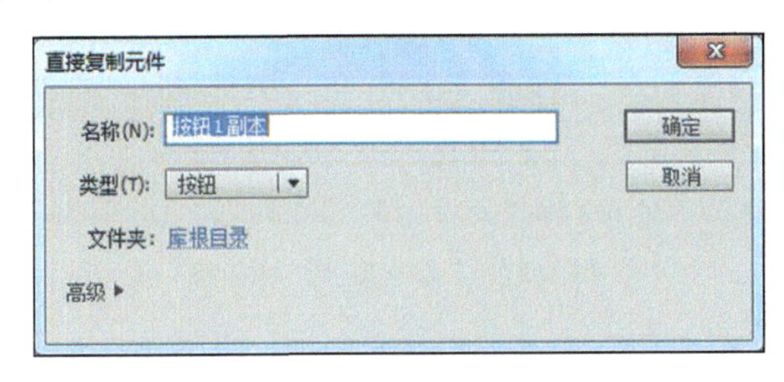


图 6-26　【直接复制元件】对话框

#### 3. 删除元件

在默认的情况下，当从【库】面板中删除元件时，文档中该元件的所有实例也会被删除。删除元件的方法有以下 3 种。

- 在【库】面板中选取要删除的元件，单击面板下方的按钮，即可将所选元件删除。
- 在【库】面板中选取要删除的元件，按 Delete 键，即可删除元件。
- 在【库】面板中选取要删除的元件，右击，在弹出的菜单中选择【删除】命令即可。

#### 4. 更新元件内容

可利用【库】面板更新另一 Flash 文件中的元件。

更新元件的操作步骤如下。

(1) 在【库】面板中选择一个元件，右击，在弹出的快捷菜单中选择【属性】命令，或单击面板下方的按钮，打开【元件属性】对话框。单击【高级】按钮，可以展开对话框，如图6-27所示。

(2) 单击【源文件】按钮，打开【查找FLA文件】对话框，如图6-28所示。

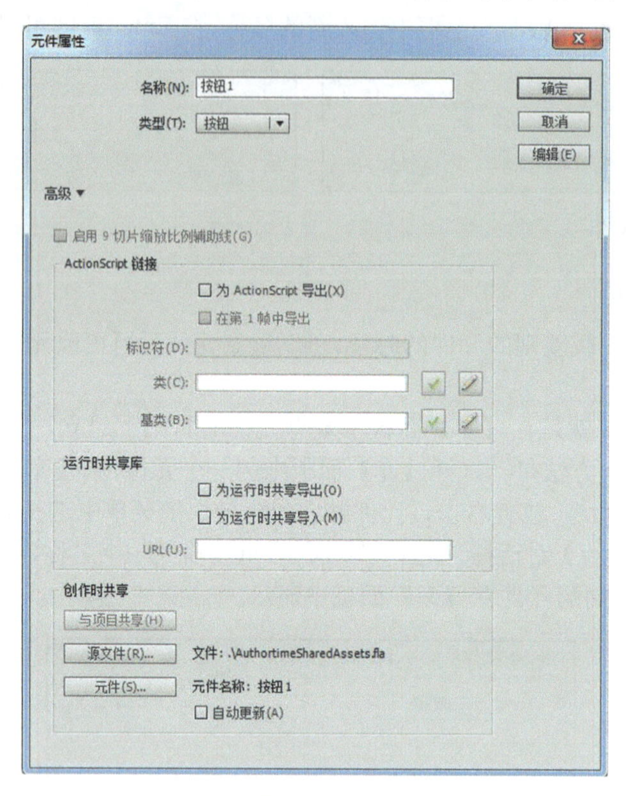


图6-27 【元件属性】对话框

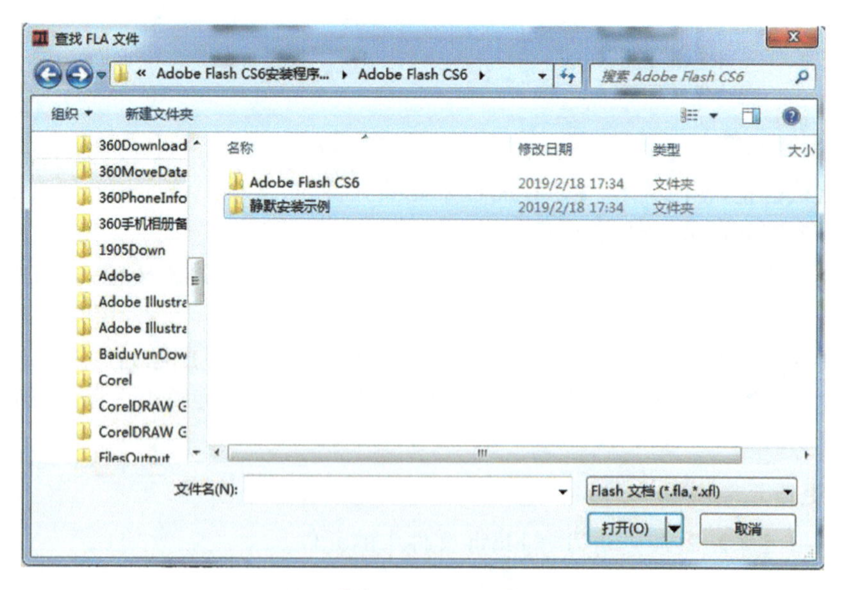


图6-28 【查找FLA文件】对话框

(3) 在对话框中选择包含准备更新元件的 FLA 文件，单击【打开】按钮，弹出【选择元件】对话框，选择一个元件后，单击【确定】按钮，如图 6-29 所示。

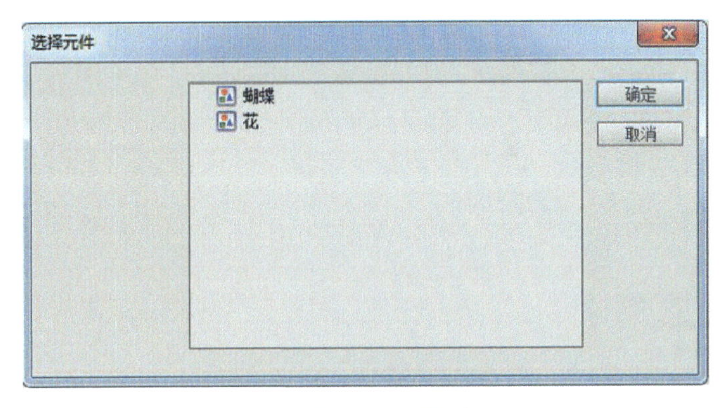


图 6-29 【选择元件】对话框

### 5. 新建视频元件

在【库】面板中还可以建立视频和字体元件，其操作方法是：从【库】面板的快捷菜单中选择【新建视频】命令，打开【视频属性】对话框，如图 6-30 所示。设置属性后单击【确定】按钮，即可在【库】面板的【名称】栏中看到新建的视频，如图 6-31 所示。

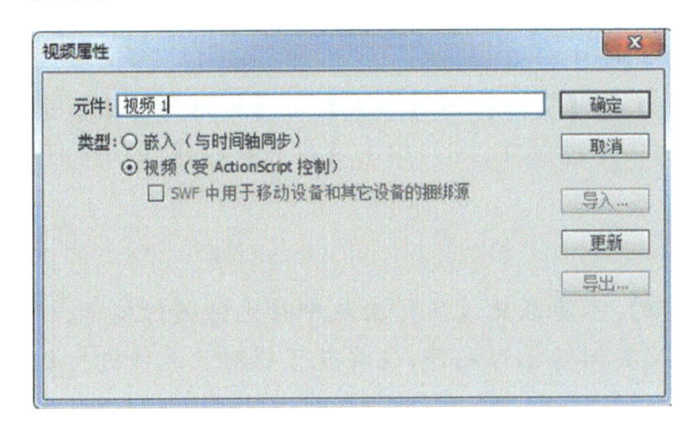


图 6-30 【视频属性】对话框

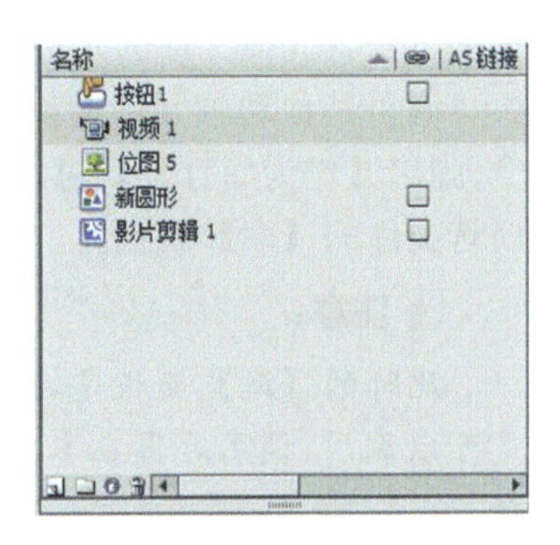


图 6-31 查看新创建的视频元件

### 6. 外部素材的导入

素材的调用在制作 Flash 时是不可缺少的。导入的素材可以是位图、声音和视频剪辑。

- 在制作动画时有时需要使用一些已有的图片和声音，将这些素材导入 Flash 中的具体方法是选择【文件】→【导入】→【导入到库】命令，打开【导入到库】对话框，如图 6-32 所示。在对话框中选中要导入的素材，单击【打开】按钮，即可将素材导入【库】面板中。
- 在制作动画时如果需要视频素材，可以将所需视频导入【库】面板中备用。具体操作方法是选择【文件】→【导入】→【导入视频】命令，弹出【导入视频】对话框。单击对话框中的【浏览】按钮，弹出【打开】对话框，在此对话框中选择需要的视频素材，单击【打开】按钮，这时在【导入视频】对话框的【文件路径】栏中

会显示导入视频的路径。也可以选择从网上 URL 地址中的视频进行导入。

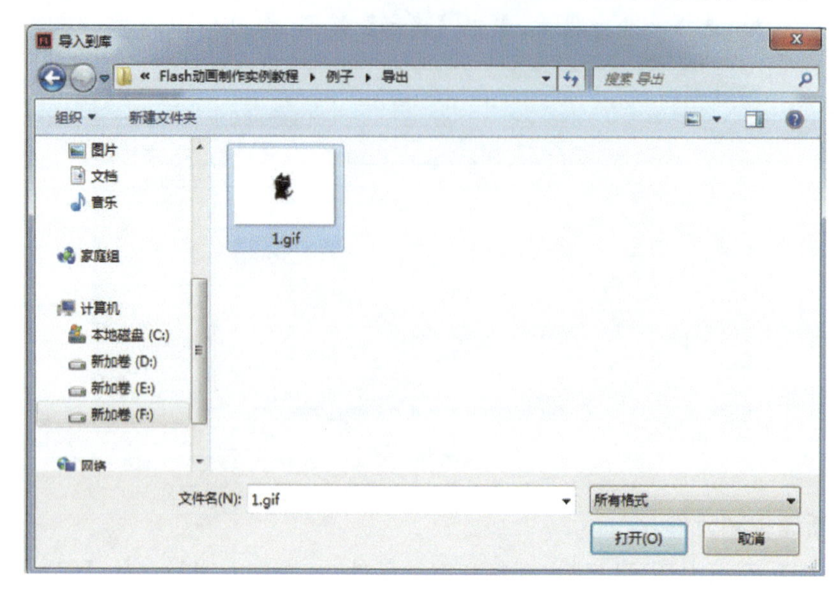


图 6-32　导入素材

### 7．调用其他动画文件中的元件

在制作动画时，如果需要使用以前制作的动画文件中的元件，可以通过打开外部库的方法将其他文件的元件导入当前动画中。

调用其他动画元件的操作方法是选择【文件】→【导入】→【打开外部库】命令，弹出【作为库打开】对话框。选择一个动画文件后，单击【打开】按钮，即可打开所选文件的【库】面板。

**注意：**

此时的【库】面板是以灰色显示的，不能在此【库】面板中对元件进行编辑，但是可以调用，调用后再在本文件中将此实例转化为元件，这样就可以对此元件进行编辑了。

### 8．【库】面板中的文件夹

在实际操作中，如果【库】面板中的元件过多，应该将它们进行整理归类，这时就需要用到【库】面板中的文件夹，它可以集中分类管理【库】面板中的元件。

**建立文件夹并管理【库】面板中元件的操作步骤如下。**

(1) 在【库】面板中单击按钮，新建一个文件夹。新建文件夹的文件名处于激活状态，此处在其中输入新文件夹的名称“位图文件”，如图 6-33 所示。

(2) 选中【库】面板中已有的一些位图元件，用鼠标拖动到该文件夹中即可。双击文件夹图标，展开文件夹，可以看到文件夹中包含的元件，如图 6-34 所示。

## 6.5.2　公用库

公用库是 Flash 中自带的库，里面包含了多个已经制作好的元件，选择【窗

口】→【公用库】子菜单，在级联菜单中依次选择【按钮】或【类】命令，打开对应的【外部库】面板，如图6-35所示，在面板中可以预览按钮等元件的效果。

可以使用【公用库】面板向文档添加按钮、声音等，只要在打开的面板中选择一种元件，按住鼠标左键将其拖动到舞台中即可。

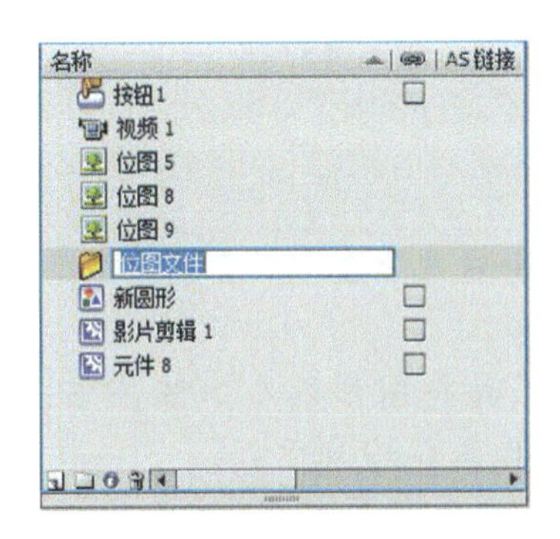


图6-33 为新建的文件夹命名

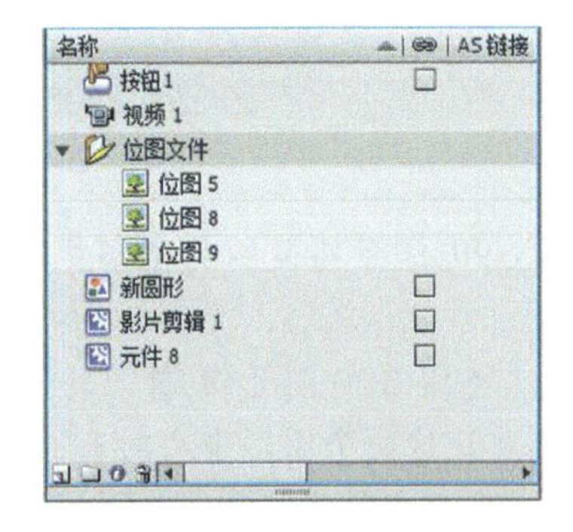


图6-34 查看文件夹中的元件

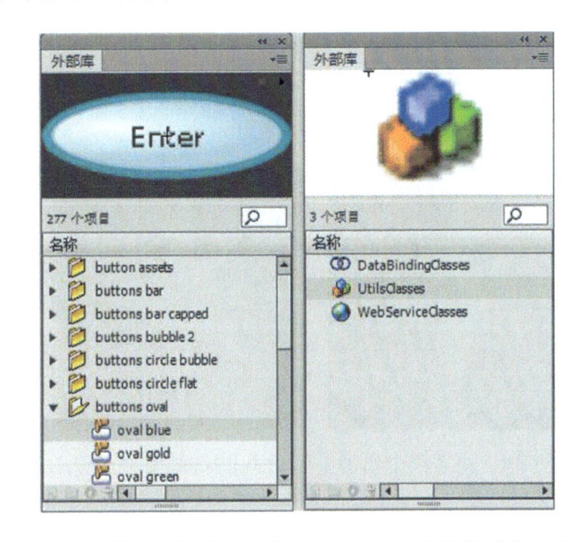


图6-35 【按钮】和【类】命令对应的【外部库】面板

## 6.6 上机实战

### 6.6.1 夜空的星星

**绘制夜空的星星的具体操作步骤如下。**

(1) 新建一个空白文档，将文档的背景色改为黑色，单击【确定】按钮。

(2) 选择【插入】→【新建元件】命令，打开【创建新元件】对话框，在【名称】栏中输入“星星”，【类型】选择“图形”，如图6-36所示，单击【确定】按钮，进入元件的编辑状态。

(3) 在编辑区中用钢笔工具绘制一个如图6-37所示的图形，按住Alt键并用选择工具拖动此图形，将其复制一份。选择被复制的图形，打开【变形】面板，在【旋转】

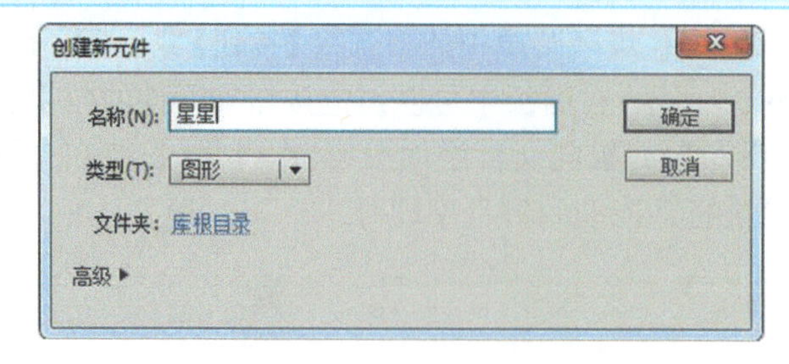


图 6-36　创建图形元件

栏中输入 90，表示将复制的图形旋转 90°。随后将这两个图形组合成如图 6-38 所示的图形。

(4) 将组合的图形复制一份，用任意变形工具将图形缩小 50% 左右，并旋转 45°，然后让这两个图形中心对齐，形成八角星形，如图 6-39 所示。

(5) 将八角星形选中，按 Ctrl+B 组合键将其打散。再打开【颜色】面板，将图形的线条颜色设为无色，填充色设为黄黑渐变。

(6) 选择椭圆工具，将其线条颜色设为无色，填充色设为黄白渐变，白色部分的 Alpha 值设为 50%。在按下 Shift 键的同时绘制一个圆形，作为星光并放置在八角星形的上方，效果如图 6-40 所示。

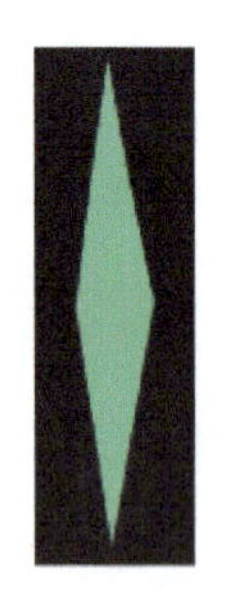

图 6-37　绘制图形

图 6-38　组合两个图形

图 6-39　组合为星形

图 6-40　绘制星光

(7) 选择【修改】→【新建元件】命令，创建一个名为“夜空星星”的影片剪辑元件。

(8) 进入“夜空星星”元件的编辑区，单击【时间轴】面板的第 1 帧，将图形元件“星星”拖入 4 个实例至编辑区中，设置不同的大小。分别单击第 4 帧、第 7 帧和第 10 帧，依次按 F7 键插入一个空白关键帧。用同样的方法在这些帧中加入星星并调整大小（星星数量和大小根据实际情况来定），其【时间轴】面板与编辑区效果如图 6-41 所示。

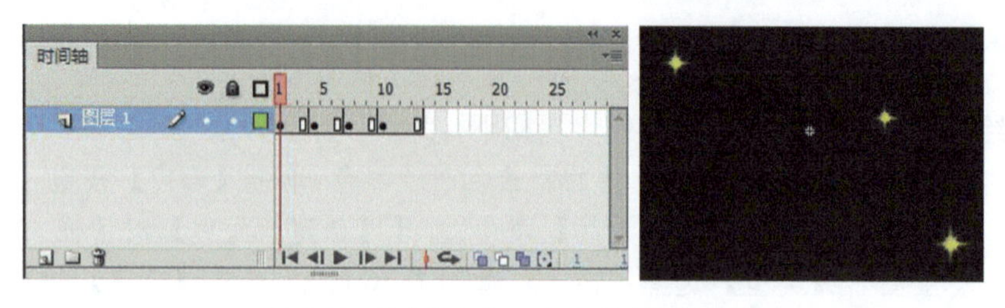


图 6-41　【时间轴】面板和编辑区效果

(9) 单击【时间轴】面板上方的“场景 1”图标，进入场景，按 Ctrl+L 组合键打开【库】面板，将名为“夜空星星”的影片剪辑元件拖入场景中，调整其大小后，按

Ctrl+Enter 组合键测试影片。

### 6.6.2　制作花开按钮

**制作花开按钮的具体操作步骤如下。**

(1) 新建一个大小为 400 像素×300 像素、背景为白色的空白文档。选择【插入】→【新建元件】命令，打开【创建新元件】对话框，在对话框中的【名称】栏中输入“花 1”，【类型】选择“图形”，单击【确定】按钮，进入图形元件的编辑区。

(2) 在编辑区中，用钢笔工具配合选择工具绘制一个花苞轮廓。将花苞轮廓全部选中后，按 Ctrl+B 组合键将其打散。用颜料桶工具在轮廓中填充红白渐变颜色，并且用渐变变形工具调整渐变的方向，效果如图 6-42 所示。

(3) 在绘制的花苞轮廓上双击，将轮廓线条全部选中，将其颜色设为白色。再选择边缘部分的线条，将颜色设置为淡粉红色，如图 6-43 所示。

(4) 再新建 2 个图形元件，分别命名为“花 2”和“花 3”。进入图形元件的编辑区，用绘制花苞的方法分别绘制如图 6-44 和图 6-45 所示的花形。

图 6-42　绘制花苞

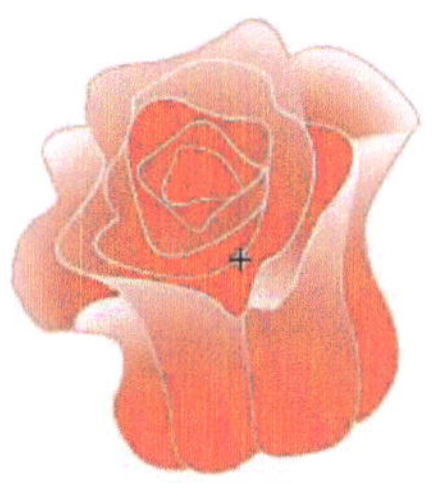
图 6-43　更改花苞线条颜色

图 6-44　绘制半开的花

图 6-45　绘制全开的花

(5) 选择【插入】→【新建元件】命令，打开【创建新元件】对话框，创建一个名为“花开”的按钮元件，单击【确定】按钮，进入按钮元件的编辑区。

(6) 按 Ctrl+L 组合键打开【库】面板，将名为“花 1”的图形元件拖入按钮元件的编辑区中，用任意变形工具调整图形的大小，并将其放置在编辑区的中心位置（注意：此时的元件位于【弹起】帧中），如图 6-46 所示。

(7) 在【时间轴】面板的图层 1 中选择【指针经过】帧，按 F7 键插入一个空白关键帧。将【库】面板中的“花 2”拖入【指针经过】帧中，用任意变形工具调整图形的大小，也将其放置在编辑区的中心位置，如图 6-47 所示。

(8) 选择【按下】帧，按 F7 键插入一个空白关键帧，将【库】面板中的“花 3”拖入该帧中，调整其大小并放置在编辑区的中心位置，如图 6-48 所示。

(9) 选择【单击】帧，按 F6 键插入一个关键帧即可，如图 6-49 所示。

(10) 选择【时间轴】面板上方的“场景 1”图标，退出元件编辑区并进入场景中，将【库】面板中的“花开”按钮元件拖入舞台中央。

(11) 按 Ctrl+Enter 组合键测试影片。在影片测试区中，当鼠标光标在“花”上经过或按下时，观看花变化的效果，如图 6-50 所示。

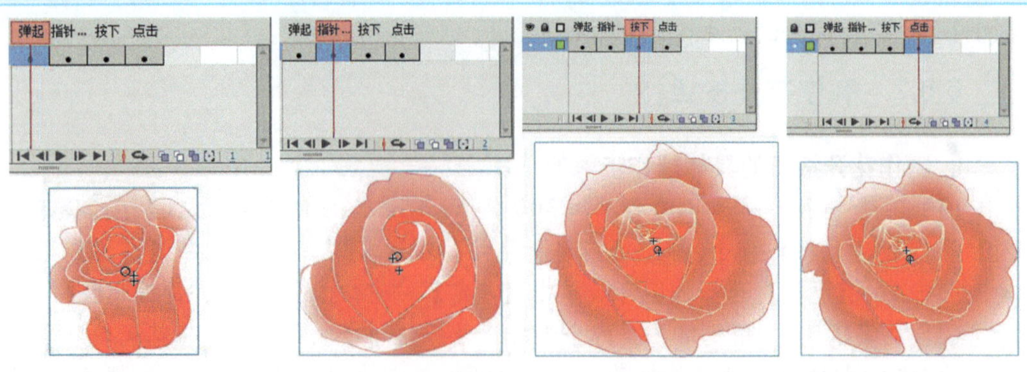


图 6-46　编辑【弹起】帧　图 6-47　编辑【指针经过】帧　图 6-48　编辑【按下】帧　图 6-49　编辑【点击】帧

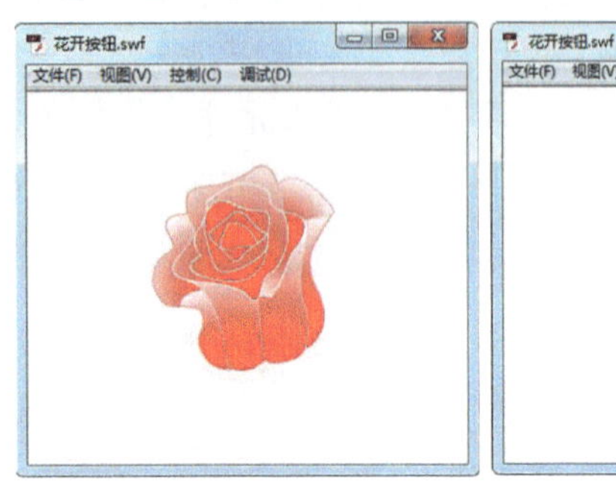


(a) 弹起状态

(b) 指针经过状态

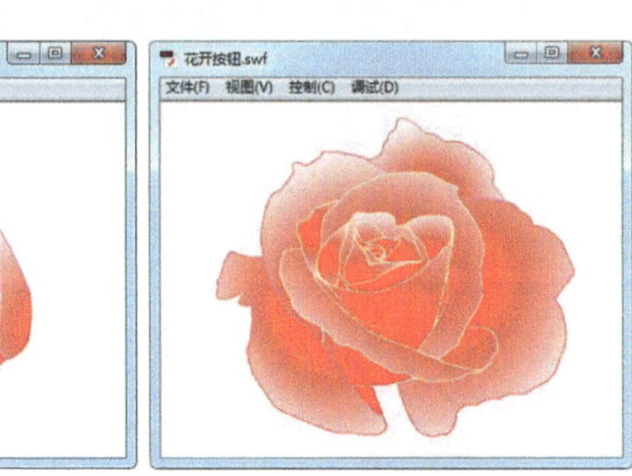


(c) 按下状态

图 6-50　测试影片效果

## 6.7　习　　题

**1．填空题**

（1）元件是一个可以重复使用的小部件，它在 Flash 中被创建________次，创建后能在整个动画文件中反复使用。

（2）在 Flash 中有 3 种类型的元件，包括__________、__________、__________。

（3）在【库】面板中双击元件图标，即可进入元件的__________状态。

（4）________元件的时间轴实际上并不用于播放，它只是对指针运动和动作做出相应的反应。

**2．选择题**

（1）按钮元件在时间轴上包括的帧是（　　）。

A．弹起、按下　　B．指针经过　　C．单击　　D．以上都是

（2）在场景中按 Ctrl+B 组合键将图形元件打散，被打散的图形（　　）。

A．还是图形元件　　B．只是普通的图形，而不是元件

C．仍是图形元件的实例　　D．以上说法都不对

（3）（　　）可以创建反复使用的 Flash 动画片段。

A．影片剪辑元件　　B．图形元件　　C．按钮元件　　D．以上皆是

(4)（　　）不属于【库】面板中管理元件资源的方法。

A．重命名元件　　　　B．缩放元件

C．创建按钮元件　　　D．更新元件内容

**3．判断题**

(1) 元件创建后，只能将它用于场景中。（　　）

(2) 元件是一个可以重复使用的小部件，可以独立于主动画进行播放。（　　）

(3) 每个元件都有时间轴、舞台以及若干图层，并可以随意改动。（　　）

(4) 公用库中的元件可以直接双击其图标进入编辑状态，并对其进行修改。（　　）

**4．简答题**

(1) 在 Flash 动画中使用元件有什么好处？

(2) 简述创建元件的基本方法。

(3) 可以通过哪些方法修改已经创建的元件的属性？

(4) 如果【库】面板中的元件过多，如何对它们进行整理归类？

# 第7章 Flash中的声音

制作 Flash 动画时常常要为其添加声音，有了音效的动画才能更吸引观众。

**本章要点：**

- 添加声音。
- 使用并编辑声音。
- 输出音频。
- 导入视频。

## 7.1 在 Flash 中添加声音

### 7.1.1 声音的导入

Flash 本身没有制作音频的功能，在制作动画的过程中可以导入声音素材文件。将声音文件导入【库】面板后，可以把声音文件加入 Flash 中，一般情况下，在 Flash 中可以导入 MP3、WAV 和 AIFF 格式的声音文件。

制作动画时如果需要添加声音，就必须先将声音导入【库】面板中，具体操作方法是选择【文件】→【导入】→【导入到库】命令，弹出【导入到库】对话框，在【文件类型】下拉列表中选择“所有格式”选项或指定一种声音格式，在相关目录中选择需要导入的声音文件，单击【打开】按钮即可。打开【库】面板后，可以在其中看到导入的声音文件，如图 7-1 所示，声音文件的显示图标是。

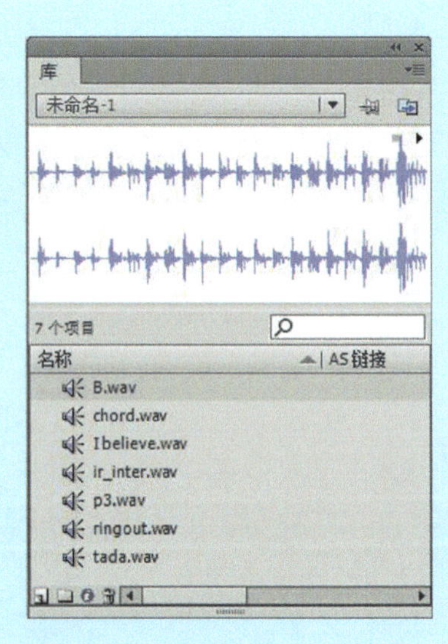


图 7-1 导入的声音文件在【库】面板中的显示

### 7.1.2 声音的添加

**向 Flash 文档添加声音的方法如下。**

(1) 将要使用的声音文件导入【库】面板，并打开。

(2) 在【时间轴】面板中选中一个要插入声音的帧，从【库】面板中将声音拖入到此帧的舞台中，即可将声音添加到当前的文档中，并在帧中显示音频属性（如音频的长度、外观等），如图 7-2 所示。

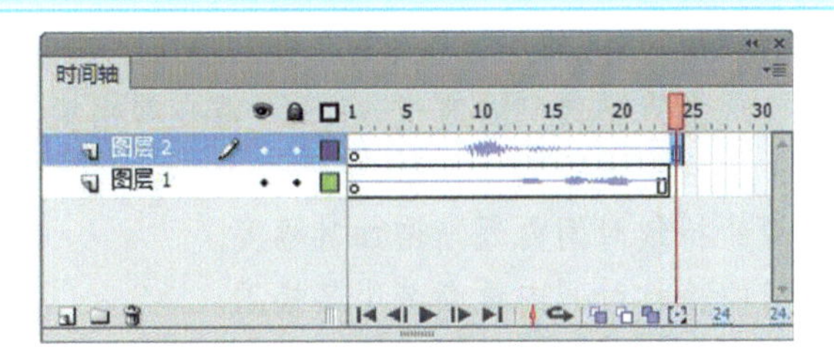


图 7-2　拖入帧中的各种不同的音频

**提示：**

可以在有内容的关键帧中添加声音，但最好新建一个空白关键帧专门用于声音的插入，这样有利于按照动画要求独立编辑声音。

在帧中添加了声音后，如果当前的帧数不能完全容纳声音的长度，可在其后添加普通帧，以延续后面隐藏了的声音。

(3) 可以选中插入声音的帧进行查看或修改，也可以在【属性】面板中的【声音】下拉列表框中选择或更改需要添加的音频，如图 7-3 所示。

**注意：**

在帧中添加了声音后，如果没有对添加的声音进行设置，则无论帧中显示多少音频的长度，Flash 都会将其从头播放到尾。

**对添加的声音进行音频设置的操作步骤如下。**

(1) 在一个具有音频的帧中单击，打开【属性】面板。

(2) 在【属性】面板的【效果】下拉列表中有一系列音频设置选项，如图 7-4 所示。在列表中选择一项设置即可。

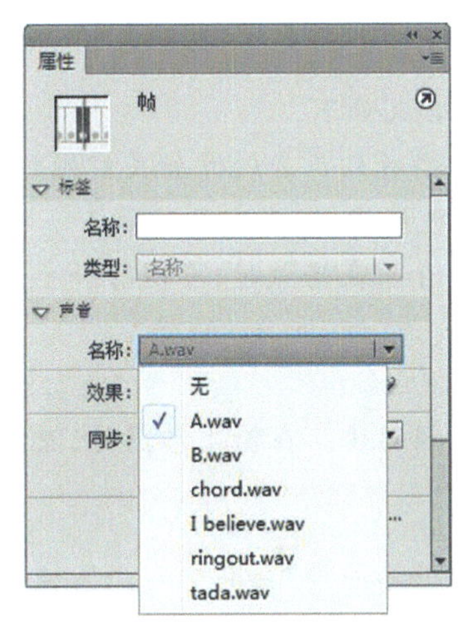


图 7-3　在【属性】面板中添加音频

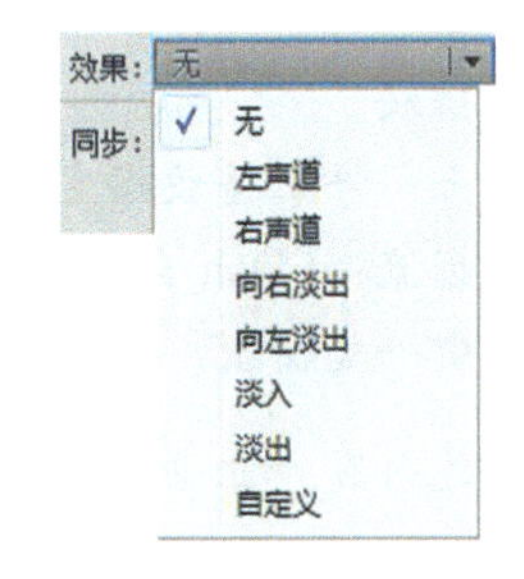


图 7-4　【效果】下拉列表

各个选项的含义如下。

- 无：不使用任何效果。选择此选项将删除之前应用的效果。
- 左声道：只在左声道播放音频。

- 右声道：只在右声道播放音频。
- 向右淡出：声音从左声道传到右声道，并逐渐减小其幅度。
- 向左淡出：声音从右声道传到左声道，并逐渐减小其幅度。
- 淡入：会在声音的持续时间内逐渐增加其幅度。
- 淡出：会在声音的持续时间内逐渐减小其幅度。
- 自定义：可以利用音频编辑对话框编辑音频，自己创建声音效果。

**在特定位置停止声音播放的操作步骤如下。**

(1) 在音频中需要停止播放声音的位置按 F6 键插入一个关键帧，如图 7-5 所示。

(2) 选取插入的关键帧，在【属性】面板的【声音】下拉列表中选取与起始帧相同的声音文件，在【同步】下拉列表中选择【停止】选项，如图 7-6 所示。

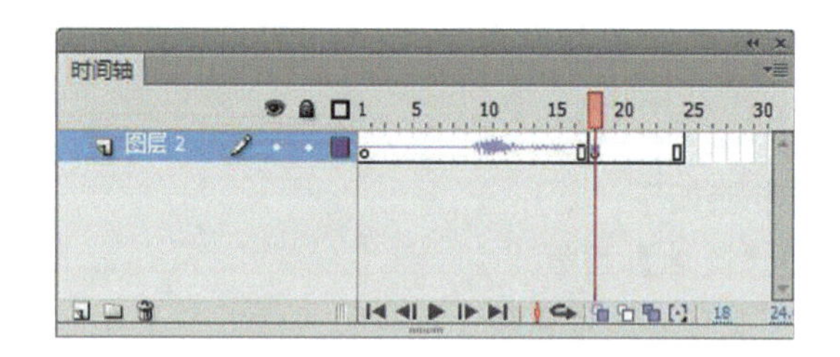



图 7-5　在要停止声音的位置插入关键帧

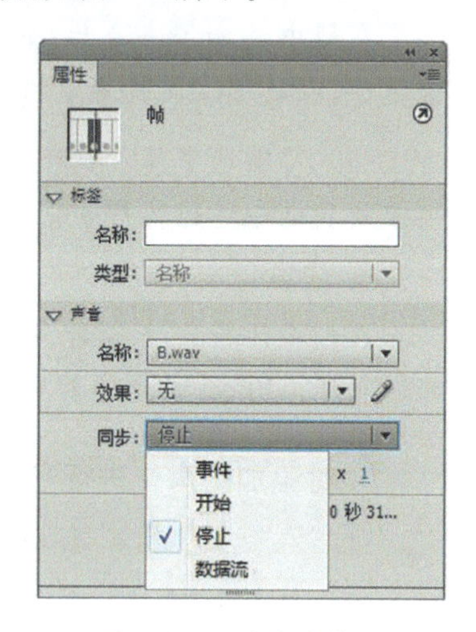



图 7-6　设置声音停止

**提示：**

【同步】下拉列表中包含 4 个选项，各选项的含义如下。

- 事件：使声音与事件的发生合拍。当动画播放到声音的开始关键帧时，事件音频开始独立于时间轴播放，即使动画停止了，声音也继续播放，直至完毕。
- 开始：与事件同步类型音频不同的是当声音正在播放时，可以有一个新的音频实例开始播放。
- 停止：停止播放指定的声音。
- 数据流：Flash 自动调整动画和音频，使它们同步。在输出动画时，流式音频混合在动画中一起输出。

(3) 此时在停止播放的关键帧上出现一个矩形蓝点标记，表示当声音播放到该帧时将停止。

## 7.2　编辑声音

将声音导入动画后，Flash 为了能满足用户的创作需求，还提供了编辑声音的方法：可以在【属性】面板中编辑。另外，在【编辑封套】对话框中可以对声音进行更加细致的编辑。

**用【编辑封套】对话框编辑声音的方法如下。**

(1) 单击【属性】面板中的【编辑声音封套】按钮，弹出【编辑封套】对话框，如图 7-7 所示。

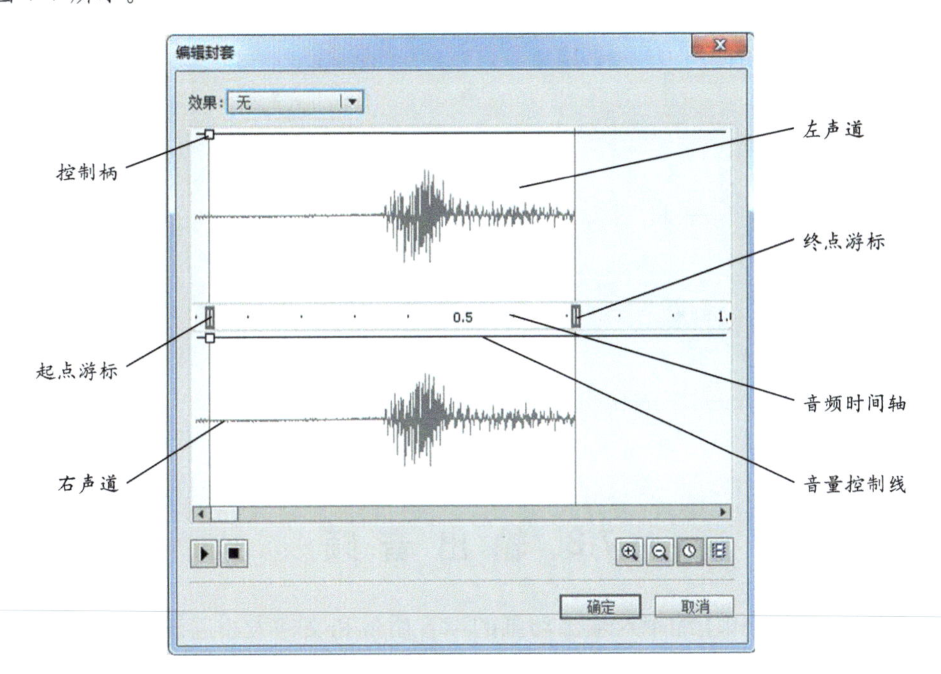


图 7-7 【编辑封套】对话框

**提示：**

在【编辑封套】对话框中有一些按钮，它们的作用如下。

、：用于放大或缩小窗口内音频的显示效果。

、：用于改变时间轴的单位。显示的单位为秒，显示的单位为帧。

、：用于播放测试或停止测试。

(2) 在音频的时间轴上可以通过拖动来改变起点游标和终点游标的位置；用鼠标拖动控制柄，通过改变音量控制线的位置可以改变声音的大小，当控制柄和音量控制线的位置位于最上方时，播放的音量最大，反之音量逐步减少直到为 0，如图 7-8 所示。

(3) 用鼠标拖动控制柄上的小滑块可以调整声音的播放范围。单击音量控制线可以加入多个控制柄并拖动来调整声音。

**提示：**

在控制线上单击可以增加控制柄，系统最多允许添加 8 个控制柄。用鼠标将控制柄拖出声音波形窗口，即可删除控制柄。

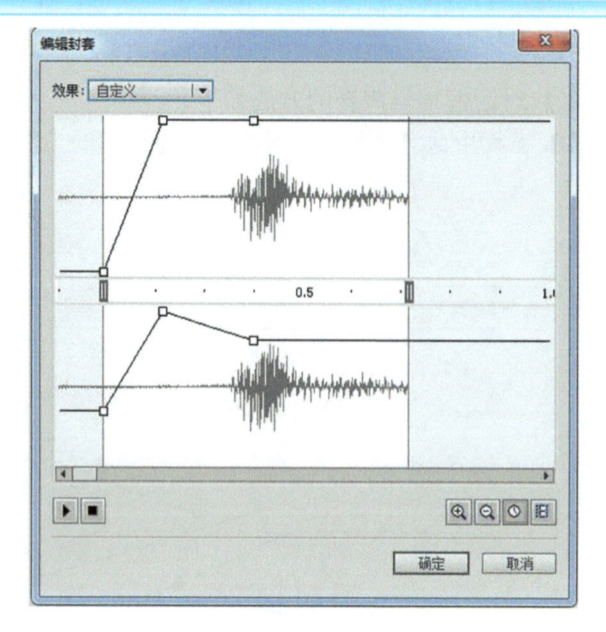


图 7-8　改变音频起点及音量大小

## 7.3　输出音频

音频的采样率和压缩率对输出动画的声音质量和文件大小起着决定性作用。要得到更好的声音质量，必须对声音进行多次编辑。压缩率越大、采样率越低，文件的体积就会越小，但质量也会更低，用户可根据实际需要对其进行更改。

**输出音频的操作步骤如下。**

（1）打开【库】面板，在【库】面板中右击要输出的音频文件，在弹出的快捷菜单中选择【属性】命令，打开【声音属性】对话框。在【压缩】下拉列表中选择文件的格式，如 MP3，出现如图 7-9 所示的设置选项。

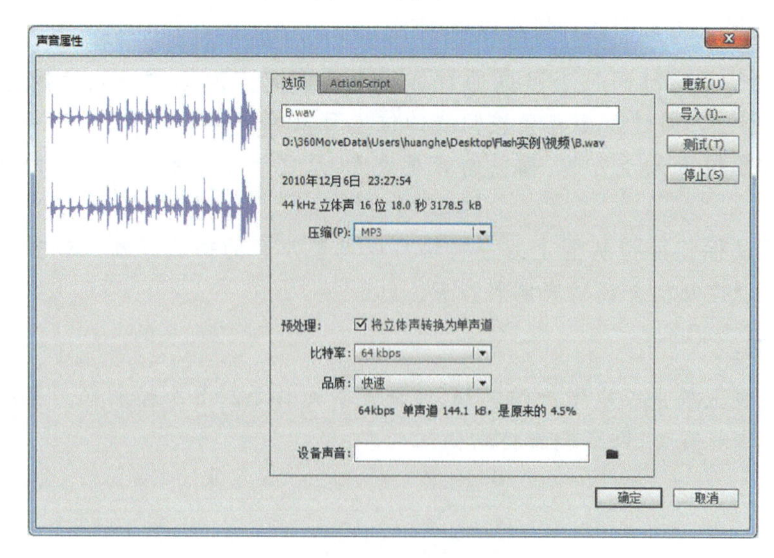


图 7-9　【声音属性】对话框

（2）在【比特率】中设置声音的最大传送速度，在【品质】下拉列表中设置品质的类别。

（3）单击【测试】按钮，开始测试音频效果；单击【停止】按钮，停止测试。

（4）单击【确定】按钮，完成音频的输出设置。

## 7.4　导入视频

可以将 AVI、MOV、MPEG、WMV、ASF 等格式的视频文件导入 Flash 中。

**导入视频文件的操作步骤如下。**

（1）选择【文件】→【导入】→【导入视频】命令，弹出【导入视频】对话框，如图 7-10 所示，在【选择视频】页面中【在您的计算机上】栏下单击【浏览】按钮，在弹出的【打开】对话框中选择一个视频文件。

（2）选中【在 SWF 中嵌入 FLV 并在时间轴中播放】单选按钮，单击【下一步】按钮。进入【嵌入】页面，在【符号类型】下拉列表中选择“影片剪辑”选项，如图 7-11 所示。

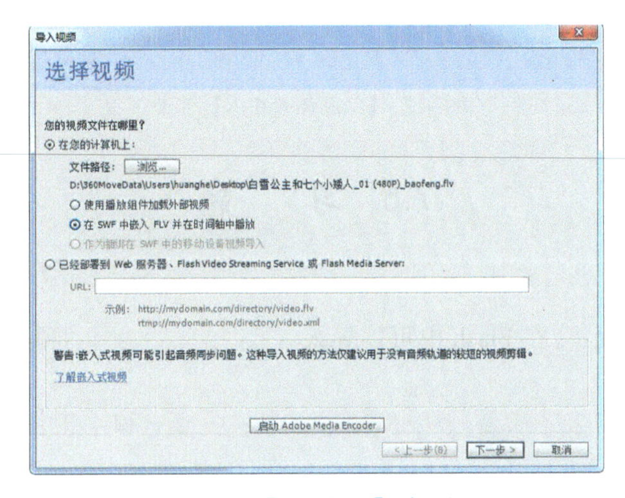


图 7-10　【导入视频】对话框

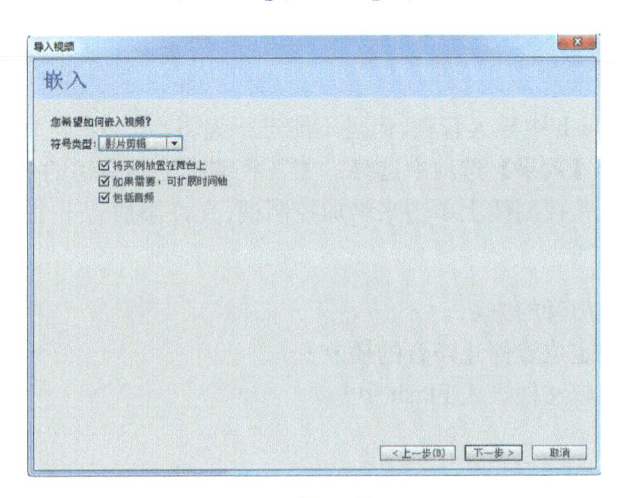


图 7-11　【嵌入】页面

（3）单击【下一步】按钮，进入【完成视频导入】页面，如图7-12所示。单击【完成】按钮，即可完成视频的导入。

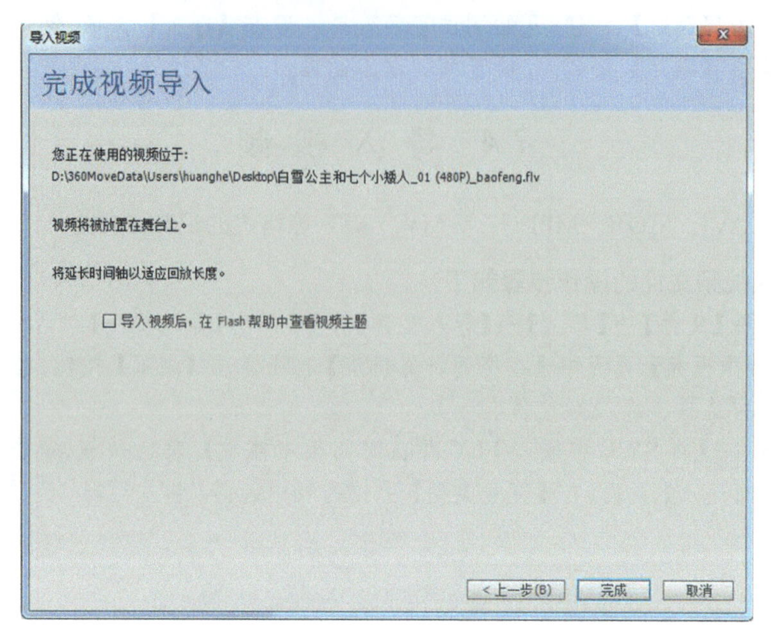


图7-12 【完成视频导入】页面

## 7.5 习 题

**1. 填空题**

（1）一般情况下，在Flash中可以导入________、________和________格式的声音文件。

（2）可以将________、________、________、________和________等格式的视频剪辑导入Flash中。

（3）在【属性】面板的【效果】下拉列表中可以设置声音从左声道传到右声道，并逐渐减小其幅度，对应的设置项是________。

**2. 判断题**

（1）可以在Flash中导入音频，但是不能进行编辑。 （ ）

（2）在音频的【效果】选项中选择“无”，将删除之前应用的效果。 （ ）

（3）可以在音频控制线上单击来增加控制柄，允许添加若干个控制柄。 （ ）

**3. 简答题**

（1）简述导入声音的方法。

（2）怎样在特定位置停止声音的播放？

（3）如何将视频文件导入Flash中？

# 第8章　Flash动画制作基础

Flash 提供了多种动画制作的技术，本章将一一介绍。

**本章要点：**

- Flash 动画的基本原理及基本概念。
- 【时间轴】面板与帧。
- Flash 动画的类型。
- 传统补间动画和形状补间动画的制作。
- 逐帧动画的制作。
- 预设动画的应用。

## 8.1　动画的基本原理及概念

所谓动画就是将一系列连续的画面播放出来，是利用人眼睛视觉暂留的特点所呈现出来的动态影像。传统动画的制作中，动画中的每一幅画面都是人工绘制的。而 Flash 动画的原理和传统动画是一样的，只是在动画制作过程中不需要绘制每一幅画面，可以通过制作关键帧进行动作的过渡，这样大大提高了动画制作的效率。

Flash 动画中连续的画面是建立在各个图层的每一帧中，一个完整的动画实际是由许多不同的帧组成的，动画在播放时就是依次显示每帧内容的画面。一般来说，每秒至少包含 24 帧，动画才比较流畅，帧数越多，画面越连贯。

动画的制作实际就是改变连续帧中不同内容的过程，不同的帧表现了动画在不同时刻的某一动作，对帧的操作实际就是对动画的操作，因此，帧在动画中起到了决定性的作用。

## 8.2　Flash 中的时间轴

【时间轴】面板（简称时间轴）是 Flash 动画制作的重要部分，如图 8-1 所示。

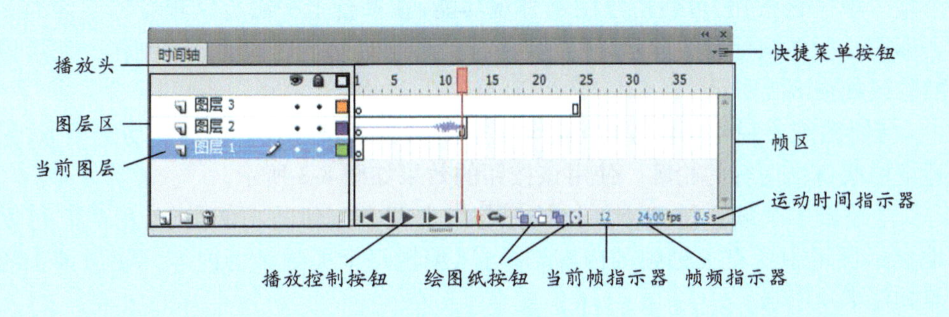


图 8-1　【时间轴】面板

从图 8-1 中可以看出，【时间轴】面板主要由图层区和帧区 2 个区域组成；同时还包括【帧视图菜单】快捷菜单按钮，用于打开【时间轴】面板的快捷菜单。

### 1．图层区

图层区用于创建、使用和删除图层，位于【时间轴】面板的左侧。图层区的各个按钮和图标的含义及作用说明如下。

- 眼睛按钮：单击该按钮，可以在显示所有图层和隐藏所有图层之间进行切换。在眼睛按钮下方的位置，每个图层上都有小黑点图标，表示图层的内容是显示的，可单击小黑点图标控制某一图层的显示和隐藏。当图层被隐藏后，小黑点图标则变为✕，单击✕又可变为小黑点图标。
- 锁定按钮：单击该按钮，可以在锁定图层和解除锁定图层之间切换。在锁定按钮下方的位置，每个图层上也都有小黑点图标，表示图层没有被锁定，可以对其中的内容和帧进行编辑。如果小黑点图标变为，则表示该图层被锁定，此时不能对其进行编辑。
- 【线条轮廓】按钮：单击该按钮，可显示所有图层中内容的线条轮廓，再次单击可取消轮廓的显示。在此图标的下方位置，每个图层上都有相应的图标，它们有时会显示不同状态，如果显示的是实心图标，表示该图层中的内容是完全显示；如果是空心图标，表示该图层中的内容以轮廓方式显示。
- 【新建图层】按钮：单击该按钮，可新建一个图层。
- 【新建图层文件夹】按钮：单击该按钮，可新建一个图层文件夹，利用图层文件夹可以分类管理图层。
- 【删除图层】按钮：选中图层或图层文件夹后，单击该按钮，可将其删除。

### 2．帧区

用于显示帧的区域，可以在其中进行添加、删除、复制、粘贴帧等操作。在这个区域中还有一系列的按钮，各个按钮的含义和作用说明如下。

- 播放控制按钮：5 个按钮的作用自左向右分别是“转到第一帧”“后退一帧”“播放”“前进一帧”“转到最后一帧”。
- 【帧居中】按钮：单击该按钮，使播放头位于中间帧的位置。
- 【循环】按钮：单击该按钮，使播放头在所有帧中来回循环。
- 绘图纸按钮：4 个按钮的作用说明如下。

➢【绘图纸外观】按钮：默认情况下，Flash 在舞台中一次只显示动画序列的一个帧。单击该按钮，可使用绘图纸外观功能，在舞台上一次可以查看标记内的多个帧。标记是指在帧标题中显示帧的范围的记号，这有助于逐帧动画的制作。使用该按钮的效果如图 8-2 所示。

➢【绘图纸外观轮廓】按钮：该按钮与【绘图纸外观】按钮的功能类似，只显示标记中所有帧内容的轮廓。使用该按钮的效果如图 8-3 所示。

➢【编辑多个帧】按钮：该按钮与以上两个按钮的功能类似，使用它可以清晰地显示标记中所有关键帧的内容，并可以编辑每个关键帧的内容。使用该按钮的效果如图 8-4 所示。

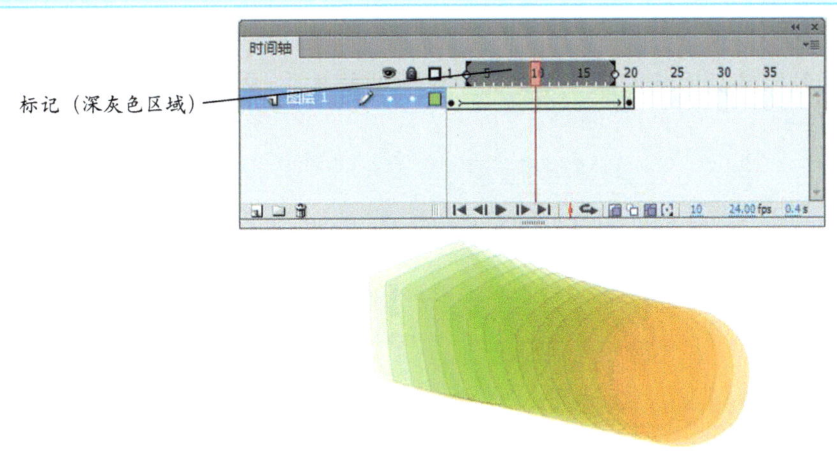


图 8-2 使用【绘图纸外观】按钮的效果

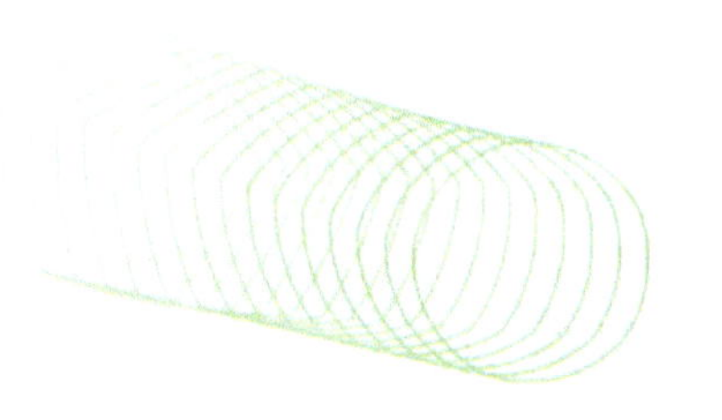

图 8-3 使用【绘图纸外观轮廓】按钮的效果

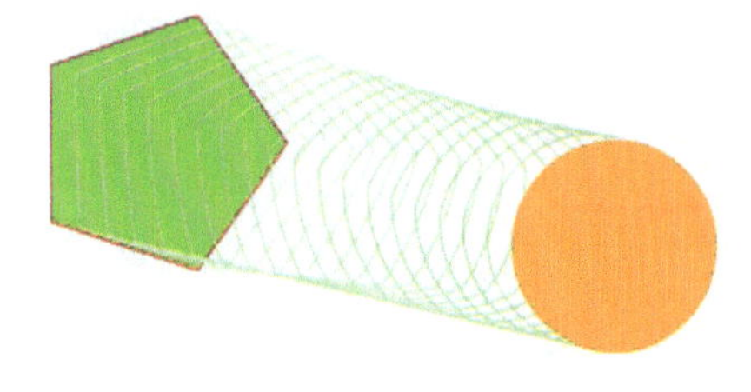

图 8-4 使用【编辑多个帧】按钮的效果

**注意：**

以上 3 种查看多个帧的按钮的功能统称为洋葱皮效果，因为一帧一帧循序渐进显示内容的效果就像剥开洋葱皮一样。打开洋葱皮效果后，能修改的只是标记中的关键帧内容。

➢【修改绘图纸标记】按钮：该按钮用于更改绘图纸外观标记的显示。单击该按钮，可以从弹出的菜单中选择一个选项，如图 8-5 所示。

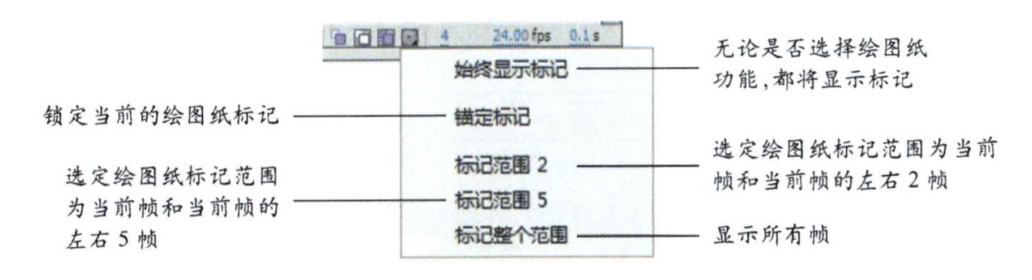


图 8-5 修改绘图纸标记菜单

### 3.【帧视图菜单】按钮

单击帧视图菜单按钮，会弹出下拉菜单，如图 8-6 所示。在下拉菜单中选择一种帧的显示方式，帧将会以所选方式显示。部分选项对应的显示效果如图 8-7 所示，默认情况下选择的是【标准】命令。

**提示：**

在【时间轴】面板的底部还会显示时间轴的状态，包括当前帧的编号、帧频以及运动时间。

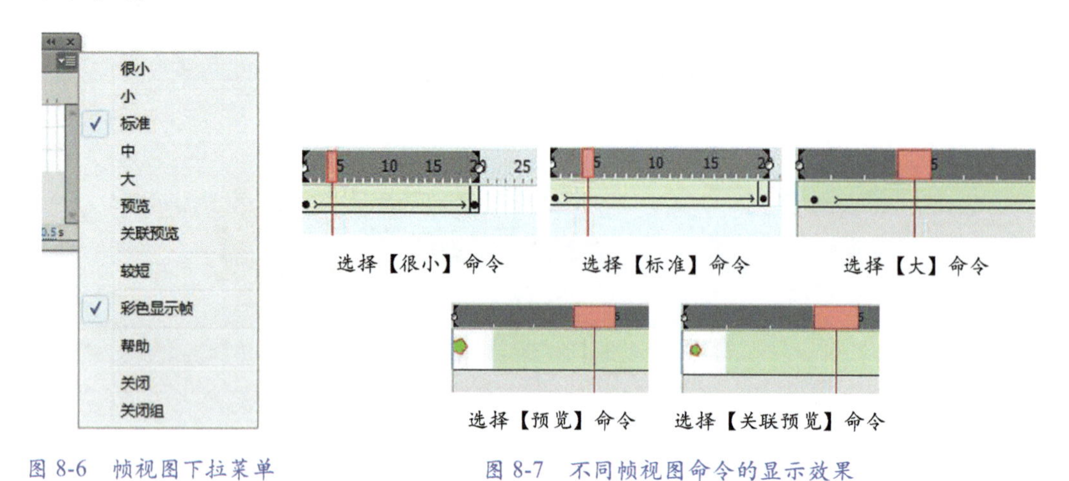


图 8-6　帧视图下拉菜单　　图 8-7　不同帧视图命令的显示效果

## 8.3　Flash 中的帧

帧是制作动画的关键，它控制着动画的时间和动画中各种动作的发生。在 Flash 中，一个完整的动画是由许多不同的帧组成的，一个画面就是一个帧，动画播放的过程就是依次显示每帧内容的过程。

### 8.3.1　帧的类型

帧是构成 Flash 动画的基本组成单位。帧主要分为普通帧、关键帧和空白关键帧，如图 8-8 所示。

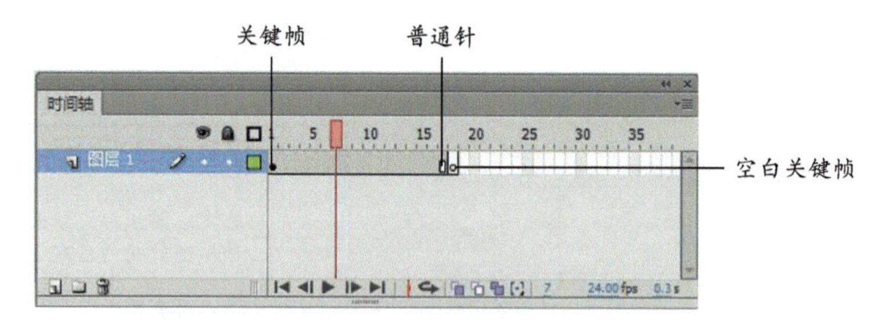


图 8-8　帧的类型

#### 1. 普通帧

普通帧用于显示同一图层中前一个关键帧的内容，并延续到下一个关键帧为止。它起着过滤和延长内容显示的功能。普通帧以带空心矩形的单元格表示，每一个单元格就是一个帧。选中帧，按 F5 键可创建普通帧。

#### 2. 关键帧

关键帧用于定义动画中的变化，以呈现出关键性的动作和内容，是在空白关键帧上面添加了内容。可以在关键帧之间添加普通帧，并生成流畅的动画。在【时间轴】面板中拖动关键帧可以更改动画播放的时间。关键帧以黑色实心小圆点表示。按F6键可创建关键帧。

**3．空白关键帧**

空白关键帧主要用于在两个画面之间形成间隔，它是没有添加任何内容的关键帧。空白关键帧用空心的小圆圈表示。一旦在空白关键帧中创建了内容，小圆圈就会变为黑色小圆点，表示变成了关键帧。按F7键可以创建空白关键帧。

### 8.3.2　帧的编辑

编辑帧就是用于确定每一帧的显示内容、动画的播放状态和播放时间等。帧的编辑操作包括：选择帧、插入帧、转换帧、复制/粘贴帧、移动帧、删除帧、清除帧和翻转帧等操作。

**1．选择帧**

要编辑帧，首先需要选择帧。在【时间轴】面板中选择帧的方法有4种。

- 选择单个帧：只需在需要选择的一个帧上单击即可。
- 选择不连续的多个帧：按住Ctrl键的同时依次单击要选择的多个帧。
- 选择连续的多个帧，按住鼠标左键拖动经过需要选择的帧即可。
- 选择所有帧：单击某个图层，可将该图层的所有帧选中。在帧上右击，在弹出的快捷菜单中选择【选择所有帧】命令，可将【时间轴】面板中的所有帧选中。

**2．插入帧**

插入帧也就是在【时间轴】面板中创建帧。可以插入普通帧、关键帧和空白关键帧。

- 插入普通帧：在需要插入帧的地方右击，弹出快捷菜单，从中选择【插入帧】命令即可。也可直接选择帧后按F5键。
- 插入关键帧：在需要插入帧的地方右击，选择【插入关键帧】命令即可。也可直接选择帧后按F6键。
- 插入空白关键帧：在需要插入帧的地方右击，选择【插入空白关键帧】命令即可。也可直接选择帧后按F7键。

**3．转换帧**

可以将普通帧转换为关键帧或空白关键帧，方法如下：选中要转换的帧，右击，在弹出的快捷菜单中选择【转换为关键帧】命令或【转换为空白关键帧】命令。

**4．复制/粘贴帧**

可将选中的帧及对应的内容进行复制和粘贴，方法如下：在【时间轴】面板上选择要复制的帧，右击，在弹出的快捷菜单中选择【复制帧】命令；再在需要粘贴帧的目标位置右击，在弹出的快捷菜单中选择【粘贴帧】命令。

**5．移动帧**

选择需要移动的帧，按住鼠标左键将其拖动到需要的目标位置即可；或选中需要移

动的帧，在右键快捷菜单中选择【剪切帧】命令，然后在目标位置选择【粘贴帧】命令。

#### 6. 删除帧

在制作动画的过程中，对于不需要的帧要将其删除，方法如下：选中要删除的帧，右击，在弹出的快捷菜单中选择【删除】帧命令。

#### 7. 清除帧

清除帧就是将帧中的内容去掉，对应的帧还存在，这是与删除帧不同的地方。清除帧可以将有内容的帧转化为空白关键帧，同时在该帧前面插入一个普通帧，在后面插入一个关键帧。清除帧的方法是从右键快捷菜单中选择【清除帧】命令。如果要清除关键帧，则在弹出的快捷菜单中选择【清除关键帧】命令。

#### 8. 翻转帧

如果把所选帧的位置进行翻转，翻转后的动画将进行反向放映。方法如下：选择需要进行翻转的多个帧，右击，在弹出的快捷菜单中选择【翻转帧】命令。

## 8.4　Flash 动画的类型

在 Flash 中，根据不同的情况，可将 Flash 动画分为多种不同的类型，包括逐帧动画、补间动画、引导层动画、遮罩层动画及预设动画。对于每种动画，其工作原理是不同的，创建方法和应用场合也不同。

#### 1. 逐帧动画

逐帧动画也叫帧动画，它必须创建每一帧中的图像。它由多个关键帧组合而成，最适合制作相邻关键帧中对象变化不大的动画，而不仅仅是位置的改变。

逐帧动画需要更改每一帧中的舞台内容，并保存每一个完整帧的值，因此逐帧动画比其他类型动画文件大得多。

#### 2. 补间动画

补间动画指在一个动画中只需创建起始帧和结束帧，其中间的变化过程由 Flash 自动完成，它是创建随时间移动和更改形状动画的一种有效方法，能最大限度地减小生成的文件大小。在补间动画中，Flash 只保存帧之间更改的值。

创建补间动画的方式分为创建补间动画、创建补间形状动画和创建传统补间动画。

- 创建补间动画：补间动画的长度默认为 24 帧，这是通用的帧速率。选中补间动画的一帧，改变舞台上的形状或者文字的属性，时间轴对应图层上会出现一个小菱形，表示创建了一个补间帧。此时从第 1 帧（或其他帧）开始拖动播放头，可以看到形状或者文字的变化。
- 创建补间形状动画：在动画的一个帧中绘制一个形状，然后在另一个帧中更改该形状或绘制另一个形状，系统会在两个形状之间逐步过渡并转换，由此可创建补间形状动画。

**注意：**

补间形状必须是打散的图形，中间的补间帧中有一个浅绿色背景的黑色箭头。

● 创建传统补间动画：设置完起始和终止的关键帧及其对应的内容后，在快捷菜单中选择【传统补间动画】命令，即可创建传统补间动画，此时帧区相应图层的背景色变为淡紫色，在起始关键帧和结束关键帧之间有一个较长的箭头。

### 3．引导层动画

引导层动画是让对象沿着指定路径运动的一种动画，它由引导层和被引导层组成。引导层位于被引导层的上方，它是一种具有特殊功能的图层，可以像普通图层一样绘制各种图形和元件。但是引导层中的对象只对被引导层中的对象起运动导向作用，其图层内容不会在最终效果中显示出来。被引导层中的图形对象则会沿着引导层中的路径运动。这种类型常用于制作对象沿特定路径运动的动画。

### 4．遮罩层动画

遮罩层动画即通过创建遮罩层来隐藏遮罩层中的部分内容，以实现复杂的动画效果。简单地说，遮罩层中绘制的对象具有透明效果，遮罩层下面图层的内容就像透过一个窗口显示出来，这个窗口的形状就是遮罩层中对象的形状。

### 5．预设动画

预设动画是 Flash 内置的动画功能，它通过【动画预设】命令可以实现一定的动画效果。

## 8.5 补间动画、补间形状动画和传统补间动画

补间动画、补间形状和传统补间是 Flash 动画的特色所在，这类动画渐变过程很连贯，制作过程也比较简单，下面分别进行介绍。

### 8.5.1 创建补间动画

补间动画是 Flash CS6 中的一种动画类型，它是从 Flash CS4 开始引入的。相对于以前版本中的补间动画，这种补间动画类型具有功能强大且操作简单的特点，用户可以对动画中的补间进行最大限度的控制。

Flash CS6 中的补间动画模型是基于对象的，它将动画中的补间直接应用到对象，而不是像传统补间动画那样应用到关键帧，Flash 能够自动记录运动轨迹并生成有关的属性关键帧。

补间动画只能应用于元件。如果所选择的对象不是元件，则 Flash 会给出提示对话框，提示将其转换为元件。只有转换为元件后，该对象才能创建补间动画。

在 Flash 中创建补间动画的方法是：先在一帧中绘制相关的图形或者输入文字，形成一个关键帧。然后右击该关键帧，从弹出的快捷菜单中选择【创建补间动画】命令，即可创建一个 24 帧的动画。再在其中一帧中修改图形形状或者文字的属性，可得到一个持续变化的动画。

在两个关键帧之间创建补间动画后，其中的帧对应的【属性】面板变得丰富起来，如图 8-9 所示。

新增的各项属性的设置说明如下。

● 缓动：用于设定对象在渐变运动过程中是减速还是加速，可以设置各种数值，

其默认值为0。向上拖动数字框，文本栏中显示正数，表示对象运动由快变慢；向下拖动，文本栏中显示负数，表示运动由慢变快。在默认值0的状态下，对象作匀速运动。

● 旋转：此选项用于设定物体旋转的次数，默认值为1次。可取数值范围为0～65535，输入0表示不旋转。

● 方向：可以设置物体旋转的方向，选项说明如下。

➢ 无：对象不旋转。

➢ 顺时针：设定对象沿顺时针方向旋转到终点位置。

➢ 逆时针：设定对象沿逆时针方向旋转到终点位置。

● 调整到路径：选中该复选框，使对象沿设定的路径运动，并随着路径的改变而相应地改变角度。

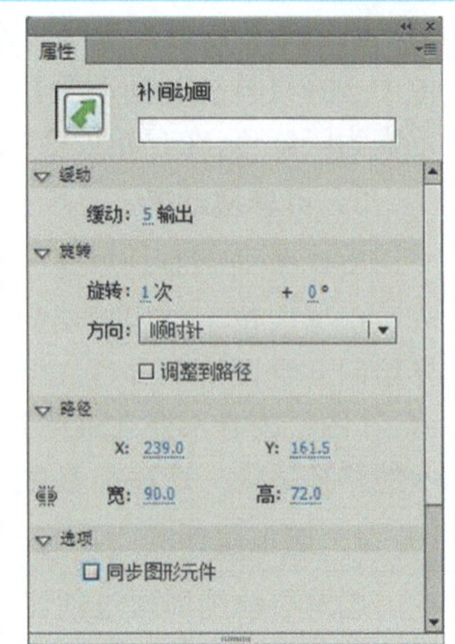


图 8-9　创建补间动画的帧【属性】面板

在初步了解了补间动画的制作流程后，下面将以一个旋转五角星的动画为例，介绍创建补间动画的方法。

**创建补间动画的具体操作步骤如下。**

(1) 新建一个Flash文档。选中【时间轴】面板图层1的第1帧，在舞台上绘制一个五边形，如图8-10所示。

(2) 右击舞台上的图形，从快捷菜单中选择【转换为元件】命令，将图形转换为元件。

(3) 在图层1的第1帧上右击，从快捷菜单中选择【创建补间动画】命令，则会创建一个24帧的动画，此时【时间轴】面板如图8-11所示。

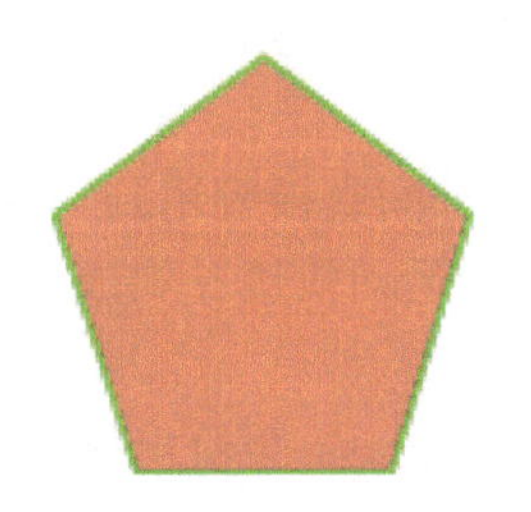

图 8-10　在舞台上绘制图形

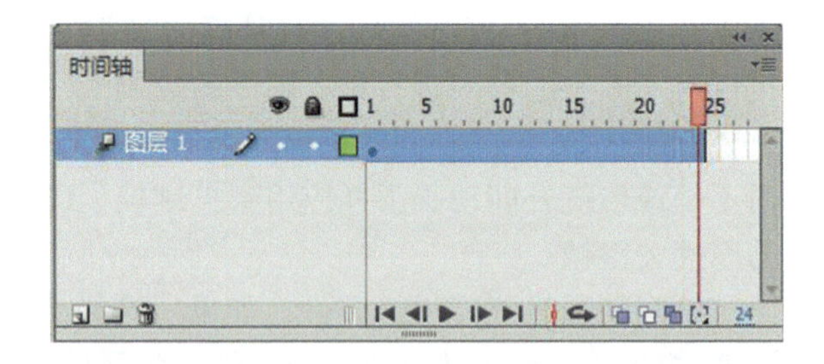


图 8-11　【时间轴】面板显示24帧的动画

(4) 选中第15帧，在舞台上向右拖动图形到舞台中间位置，此时发现该帧变为关键帧，【时间轴】面板中对应出现一个小的菱形，同时舞台上也出现一条图形运动的虚线。

(5) 选中第24帧，在舞台上继续向右拖动图形到舞台右侧，连续两次选择【修改】→【变形】→【顺时针旋转90°】命令，让图形顺时针旋转180°。此时发现该帧也变为关键帧，时间轴中对应出现一个小的菱形，【时间轴】面板和舞台效果如图8-12所示。

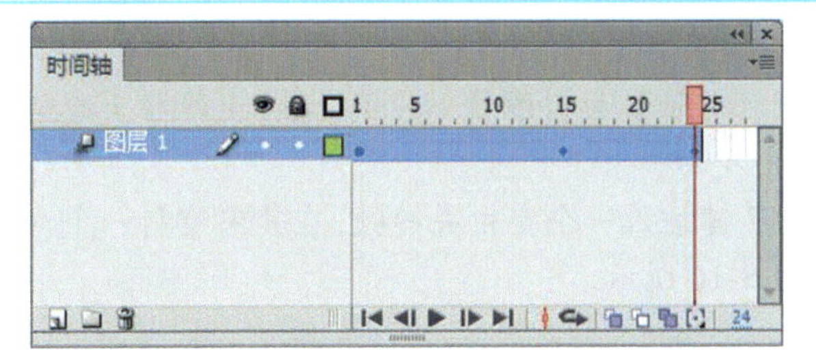

图 8-12　创建补间动画

(6) 在【时间轴】面板中单击【绘图纸外观】按钮，然后选择所有动画帧，可以看到动画变化的效果，如图 8-13 所示。

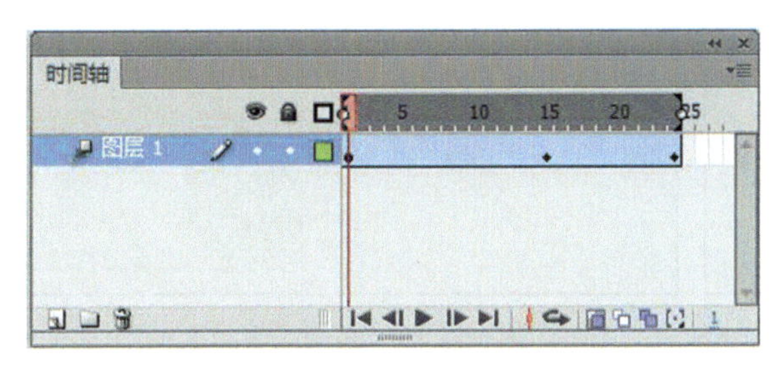

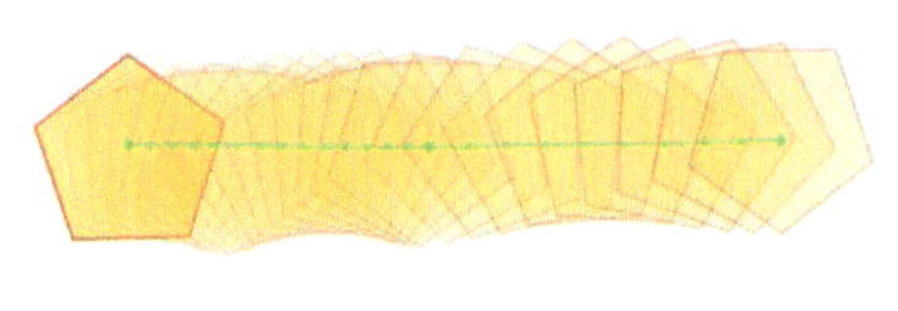

图 8-13　在【时间轴】面板中单击【绘图纸外观】按钮后的效果

## 8.5.2　创建补间形状动画

当要实现一个图形或文字变为另一个图形或文字的效果时，就需要用到补间形状动画。

先为一个关键帧中的对象设置其形状属性，然后在后续的关键帧中修改对象形状或重新绘制对象，最后在两个关键帧之间创建补间形状动画，这就是补间形状动画的创建过程。创建补间形状动画后，选中一帧后显示的【属性】面板如图 8-14 所示。

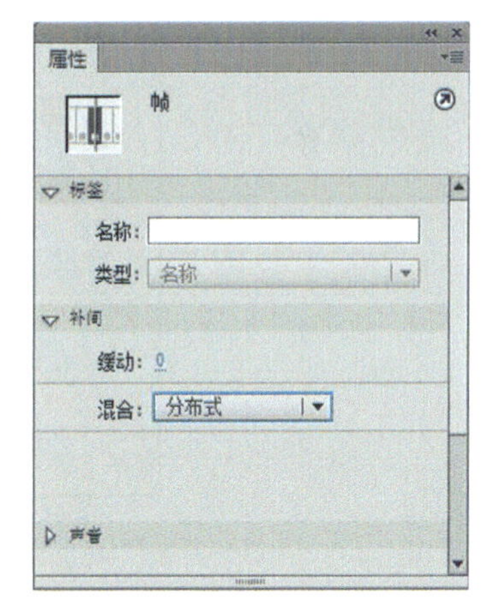


图 8-14　创建补间形状动画后帧对应的【属性】面板

补间形状动画的【属性】面板与补间动画的【属性】面板类似，各选项含义也相同，只是在补间形状动画的【属性】面板中出现了【混合】选项，此选项的下拉列表中包含两个选项：一是“分布式”，它能使中间帧的形状过渡得更加随意；二是“角形”，它能使中间帧的形状保持关键帧上图形的棱角，此模式只适用于有尖锐棱角的图形变换，否则 Flash 会自动将此模式变回为“分布式”模式。

在创建补间形状动画的时候，如果要控制复杂或罕见的形状变化，可使用形状提示。形状提示会标识起始形状和结束形状中相对应的点，可以用从 a ~ z 的字母进行标识，最多能使用 26 个形状提示。

下面以一个实例来说明如何创建补间形状动画和如何使用形状提示。

**创建补间形状动画的具体操作步骤如下。**

（1）新建一个 Flash 文档。选中【时间轴】面板图层 1 的第 1 帧，在舞台上绘制一个五角星，如图 8-15 所示。

（2）单击同一图层的第 20 帧，按 F7 键插入一个空白关键帧，在其中绘制一个八边形，并设置与五角星不同的颜色，如图 8-16 所示。

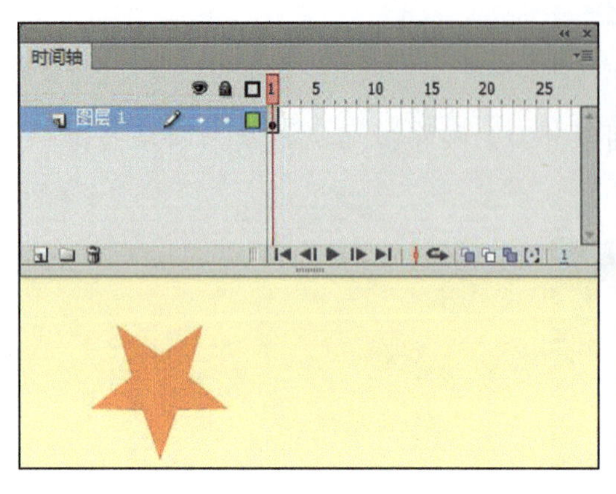

图 8-15　绘制五角星形

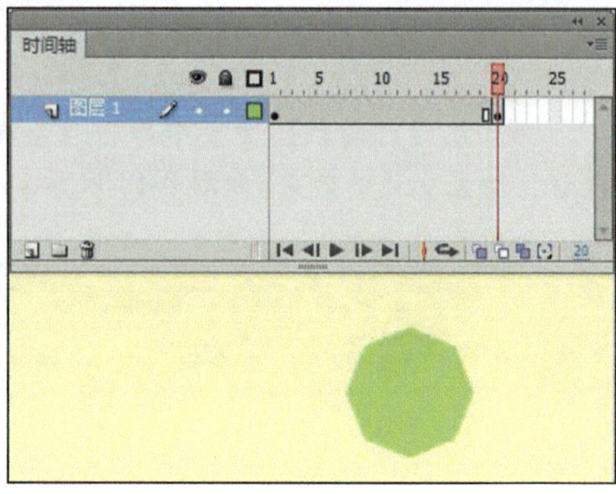

图 8-16　绘制八边形

（3）选择第 1 ~ 20 帧中的任意一帧，右击，在弹出的快捷菜单中选择【创建补间形状】命令，此时在两个帧之间出现一个浅绿色背景的长长的黑色箭头，说明已经创建了补间形状动画。在【时间轴】面板中单击【绘图纸外观】按钮，可以看到五角星逐步变化为八边形，如图 8-17 所示。

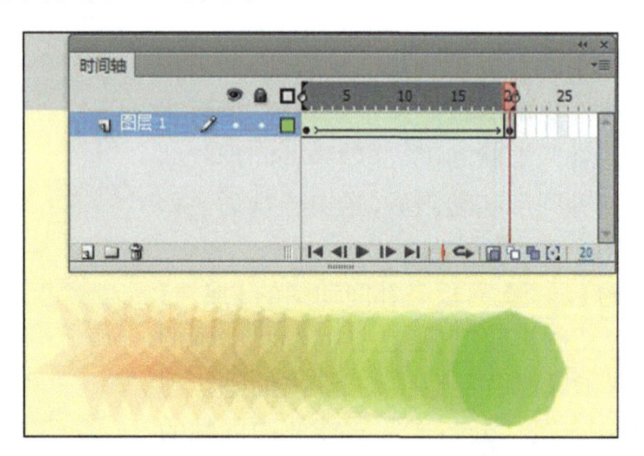

图 8-17　创建补间形状动画

**提示：**

补间形状动画创建成功后，其【时间轴】面板上两帧之间的背景是淡绿色，箭头是黑色的实线箭头。如果创建不成功，则箭头就变为虚线，这种情况一般出现在两帧中的实例被重新组合的状态。

（4）补间形状动画制作完毕，接下来添加形状提示。首先选中第 1 帧，选择【视图】→【显示形状提示】命令，再选择【修改】→【形状】→【添加形状提示】命令（或按 Ctrl+Shift+H 组合键），这时五角星形状的某处会出现带有字母 a 的红色圆圈形状提示，

用鼠标拖动形状提示 a 到要标记的点。

(5) 再次按 Ctrl+Shift+H 组合键，创建第 2 个形状提示 b，也将它拖到另外的要标记的点。按照同样的方法，创建一系列形状提示，并拖动到要标记的点，如图 8-18 所示。

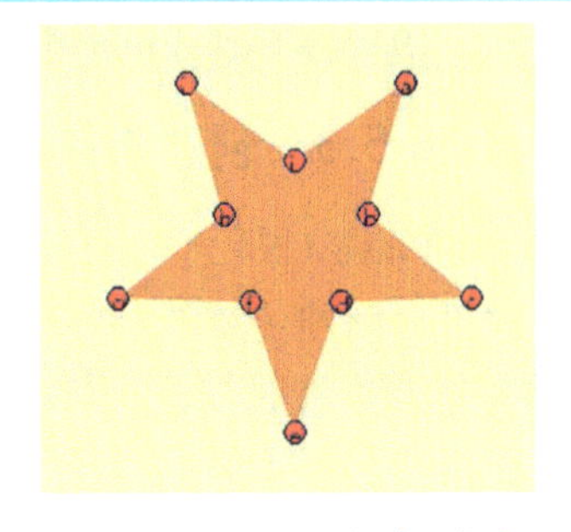

图 8-18　添加一系列形状提示并移动形状提示

(6) 选择第 20 帧，此时该帧已经有与第 1 帧一样数目的形状提示，但是提示有可能叠加在一起。可以按照第 1 帧中形状提示的对应位置顺序拖动形状提示内容到第 20 帧图形的对应位置，其效果如图 8-19 所示。

**提示：**

在两个关键帧中，形状提示的位置尽量保持一致，否则形状补间动画中的图形会扭曲。

另外，如果要删除形状提示，则在起始帧的任何一个形状提示上右击，会弹出一个快捷菜单，如图 8-20 所示，从中选择要执行的删除命令即可。

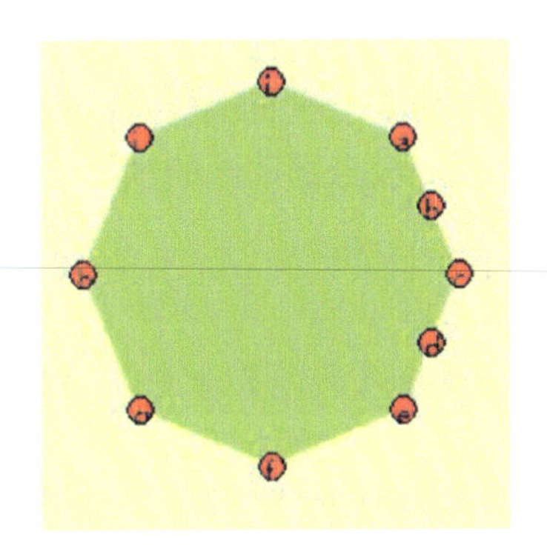

图 8-19　移动对应的形状提示

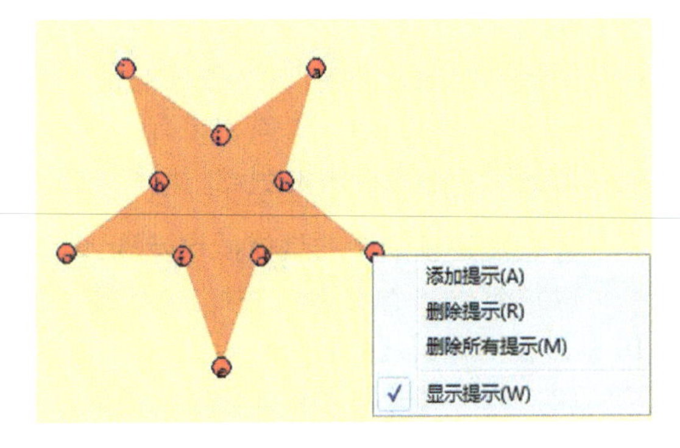


图 8-20　删除形状提示

(7) 添加了形状提示和没有添加形状提示，图形的变化效果是不一样的，没有添加形状提示的第 10 帧和添加了形状提的第 10 帧形状补间变化情况的比较如图 8-21 所示。

(a) 没有形状提示

(b) 添加了形状提示

图 8-21　形状提示对图形的影响

(8) 选择【视图】→【显示形状提示】命令，取消选中该命令，将隐藏所添加的形状提示。

(9) 按 Ctrl+Enter 组合键测试动画。

### 8.5.3 创建传统补间动画

Flash CS4 之前的版本创建的补间动画都称为传统补间动画，在 Flash CS6 中，同样可以创建传统的补间动画。当需要在动画中展示移动位置、改变大小、旋转图形、改变色彩效果时，就可以使用传统补间动画。在制作传统补间动画时，在第一个关键帧中创建形状或者文本，然后在最后一个关键帧中对形状或者文本进行改变，中间的变化过程即可自动形成。

要创建传统补间动画，在两个关键帧之间的任意帧上右击，在弹出的快捷菜单中选择【创建传统补间】命令即可。

## 8.6 逐帧动画

利用逐帧动画可以较细致地做出任意动画效果，但每个帧中的内容都要逐个编辑，耗时耗力。其优点是变化多样，可以制作出多种特定的效果。

要创建逐帧动画，需要将每一帧都定义为关键帧，一般是在前、后两帧中创建一个内容完全相同的关键帧，再对各帧舞台中的内容按照动画发展的要求进行编辑、修改，使之与相邻帧中的同一对象相比有一点变化。如此重复，直到完成全部动画的帧。

下面以一个实例来说明逐帧动画的制作方法。

**创建逐帧动画的具体操作步骤如下。**

(1) 新建一个 Flash 文档。选择【文件】→【导入】→【导入到库】命令，导入 10 张黑猫图片到【库】面板中。

(2) 选中【时间轴】面板图层 1 的第 1 帧，按 Ctrl+L 组合键打开【库】面板，将第一个要显示的图片拖放到场景中，如图 8-22 所示。

(3) 单击第 2 帧，按 F6 键插入一个关键帧。将第 1 帧的图片删除，将第 2 张图片拖放到相同的位置，如图 8-23 所示。单击第 3 帧，按 F6 键插入一个关键帧，将第 3 张图片拖放到相同的位置。依次类推，直到最后一张图片拖入完毕，如图 8-24 所示。

(4) 实例制作完毕，按 Ctrl+Enter 组合键测试动画。

图 8-22 第 1 帧中的黑猫

图 8-23 第 2 帧中的黑猫

图 8-24 将所有黑猫拖入

## 8.7 动画预设

利用动画预设，只需要执行几个简单步骤，即可完成令人耳目一新的动画效果，如3D螺旋、从顶部飞入、烟雾。在Flash中，可以对文本、图形（包括形状、组件以及图形元件）、位图图像、按钮元件应用动画预设。

**注意：**

当对影片剪辑应用动画预设时，Flash会把特效嵌套在影片剪辑中。

为对象添加动画预设的操作步骤是在一帧中选中某个对象，选择【窗口】→【动画预设】命令，打开【动画预设】面板，可以从【默认预设】列表中选择一个项目，然后单击【应用】按钮即可，见图8-25。

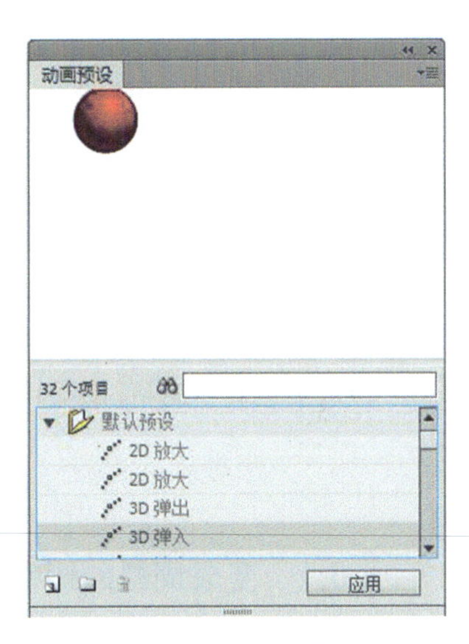


图 8-25 【动画预设】面板

下面以一个小实例来说明用【动画预设】面板创建动画的方法。

**应用【动画预设】面板创建动画的具体操作步骤如下。**

(1) 新建一个Flash文档。用绘图工具在舞台中绘制一个圆形，并将其转换为图形元件，如图8-26所示。

(2) 选中舞台中的圆形，选择【窗口】→【动画预设】命令，打开【动画预设】面板，从【默认预设】列表中选择“大幅度跳跃”，然后单击【应用】按钮，可以看到圆形的运动轨迹，如图8-27所示。同时可以在【时间轴】面板中看到该动画有75帧。

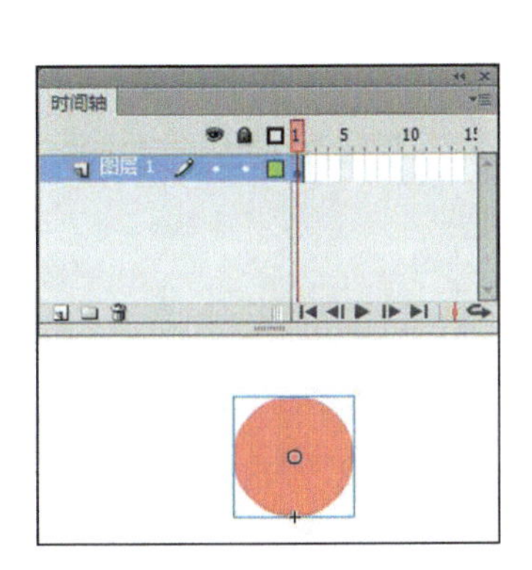


图 8-26 绘制圆形并转换为图形元件

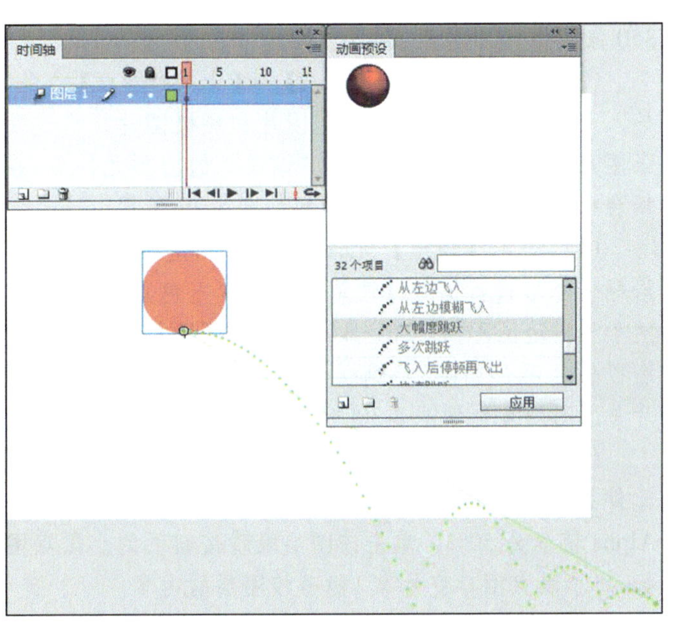


图 8-27 给圆形添加“大幅度跳跃”动画预设效果

（3）默认设置的运动轨迹到了舞台以外。如果希望圆形的运动都在舞台中，可以调整运动轨迹。用鼠标选中运动轨迹的终点，然后将其拖动到舞台中，则所有动画将显示在舞台中，如图 8-28 所示。最后可以继续调整第 1 帧中运动轨迹的位置。

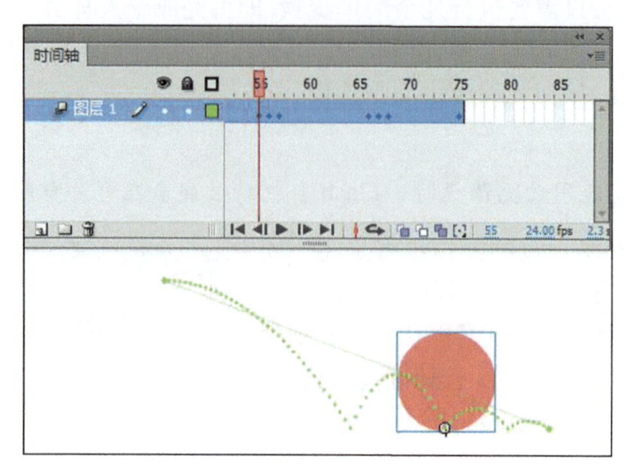


图 8-28　应用了动画预设的【时间轴】面板

（4）实例制作完毕，按 Ctrl+Enter 组合键测试动画。

## 8.8　上 机 实 战

### 8.8.1　变成蝴蝶的蝴蝶结

通过制作这个实例，来巩固补间形状动画的知识。

**制作变成蝴蝶的蝴蝶结的具体操作步骤如下。**

（1）新建一个 Flash 动画文件，将文档尺寸设置为 350 像素 × 400 像素，背景色设为白色，帧频为 12。

（2）选择【文件】→【导入】→【导入到舞台】命令，导入两张图片，分别是玫瑰花图片和蝴蝶图片。将这两张图片转换为名为“花”和“蝴蝶”的图形元件后，在舞台中将其删除，其【库】面板如图 8-29 所示。

图 8-29　导入图片并转换为元件后的【库】面板

（3）进入【蝴蝶】元件的编辑区，选择钢笔工具，沿蝴蝶外形进行描边（注意不要有填充色）。选择蝴蝶图形和描边图形，按 Ctrl+B 组合键将图形打散。再将蝴蝶以外的图形删除，将蝴蝶从图片中抠出来，抠出的图片与原图的差别如图 8-30 所示。

（4）回到场景中，单击图层 1 的第 1 帧，将“花”元件拖入其中，调整到与舞台大小一致，并将其颜色的 Alpha 值设为 50%。单击该图层眼睛按钮下的小黑点图标，将小黑点图标变为 ✕，隐藏该图层的内容。

（5）单击【新建图层】按钮，新建图层 2，在该图层的第 1 帧中用绘图工具绘制如图 8-31 所示的图形。

图 8-30　抠出蝴蝶的效果

图 8-31　绘制图形

(6) 单击第 15 帧，按 F7 键插入一个空白关键帧，并在其中绘制一个粉色蝴蝶结，如图 8-32 所示。

(7) 选中第 1 ~ 15 帧中的任意一帧，右击，从快捷菜单中选择【创建补间形状】命令，创建补间形状动画，效果如图 8-33 所示。

图 8-32　绘制蝴蝶结

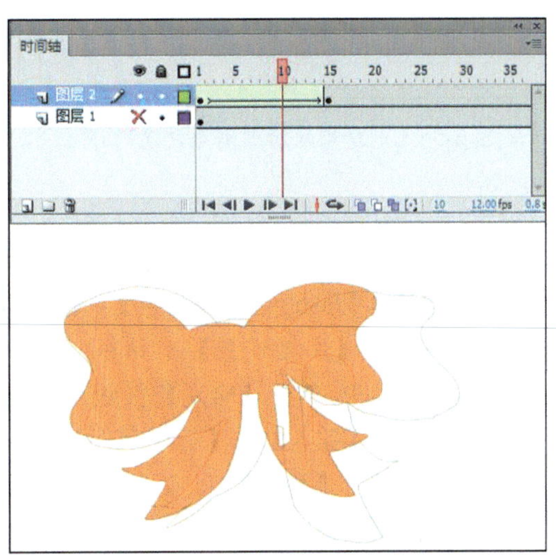


图 8-33　创建补间形状动画

(8) 单击第 30 帧，按 F7 键插入一个空白关键帧。打开【库】面板，将【蝴蝶】元件拖入舞台，调整好大小后，按 Ctrl+B 组合键将其打散。选中第 15 ~ 30 帧的任意一帧，创建补间形状动画，效果如图 8-34 所示。

(9) 单击图层 1 的 ✕，将其变为小黑点图标，使图层 1 正常显示。选中所有图层的第 45 帧，按 F5 键插入普通帧。

(10) 在【时间轴】面板中单击【编辑多个帧】按钮，将所有帧的内容都显示出来。再依次调整图层 2 的第 1 帧、第 15 帧和第 30 帧中图形的位置和大小，如图 8-35 所示。

(11) 实例制作完毕，按 Ctrl+Enter 组合键测试影片。

### 8.8.2　跳动的小球

通过制作跳动的小球实例来巩固传统补间动画的知识。

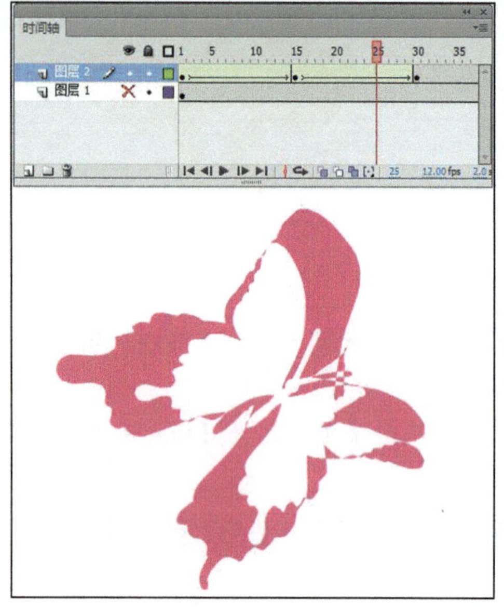

图 8-34　创建蝴蝶结到蝴蝶之间的补间形状动画

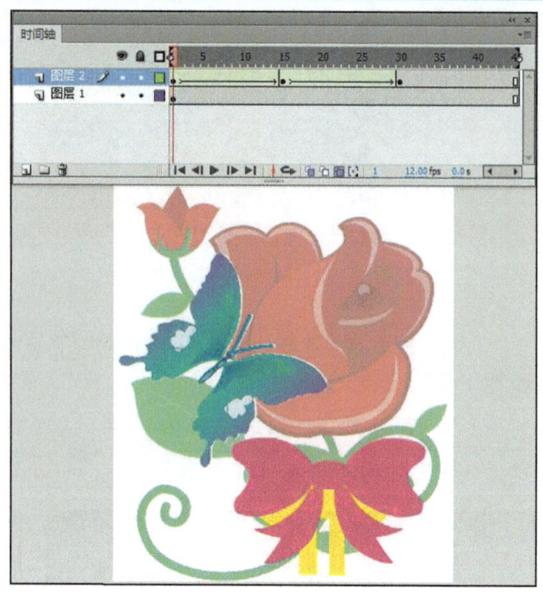


图 8-35　显示所有帧的内容并调整图形

**制作跳动的小球的具体操作步骤如下。**

(1) 启动 Flash，选择【文件】→【新建】命令，新建一个 Flash 文档。

(2) 打开【文档设置】对话框，设置场景大小为 400 像素 ×300 像素，背景色为白色，帧频为 50，单击【确定】按钮，回到场景。

(3) 选择【插入】→【新建元件】命令，弹出【创建新元件】对话框，创建一个【名称】为“小球”、【类型】为“图形”的新元件，设置完后单击【确定】按钮，如图 8-36 所示，完成对新元件的创建。

(4) 单击工具栏中的椭圆工具，按住 Shift 键在元件【小球】中绘制一个圆。

(5) 用选择工具选中绘制的小球，选择【窗口】→【颜色】命令，打开【颜色】面板，将线条颜色设置为无色，将填充颜色的【颜色类型】设为“径向渐变”。依次单击左右两个颜色滑块，分别将 R、G、B、Alpha 的值设为 255、81、0、100% 及 200、30、0、100%，这时小球的颜色如图 8-37 所示。

(6) 按照步骤 (3) 的操作方法新建一个【名称】为“投影”、【类型】为“图形”的新元件。

(7) 在【颜色】面板中将线性颜色设为无色，将填充颜色的【颜色类型】设为“径向渐变”。依次单击左右两个颜色滑块，分别将 R、G、B、Alpha 的值设为 80、80、80、100% 和 255、255、255、100%，即颜色是灰、白色的渐变。

(8) 为了使灰色部分更明显一点，在【颜色】面板底部的颜色滑条靠右侧 1/3 的位置单击，再添加一个颜色滑块，将 R、G、B、Alpha 的值设为 179、179、179、100%。

(9) 选择工具栏中的椭圆工具，在“投影”元件中绘制一个灰、白径向渐变的椭圆，并用渐变变形工具调整其形状，如图 8-38 所示。

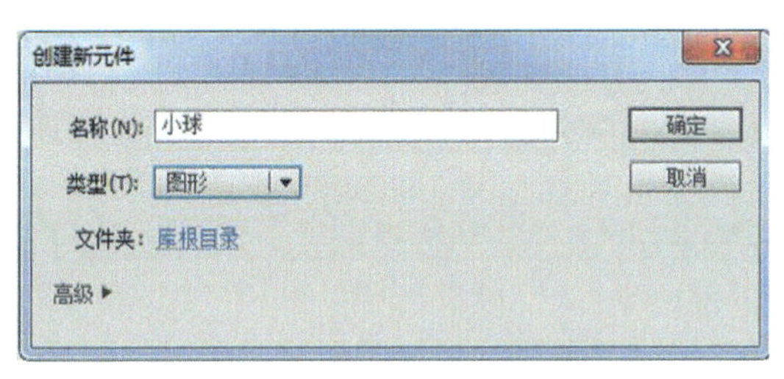

图 8-36 【创建新元件】对话框

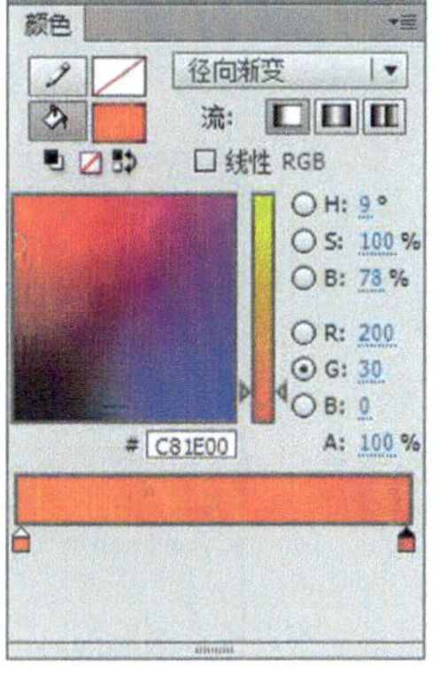

图 8-37 设置小球颜色

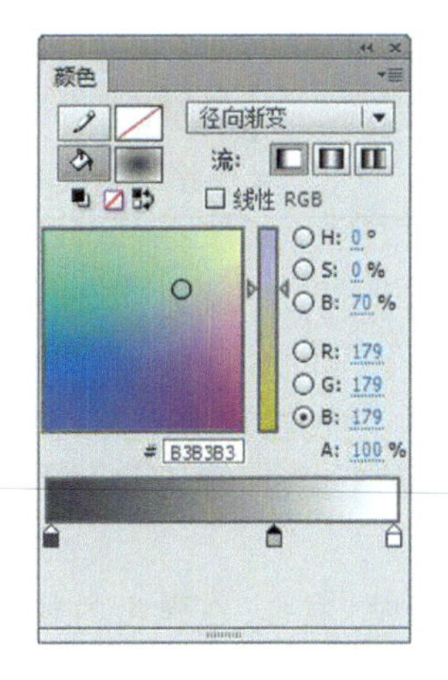


图 8-38 创建灰、白径向渐变的椭圆

(10) 单击【时间轴】面板中的【编辑场景】按钮，在下拉列表中选择场景 1，则回到场景 1，如图 8-39 所示。

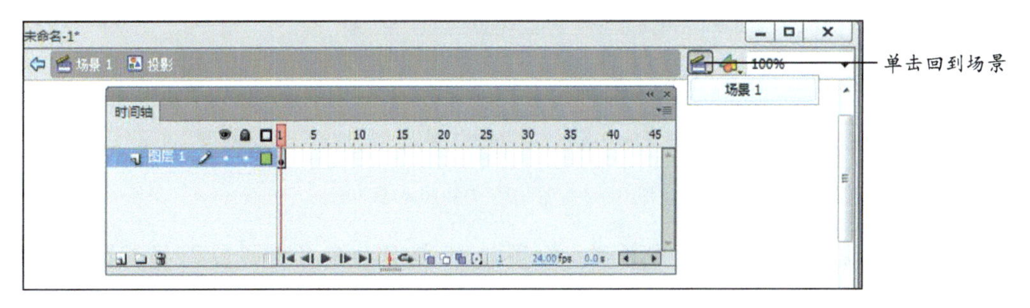


图 8-39 回到场景 1

(11) 选择【窗口】→【库】命令，打开【库】面板，将“小球”元件拖动到场景 1 中比较靠上的位置。

(12) 单击【时间轴】面板中图层 1 的第 15 帧，按 F6 键插入一个关键帧。然后按住 Shift 键，在该帧中将舞台上的小球垂直向下移动一段距离。

(13) 单击【时间轴】面板中图层 1 的第 16 帧，按 F6 键插入一个关键帧。再选择工具栏中的任意变形工具，然后调节控制点将小球压扁，如图 8-40 所示。

(14) 单击【时间轴】面板中的【绘图纸外观轮廓】按钮，将第16帧中压扁的小球与第15帧中的小球下边缘对齐，如图8-41所示。

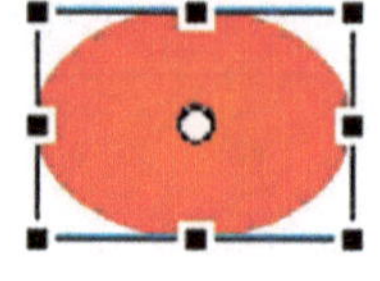

图 8-40　用任意变形工具压扁小球

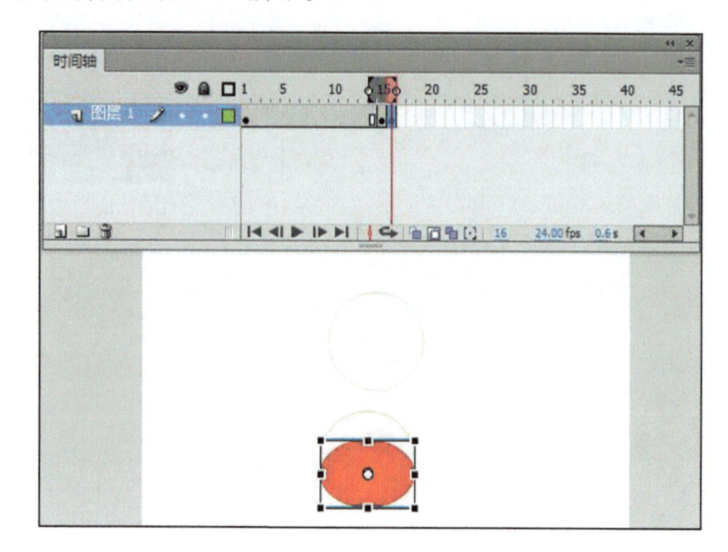


图 8-41　对齐小球的下边缘

(15) 右击【时间轴】面板中图层1的第1帧，在弹出的菜单中选择【复制帧】命令；再在该图层的第30帧右击，执行【粘贴帧】命令，这样即可将第1帧的内容粘贴到第30帧上。

(16) 分别选中第1～15帧中的任意一帧，右击，在弹出的快捷菜单中选择【创建传统补间】命令，创建传统补间动画。按照同样的方法，选中第16～30帧中的任意一帧，也创建传统补间动画，此时【时间轴】面板的显示如图8-42所示。

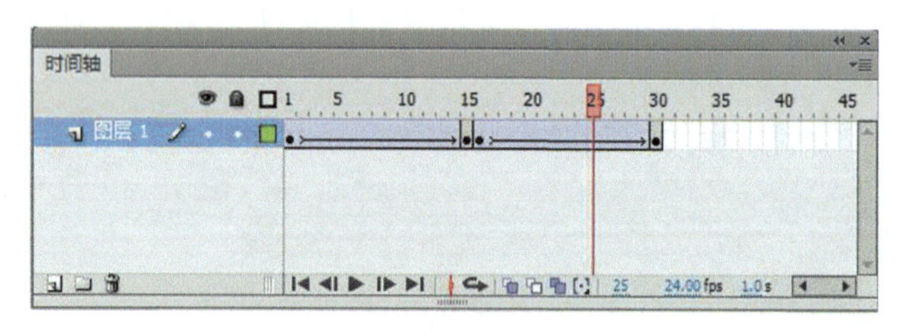


图 8-42　创建传统补间动画

(17) 在【时间轴】面板中新建一个图层，系统自动命名为图层2，将该图层拖到图层1下方。

(18) 将【库】面板中的“投影”元件拖至图层2中。打开【时间轴】面板，选择第15帧，单击【绘图纸外观轮廓】按钮，调节显示范围为第1～15帧。

(19) 将“投影”元件调整到位于“小球”元件的正下方。再选择任意变形工具，将“投影”缩小到一定范围，宽度跟小球基本一致，如图8-43所示。

(20) 单击【时间轴】面板中图层2的第15帧，按F6键插入一个关键帧。再单击该图层的第30帧，也按F6键插入一个关键帧。

(21) 选中第15帧的投影图形，单击任意变形工具，将其左右适当缩小一点。

(22) 分别选中第 1 ～ 15 帧中的任意一帧，然后创建传统补间动画。按照同样的方法，在第 16 ～ 30 帧中也创建传统补间动画，此时【时间轴】面板及场景的显示如图 8-44 所示。

(23) 按 Ctrl+Enter 组合键测试影片。

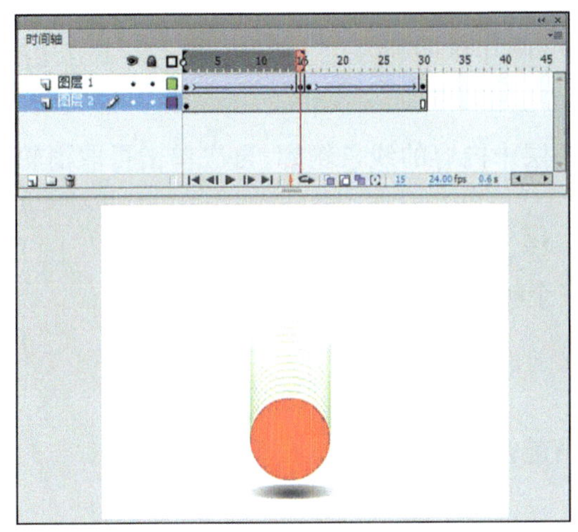

图 8-43　调整“投影”的位置及形状

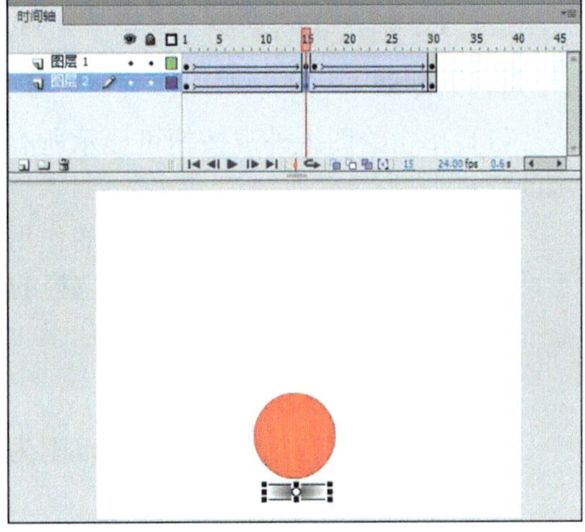

图 8-44　【时间轴】面板及场景的显示

## 8.9　习　　题

### 1. 填空题

(1) 每秒至少包含__________帧动画才比较流畅，帧数越多，画面越连贯。

(2) 单击__________按钮，使用绘图纸外观功能，可以在舞台上一次查看多个帧。

(3) 清除帧就是将帧中的内容去掉，其帧__________。

(4) 创建补间形状动画时，补间形状必须是__________的图形。

### 2. 选择题

(1) 能在显示所有图层和隐藏所有图层之间进行切换的按钮是（　　）。

A．锁定按钮　　　　B．线条轮廓按钮

C．眼睛按钮　　　　D．帧视图菜单按钮

(2) 单击可显示所有图层中内容的线条轮廓，再次单击可取消轮廓显示的按钮是（　　）。

A．绘图纸外观　　　　B．绘图纸外观轮廓

C．线条轮廓　　　　D．编辑多个帧

(3)（　　）用于显示同一层上前一个关键帧的内容，并直到下一个关键帧为止，起着过滤和延长内容显示的功能。

A．关键帧　　　　B．空白关键帧

C．普通帧　　　　D．关键帧和普通帧

（4）插入关键帧的快捷键和插入空白关键帧的快捷键分别是（　　）。

A．F7、F8　　B．F6、F7

C．F5、F7　　D．F5、F6

（5）补间帧中显示一个浅蓝色背景的黑色箭头的动画类型是（　　）。

A．逐帧动画　　B．传统补间动画

C．补间形状动画　　D．动画预设动画

**3．判断题**

（1）单击绘图纸外观按钮可显示所有图层中内容的线条轮廓，再次单击可取消轮廓的显示。（　　）

（2）清除帧命令与删除帧命令的作用一样。（　　）

（3）按住Ctrl键并依次单击要选择的多个帧，可以选择不连续的多个帧。（　　）

（4）插入空白帧的快捷键是F6。（　　）

**4．简答题**

（1）怎样快速选定绘图纸标记范围为当前帧和当前帧的左右5帧？

（2）插入帧的方法有几种？

（3）如何翻转动画？

（4）怎样添加形状标记？

# 第9章 Flash的多层动画

在 Flash 动画中往往会应用到多个图层，每个图层分别控制不同的动画效果。要创建复杂的 Flash 动画作品，就需要为一个动画创建多个图层，以便于在不同的图层中制作不同效果的动画，并通过多个图层的组合形成复杂的动画效果。

**本章要点：**

- 图层的类型。
- 图层的基本操作。
- 制作引导层动画。
- 制作遮罩层动画。
- 动画场景。

## 9.1 图层的类型

第 8 章中已经简单介绍过图层，本章对于图层区域就不再进行详细的介绍。为了更好地应用图层，本节将主要介绍图层的类型。

图层主要有 3 种类型，其具体显示效果如图 9-1 所示。

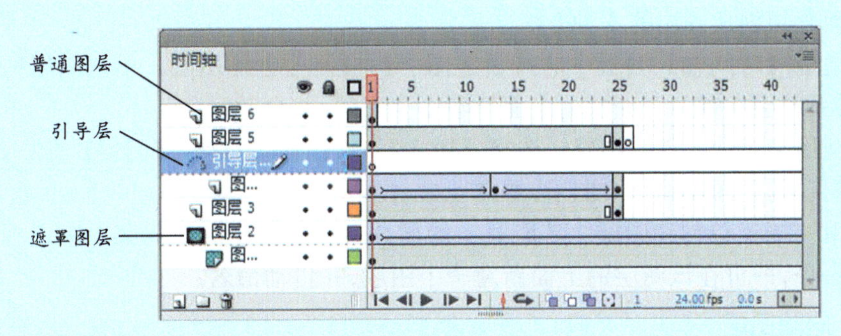


图 9-1 图层的类型

- 普通图层：普通图层的图标为 。启动 Flash 程序后，默认情况下只有一个普通图层，单击【新建图层】按钮 ，可以新建一个普通图层。
- 引导层：引导层就是对动画中的对象的运动路径进行引导的图层，用于引导其下面图层中的对象。引导层的图标为 。
- 遮罩图层：遮罩图层用于遮盖下面的被遮罩图层上的图形，它就好像将对象的一部分遮起来使之不可见，使对象只露出遮罩图层无法遮挡的部分，常用于制作探照灯等动画效果。遮罩图层图标为 ，被遮罩图层图标为 。

**注意：**

右键快捷菜单创建的引导层的图标为，如图 9-2 所示，这时的引导层用于放置提示性内容，这些内容只在编辑阶段可见，在播放动画时不会显示。

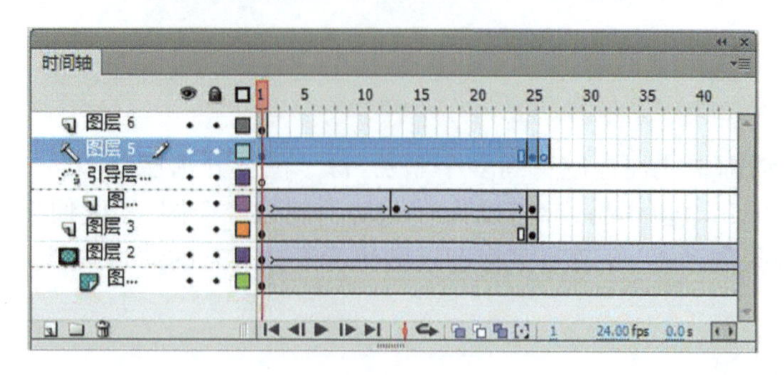


图 9-2　没有引导对象的引导层

## 9.2　图层的基本操作

通过对图层进行编辑，可对 Falsh 动画进行快速修改。图层的基本操作包括：创建图层、删除图层、选择图层、重命名图层、移动图层、隐藏或显示图层、锁定或解锁图层，以及设置图层属性。

### 9.2.1　创建和删除图层

**1．创建图层**

下面介绍创建图层的 3 种方法。

- 通过【时间轴】面板中的【新建图层】按钮创建图层：单击图层区底部的按钮，系统会在前一个图层的上面新建一个图层，并自动命名。
- 利用菜单命令创建图层：选择【插入】→【时间轴】→【图层】命令，即可在前一个图层的上面新建一个图层，并自动命名。
- 用快捷菜单创建图层：选取某一图层，右击，在弹出的快捷菜单中选择【插入图层】命令，即可在该图层的上面新建一个图层，并自动命名。

**2．删除图层**

当不需要图层上的内容时，就需要将图层删除，有以下 3 种方法可将其删除。

- 单击【时间轴】面板中的【删除】按钮，即可删除选中的图层。
- 选中需要删除的图层，右击，在弹出的快捷菜单中选择【删除图层】命令。
- 选中需要删除的图层，按住鼠标左键，拖动该图层到图标上，释放鼠标即可删除。

### 9.2.2　选取图层

在制作动画的过程中，通常需要对图层进行复制、移动和删除等操作，在操作之前，首先要对图层进行选取。选取图层时既可以选取单个图层，也可以同时选取多个图层。

### 1. 选取单个图层

选取单个图层的方法有以下 3 种。

- 在【时间轴】面板中单击需要编辑的图层。
- 单击【时间轴】面板中任意一帧，即可选中该帧所在的图层。
- 在场景中选取要编辑的对象，可选中该对象所在的图层。

### 2. 选取多个图层

选取多个图层有两种状况，即选取相邻图层和选取不相邻图层。

- 选取相邻图层：选中要选取的第一个图层，按住 Shift 键，单击要选取的最后一个图层，即可选取两个图层之间的所有图层，效果如图 9-3 所示。
- 选取不相邻图层：选中要选取的任意一个图层，按住 Ctrl 键，再依次单击其他需要选取的图层，如图 9-4 所示。

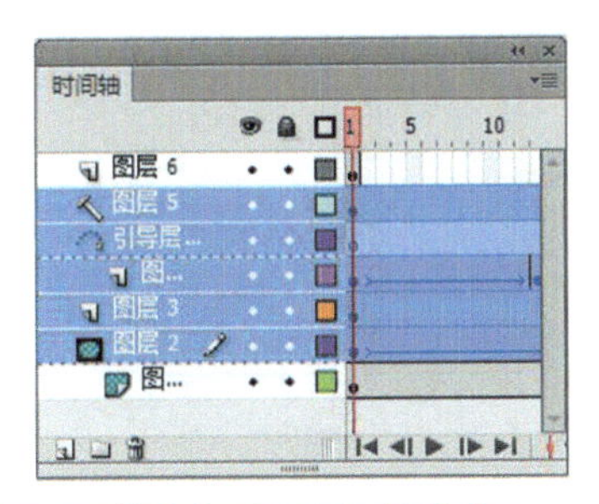


图 9-3 选取相邻图层

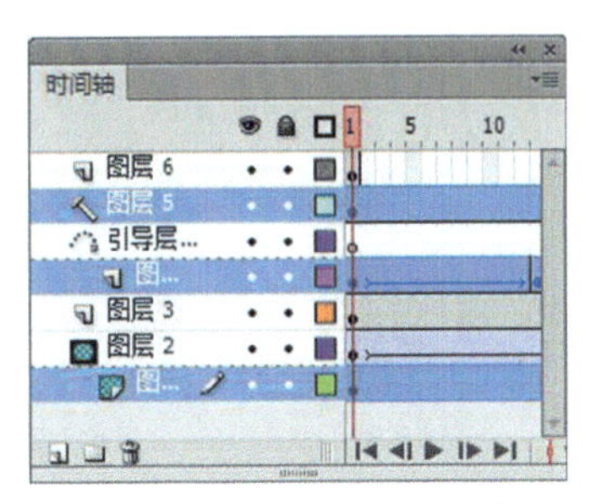


图 9-4 选取不相邻图层

## 9.2.3 重命名图层

Flash 在创建图层时会自动对其命名。为了要识别各层放置的内容，应为图层设置一个容易识别的名称，这就需要重命名图层。

重命名图层的方法有以下两种。

- 直接命名：在【时间轴】面板的图层区域中直接双击要重命名的图层，使其进入编辑状态，输入新的名称，然后单击其他图层或按 Enter 键确认即可，如图 9-5 所示。
- 在【图层属性】对话框中命名：在需要重新命名的图层上双击图标，弹出【图层属性】对话框，在【名称】栏中输入新的名称，单击【确定】按钮，如图 9-6 所示。

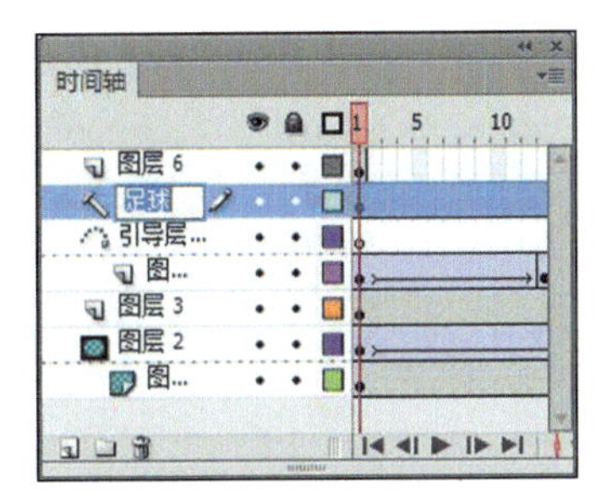


图 9-5 直接命名图层

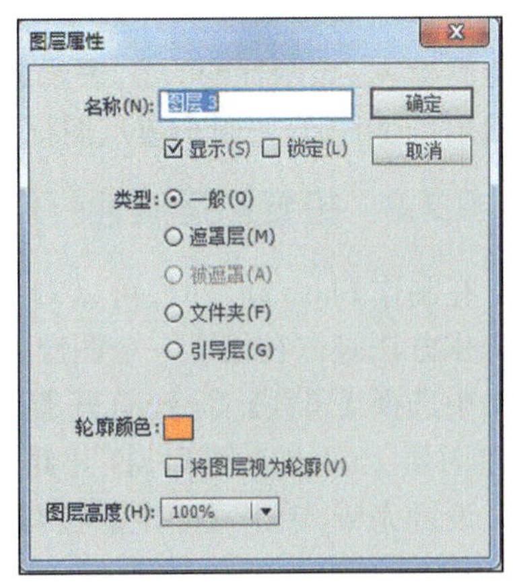


图 9-6 在【图层属性】对话框中命名图层

**提示：**

在【图层属性】对话框中，在【名称】栏中可修改图层的名称，用【显示】和【锁定】选项能设置图层的显示或锁定效果，【类型】选项区的选项可以定义图层的类别，在【轮廓颜色】选项中可以设定该图层中线框的颜色，在【图层高度】下拉列表中可以选择不同的值以调整图层的高度。

### 9.2.4 移动图层

移动图层就是对图层的顺序进行调整，以改变场景中各对象的叠放次序。移动图层的具体操作方法是：选取要移动的图层，按住鼠标左键向上或向下拖动，图层会加上灰色底纹，当加有灰色底纹图层到达需要放置图层的位置时释放鼠标即可，如图 9-7 所示。

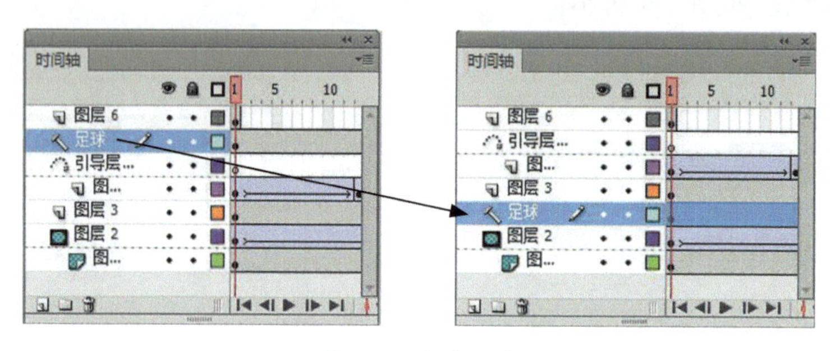

图 9-7 移动图层

### 9.2.5 隐藏与显示、锁定与解锁图层

#### 1. 隐藏与显示图层

隐藏与显示图层的方法是：单击图层区眼睛图标下方的小黑点图标，当该图标变为时，表示已经隐藏图层，此时不能对图层进行编辑；单击图标，该图标又变为小黑点图标，则会显示图层。

#### 2. 锁定与解锁图层

锁定与解锁图层的方法是：单击图标下方的小黑点图标，该图标变为，表示该图层处于锁定状态；再次单击图标，变回小黑点图标，表示锁定解除。

### 9.2.6 设置图层属性

在制作 Flash 动画时，可以对图层的属性进行设置，其操作方法是：在任意一个图层上右击，在弹出的快捷菜单中选择【属性】命令，打开【图层属性】对话框（也可在图层上双击图标，打开此对话框），如图 9-8 所示。设置完毕，单击【确定】按钮即可。

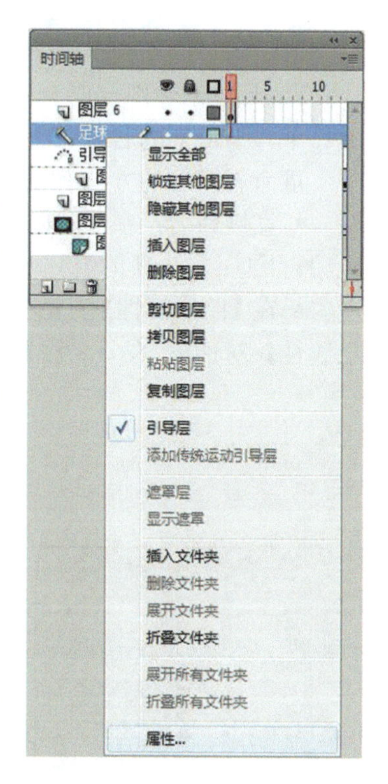


图 9-8 选择【属性】命令

## 9.3 制作引导层动画

### 1. 什么是引导层

要制作引导层动画,必须先创建引导层。引导层是一种特殊的图层,在这个图层中绘制一条线段作为路径,可以让被引导层中的对象沿着此路径运动,以制作出沿路径运动的动画。引导层中的对象只作为运动的参考线,而不会出现在动画的播放界面中。

### 2. 创建引导层

创建引导层的方法是:在要创建引导层的图层上右击,从弹出的快捷菜单中选择【添加传统运动引导层】命令,如图 9-9 所示,即可在该图层上方创建一个与其链接的引导层,该图层变为被引导层,如图 9-10 所示。

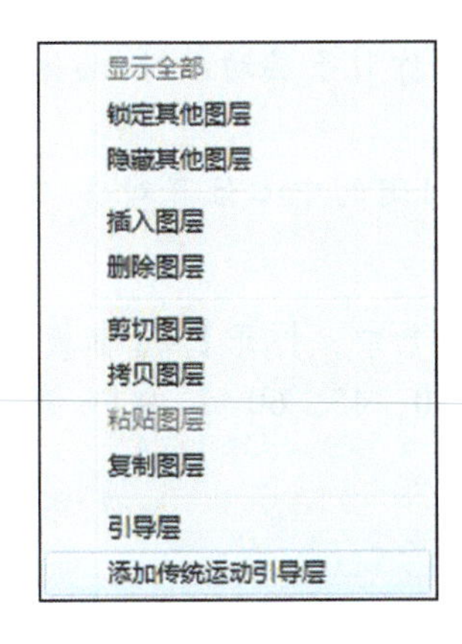


图 9-9 选择【添加传统运动引导层】命令

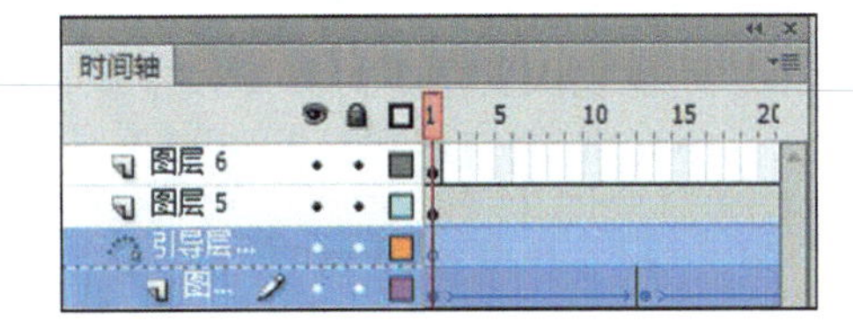


图 9-10 创建引导层

### 3. 制作引导层动画的具体方法

制作引导层动画的具体方法是:首先在当前图层上方新建一个引导层;其次在引导层中绘制对象运动的路径;再次在被引导层中绘制或导入运动对象,并吸附在引导线上;最后在引导层中插入普通帧以延长时间,在被引导层中创建运动补间动画,将起始帧和结束帧的运动对象吸附到引导线的两端即可。下面通过实例来具体演示制作引导层动画的方法。

**制作引导层动画的具体操作步骤如下。**

(1) 新建一个 Flash 文档。选择【修改】→【文档】命令,打开【文档设置】对话框,将场景尺寸设置为 400 像素 ×300 像素,背景色设为黑色,帧频为 12,如图 9-11 所示。

(2) 选择【插入】→【新建元件】命令,创建一个名为“球体”的图形元件。然后进入元件编辑区,在舞台中绘制一个没有线框的白到灰(R、G、B、Alpha 分别设置为 51、51、51、100%)的径向渐变球体,在【属性】面板中设置其宽、高均为 40,并将其中心点对齐十字图标,颜色参数设置及绘制效果如图 9-12 所示。

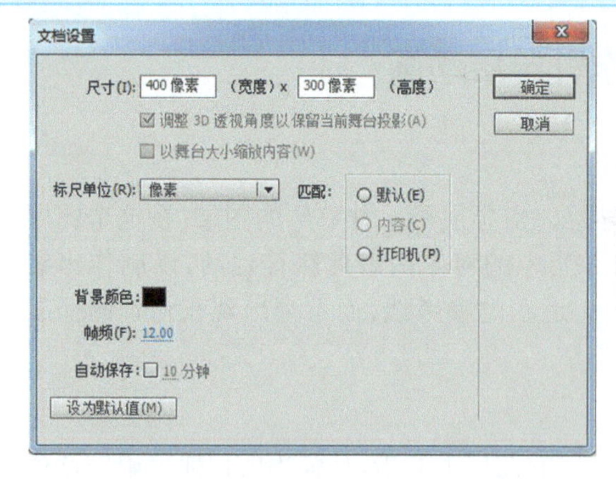


图 9-11 【文档设置】对话框

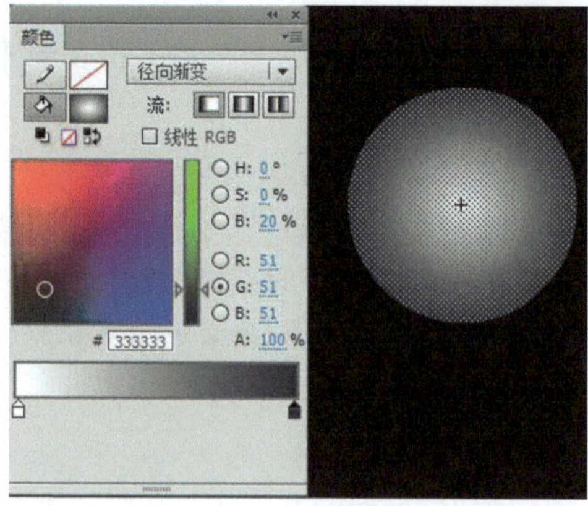


图 9-12 创建球体元件

### 提示：

调整元件中心点在制作动画时非常重要，尤其是制作引导层动画时，物体的中心点必须与运动轨迹重合，物体才能沿着轨迹运动。

调整中心点的方法是：编辑元件时，将对象的带圆圈的中心位置对齐“十”字标记。

(3) 单击【时间轴】面板上方的场景 1按钮，回到场景中。打开【库】面板，将“球体”元件拖入图层 1 的第 1 帧中。再依次单击第 15、30、45、60 帧，按 F6 键分别插入一个关键帧，【时间轴】面板如图 9-13 所示。

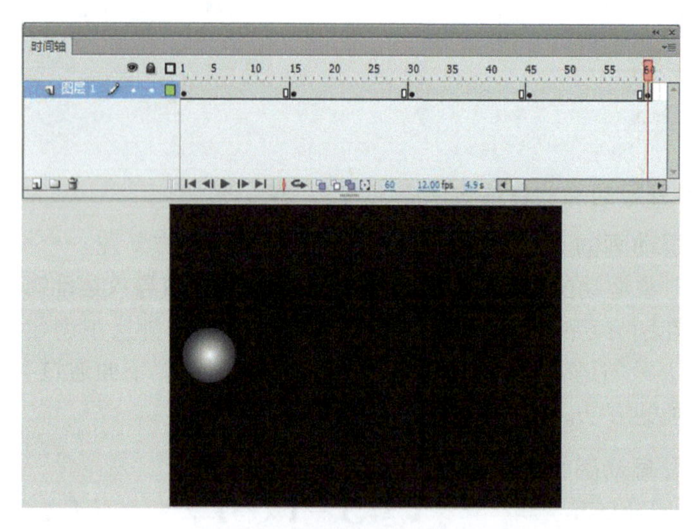


图 9-13 【时间轴】面板效果

(4) 选中图层 1，右击，从弹出的快捷菜单中选择【添加传统运动引导层】命令，添加引导层，此时【时间轴】面板如图 9-14 所示。

(5) 选中引导层的第 1 帧，在舞台上用椭圆工具绘制一个没有填充的白色椭圆线圈。选择橡皮擦工具，将橡皮擦形状设为最小，在椭圆线圈中的最左边擦出一个小缺口，效果如图 9-15 所示。

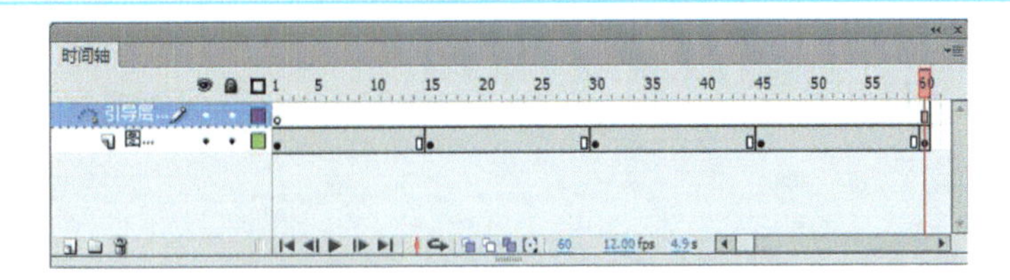

图 9-14　添加引导层后的【时间轴】面板

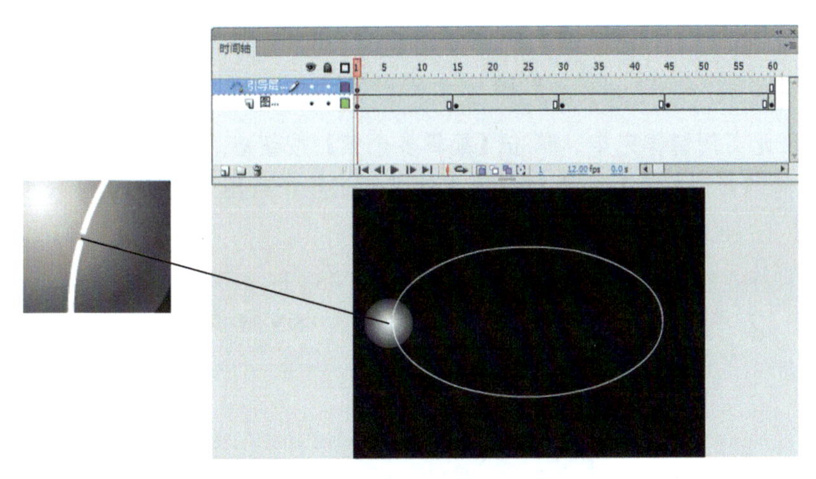

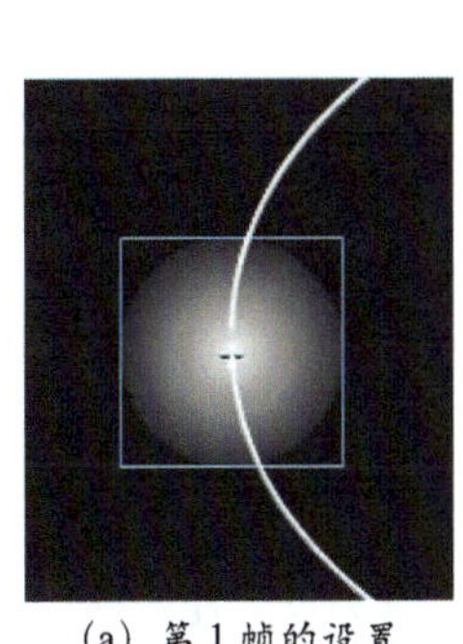

图 9-15　绘制引导层

(6) 选中图层 1 中的第 1 帧,将舞台中元件实例的宽、高都设置为 40,并放置在椭圆线圈最左边缺口下的位置;选中图层 1 的第 15 帧,将元件实例的宽、高设置为 55,并放置在椭圆线圈的最下端位置;选中图层 1 中的第 30 帧,将其元件实例的宽、高设置为 40,并放置在椭圆线圈的最右边位置;选中图层 1 中的第 45 帧,将其元件实例的宽、高设置为 28,并放置在椭圆线圈的最上边位置;选中图层 1 中的第 60 帧,将其元件实例的宽、高设置为 40,并放置在椭圆线圈的最左边缺口上面的位置。注意,所有这些实例的中心点都必须和椭圆线框的线条对齐。

(7) 单击【编辑多个帧】按钮,选择【修改标记】下拉列表中的“标记整个范围”选项,显示所有关键帧中的元件实例,效果如图 9-16 所示。

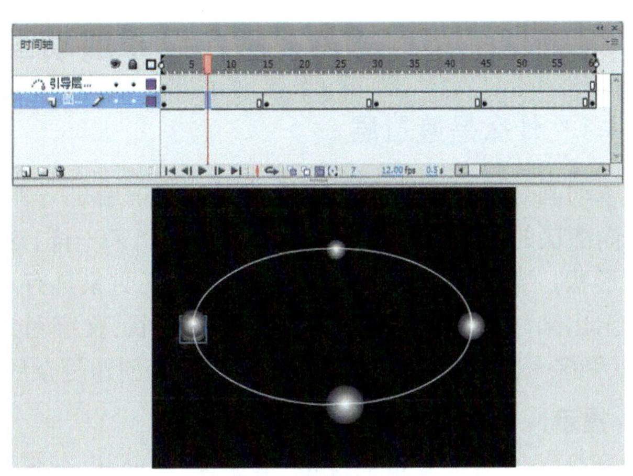

(a) 第 1 帧的设置　　(b) 所有帧的设置

图 9-16　设置元件实例的位置

(8) 分别在第1～15帧、第16～30帧、第31～45帧、第45～60帧创建传统补间动画，如图9-17所示。

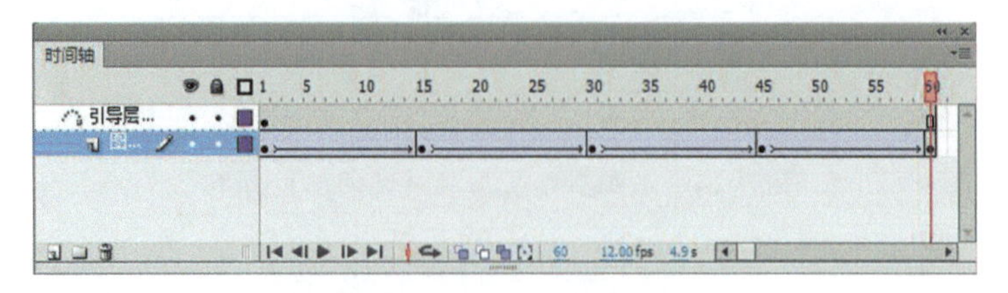

图 9-17　创建传统补间动画

(9) 至此实例制作完毕。单击【编辑多个帧】按钮，再单击【绘图纸外观轮廓】按钮，选择【修改标记】下拉列表中的“标记整个范围”选项，显示效果如图9-18所示。

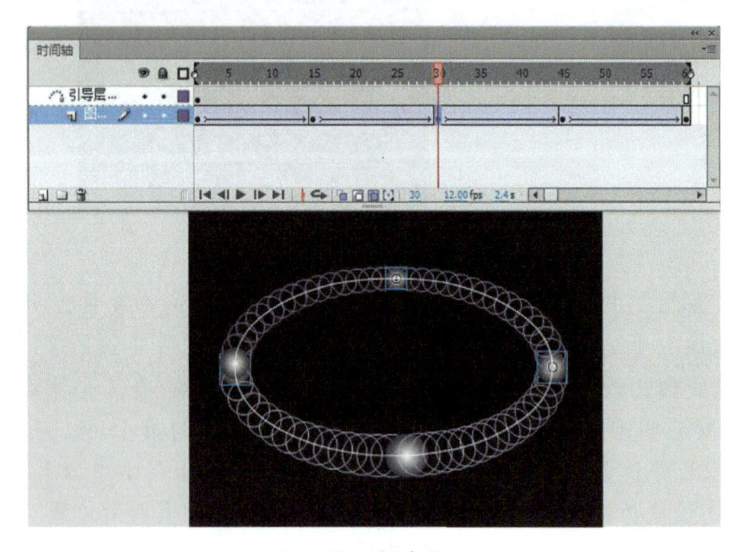

图 9-18　制作效果

(10) 按Ctrl+Enter组合键测试动画。

## 9.4　制作遮罩层动画

### 9.4.1　什么是遮罩层

遮罩动画是通过遮罩层创建的动画。遮罩层是一种特殊的层，使用遮罩层后，遮罩层下面图层的内容就像透过一个窗口显示出来一样，这个窗口的形状就是遮罩层中内容的形状。当在遮罩层中绘制对象时，这些对象具有透明效果，可以把图形位置的背景显示出来。遮罩的内容可以是填充的形状、文字对象、图形元件的实例或影片剪辑，可以将多个图层组织在一个遮罩层之下来创建复杂的效果。

**提示：**

Flash会忽略遮罩层中的位图、渐变色、透明度、颜色和线条样式，在遮罩层的任何填充区域都是透明的，而任何非填充区域都是不透明的。

### 9.4.2 创建遮罩层

创建遮罩层的方法可分为两种：利用【图层属性】对话框创建遮罩层，以及在快捷菜单中创建遮罩层。

#### 1. 利用【图层属性】对话框创建遮罩层

选中包含遮罩对象的图层，在该图层的图标上双击，或者从右键快捷菜单中选择【属性】命令，打开【图层属性】对话框，在【类型】选项区中选择【遮罩层】单选按钮，单击【确定】按钮；再选中被遮罩的图层，打开该图层的【图层属性】对话框，在【类型】选项区选择【被遮罩】单选按钮，单击【确定】按钮，如图9-19所示。

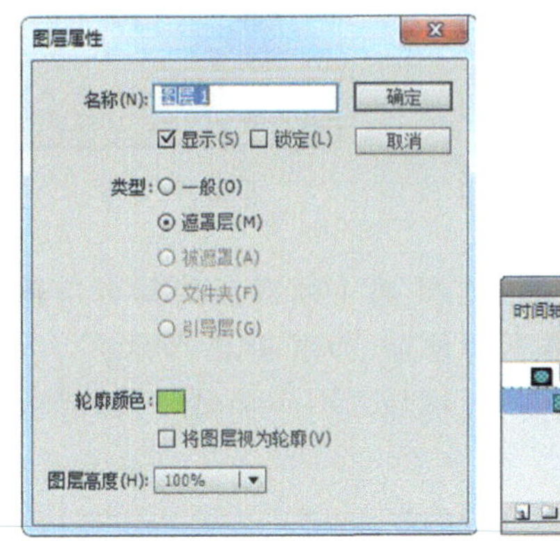


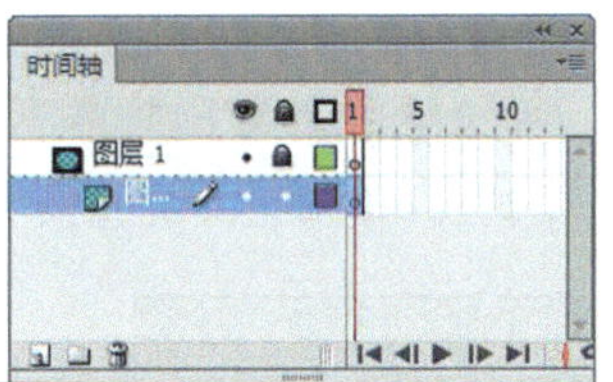


图 9-19 创建遮罩层

#### 2. 在菜单中创建遮罩层

在包含遮罩对象的图层上右击，在弹出的快捷菜单中选择【遮罩层】命令，如图9-20所示，则在创建遮罩层的同时，下面的图层自动变为被遮罩层。这种方法创建遮罩层比较简单。

**提示：**

*多层遮罩动画是指一个遮罩层同时遮罩多个被遮罩层的动画。通常在制作遮罩动画时，系统只默认遮罩层下的一个图层为被遮罩层。如果要使遮罩层遮罩多个图层，可通过将需要被遮罩的图层拖动到遮罩层下面，或者在【图层属性】对话框中更改图层属性添加需要被遮罩的图层，从而建立多层遮罩，如图9-21所示。*

取消遮罩图层与被遮罩图层的遮罩与被遮罩关系的具体操作方法是：选取要断开链接关系的图层，双击该图层上的图标，打开【图层属性】对话框，在【类型】选项中选择【一般】单选按钮，再单击【确定】按钮。

### 9.4.3 制作遮罩层动画的方法

下面以一个具体实例来说明遮罩动画的制作方法。

**制作遮罩层动画的具体操作步骤如下。**

(1) 新建一个Flash文档，将场景尺寸设置为500像素×400像素，背景色设为白色，帧频为12。

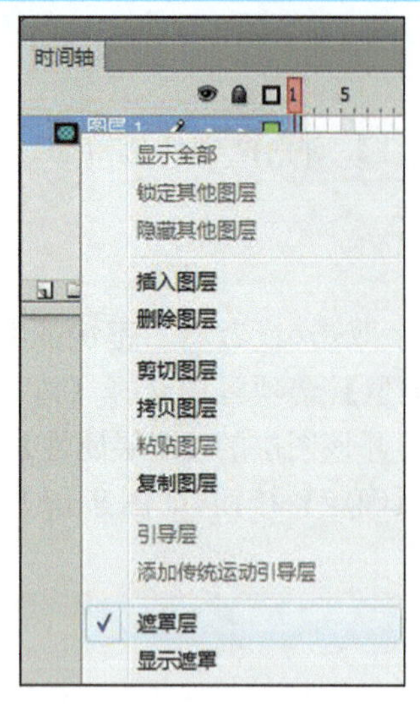


图 9-20　通过快捷菜单创建遮罩层

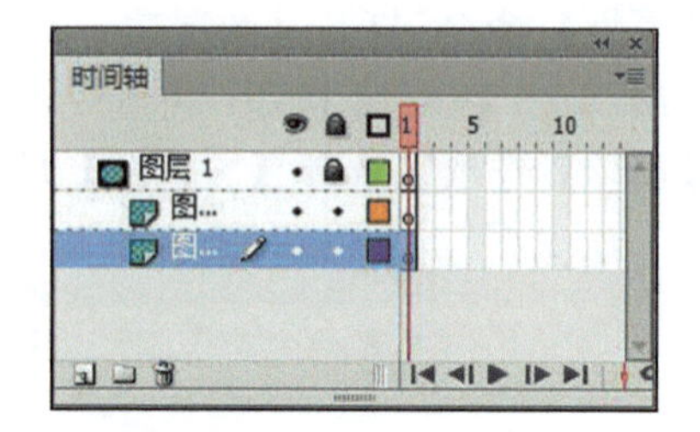


图 9-21　建立多层遮罩

(2) 选择工具箱中的文本工具，在图层 1 第 1 帧对应的舞台中输入一段文本，作为被遮罩的对象，并放置在舞台比较靠下的位置，如图 9-22 所示。

(3) 在图层 1 的第 40 帧上单击，按 F6 键插入一个关键帧，如图 9-23 所示。

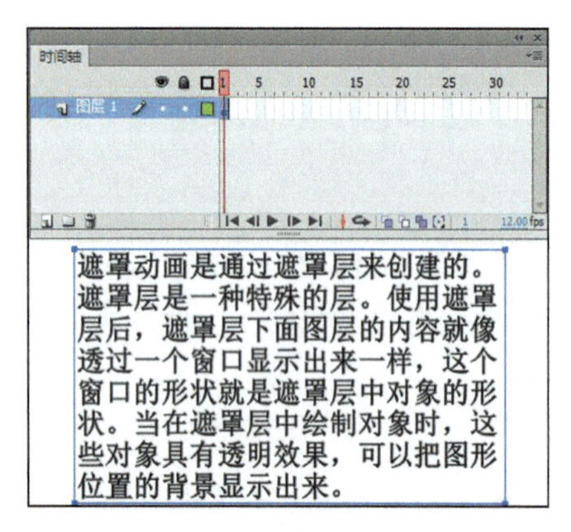


图 9-22　创建文本块作为被遮罩对象

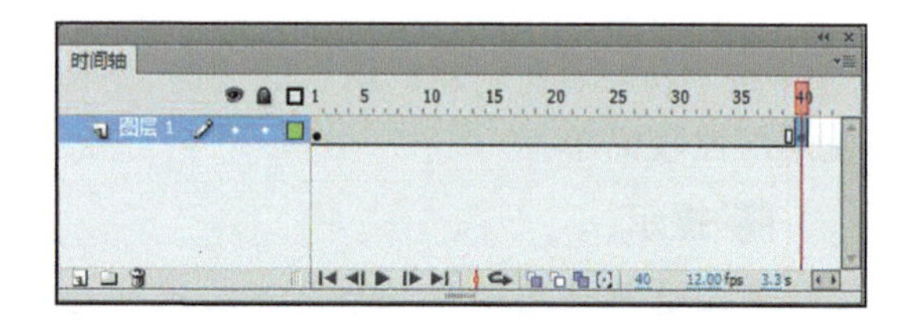


图 9-23　在第 40 帧中插入关键帧

(4) 单击【时间轴】面板底部的【新建图层】按钮，创建一个图层 2，如图 9-24 所示。选中图层 2 的第 1 帧，在舞台中绘制一个矩形，颜色任意，宽、高分别为 490、160，放在舞台中间的位置，如图 9-25 所示。

(5) 选中图层 1 的第 1 帧，将文本移至矩形的下面；选中图层 1 的第 40 帧，将文本移至矩形框的上面，并使这两个帧中的文本对齐，如图 9-26 所示（为了方便观看，打开了【绘图纸外观】按钮，同时在【修改标记】下拉列表框中选择"标记整个范围"选项）。

(6) 在图层 1 的第 1 ～ 40 帧中创建传统补间动画，如图 9-27 所示。

(7) 在图层 2 上右击，从弹出的快捷菜单中选择【遮罩层】命令，将该图层转换成遮罩层，则图层 1 自动转换为被遮罩层，效果如图 9-28 所示。

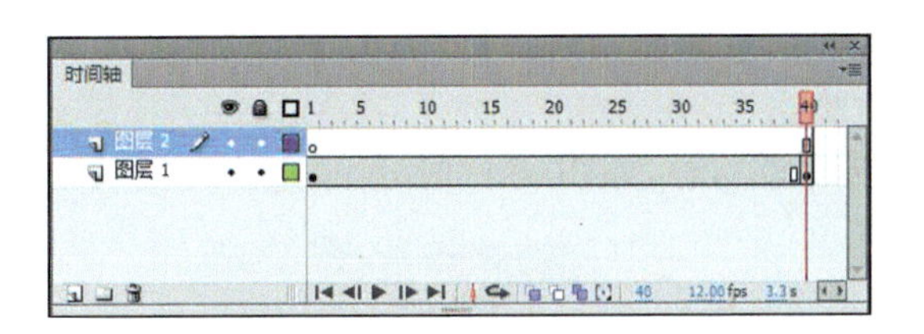


图 9-24　创建新图层

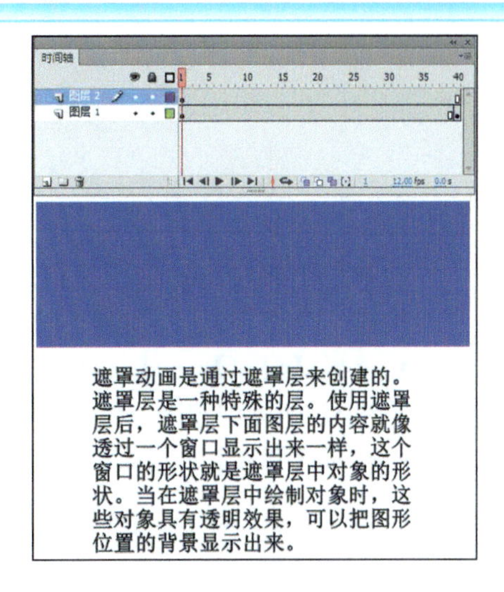


图 9-25　绘制矩形

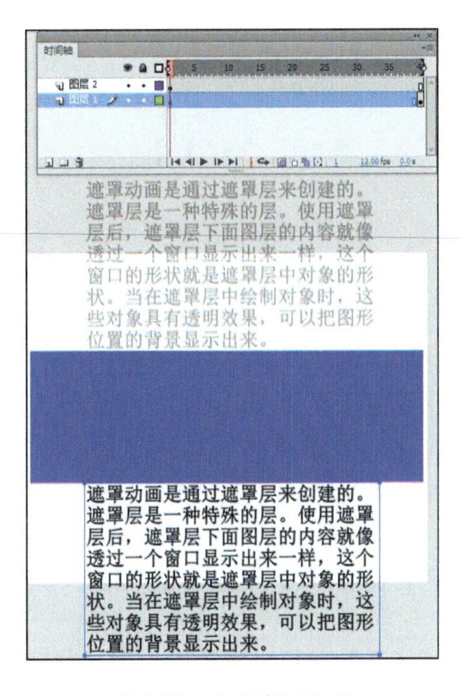


图 9-26　设置实例位置

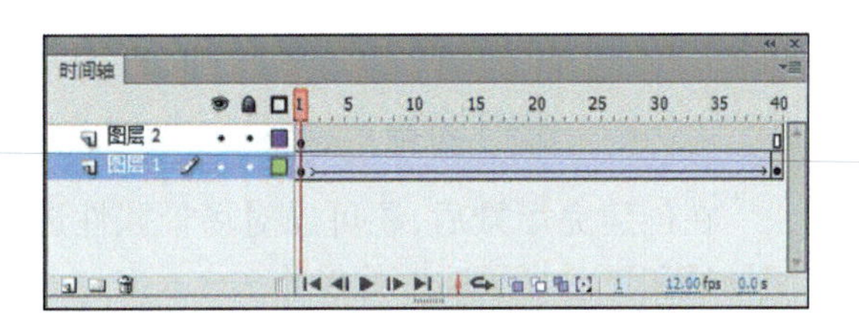


图 9-27　创建传统补间动画

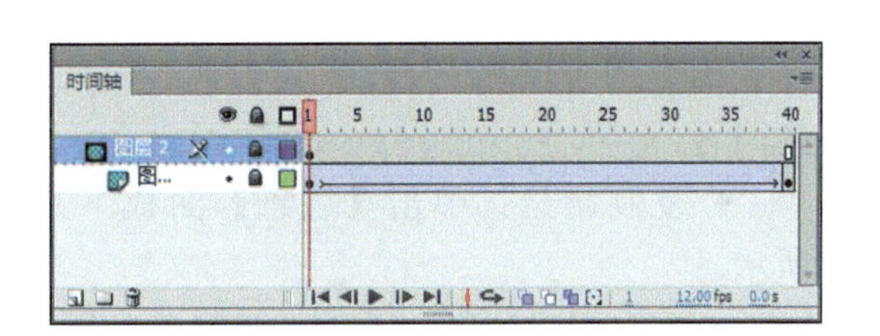


图 9-28　创建遮罩层

**注意：**

遮罩层总是遮住紧贴其下的图层，因此遮罩层要在被遮罩层的上方创建，也就是说，此例中的图层 2 要位于图层 1 上方，才能创建正确的遮罩关系。

(8) 按 Ctrl+Enter 组合键预览动画，效果如图 9-29 所示。

遮罩动画是通过遮罩层来创建的。遮罩层是一种特殊的层。使用遮罩层后，遮罩层下面图层的内容就像透过一个窗口显示出来一样，这个

图 9-29　预览动画效果

# 9.5 动画场景

## 9.5.1 创建场景

场景用于按照主题组织文档，默认的场景只有一个。在制作动画的过程中，若需要转换另一个主题，需创建其他的场景。创建新场景的方法有以下两种。

- 选择【窗口】→【其他面板】→【场景】命令，打开【场景】面板，单击添加场景按钮，即可创建新场景，如图 9-30 所示。
- 选择【插入】→【场景】命令，可创建新场景，如图 9-31 所示。

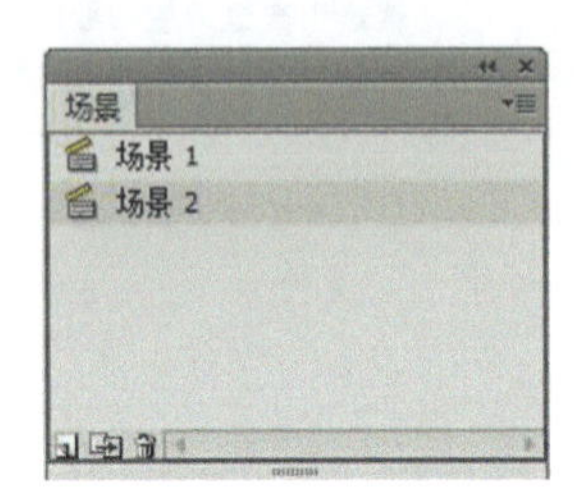


图 9-30 在【场景】面板中添加场景

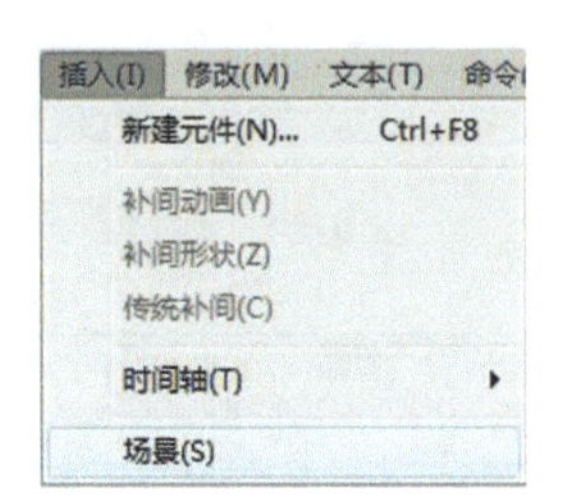


图 9-31 【场景】命令

## 9.5.2 编辑场景

在创建完场景后，还可以对场景属性进行编辑，包括删除场景、更改场景名称、复制场景和更改场景顺序等操作。

- 删除场景：选择【窗口】→【其他面板】→【场景】命令，打开【场景】面板，在面板中选中要删除的场景，单击面板下方的按钮即可。
- 更改场景名称：打开【场景】面板，在面板中需要更改的场景名称上双击，使名称变为可编辑状态，在其中输入新的名称，如图 9-32 所示，输入完后单击空白处即可。
- 复制场景：单击【场景】面板下方的直接重制场景按钮即可，如图 9-33 所示。
- 更改场景顺序：动画场景播放的顺序是按【场景】面板中场景由上到下顺序播放。要更改场景顺序，则直接拖动场景到合适位置即可，如图 9-34 所示。

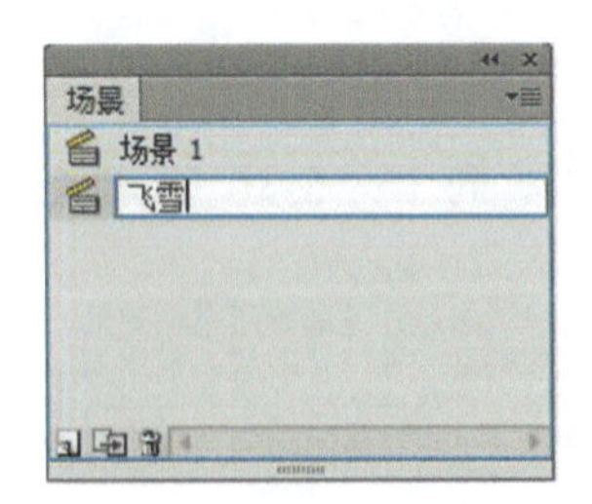


图 9-32 更改场景名称

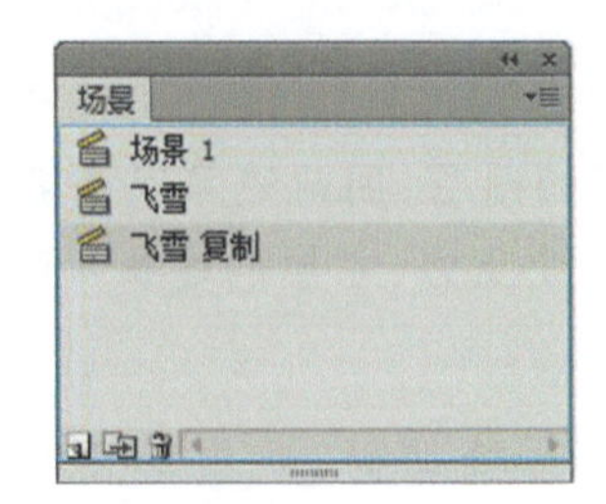


图 9-33 复制场景

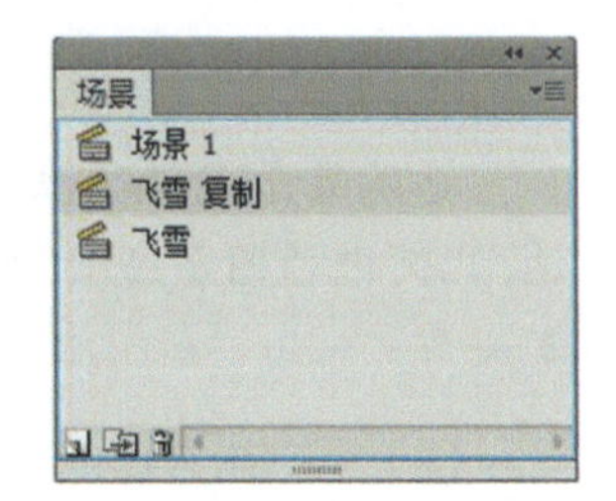


图 9-34 更改场景顺序

# 9.6 上机实战

## 9.6.1 书写文字

**书写文字的具体操作方法如下。**

(1) 新建一个 Flash 文档，将场景尺寸设置为 500 像素 ×250 像素，背景色设为黑色，帧频为 12。

(2) 用文字工具在舞台中输入文字 ART，设置字体为 CommercialScript BT，填充色为黄色，线条颜色为无色，文字大小比舞台略小。再按 Ctrl+B 组合键将文字打散，如图 9-35 所示。

(3) 选择【插入】→【新建元件】命令，创建一个名为“笔”的影片剪辑元件，在元件编辑区绘制所需的笔形，如图 9-36 所示。

(4) 新建图层 2，在该图层的第 1 帧中拖入“笔”元件。使用变形工具调整元件实例的大小后，将其中心点（一个小圆圈）移动到笔头上。最后放置的位置及效果如图 9-37 所示，以便创建引导层动画时使用。

图 9-35 输入文字

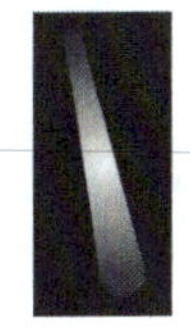

图 9-36 绘制笔形

图 9-37 将元件拖入场景

(5) 右击图层 2，在弹出的快捷菜单中选择【添加传统运动引导层】命令，创建图层 2 的引导层，【时间轴】面板效果如图 9-38 所示。

(6) 选中引导层的第 1 帧，在舞台上参照 ART 图形绘制引导线，并调整“笔”元件实例的位置，使笔头放到字母的起笔位置，效果如图 9-39 所示。再单击第 55 帧，按 F5 键插入普通帧。

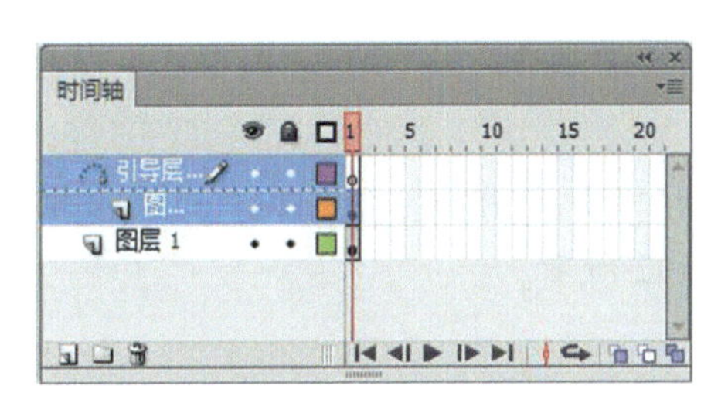


图 9-38 创建引导层

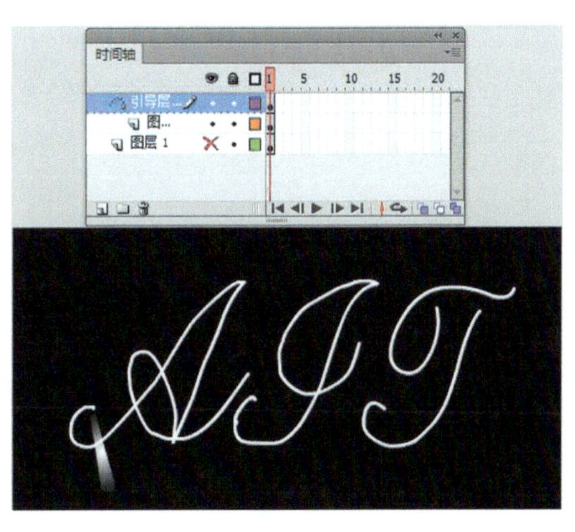


图 9-39 绘制引导线

(7) 在图层 2 的第 20、21、35、36、45、46、55 帧中依次按 F6 键插入关键帧，分别将这些帧中的元件中心点对齐引导线的某一部分，详情见图 9-40 中的文字说明。

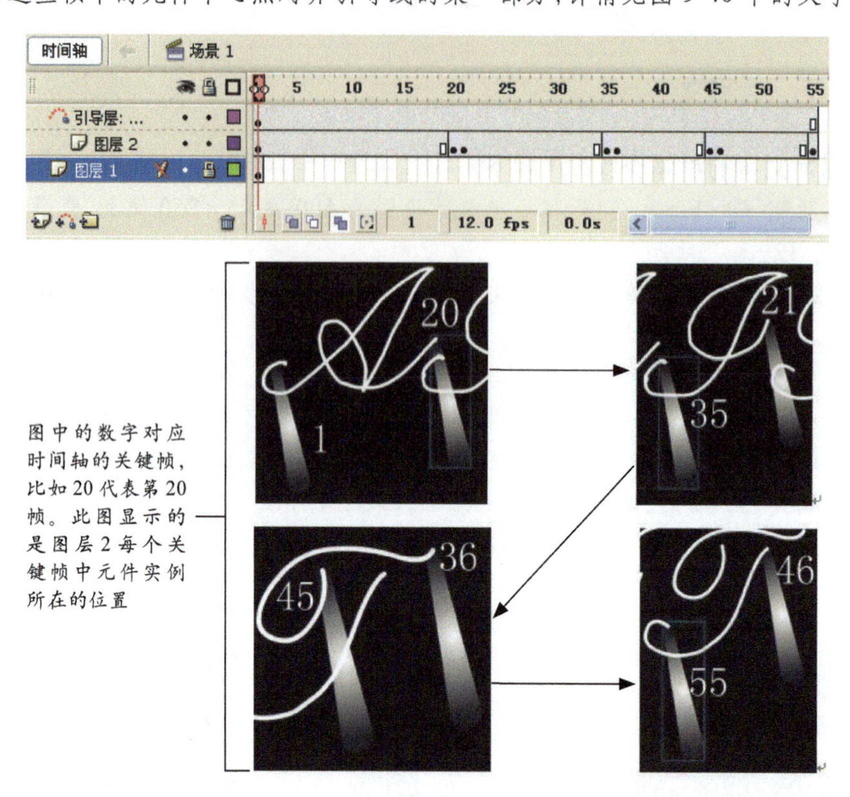


图 9-40 【时间轴】面板及舞台效果图解

(8) 分别在图层 2 的第 1 ～ 20、21 ～ 35、36 ～ 45、46 ～ 55 帧创建传统补间动画，让画笔沿着指定的引导线运动，如图 9-41 所示。

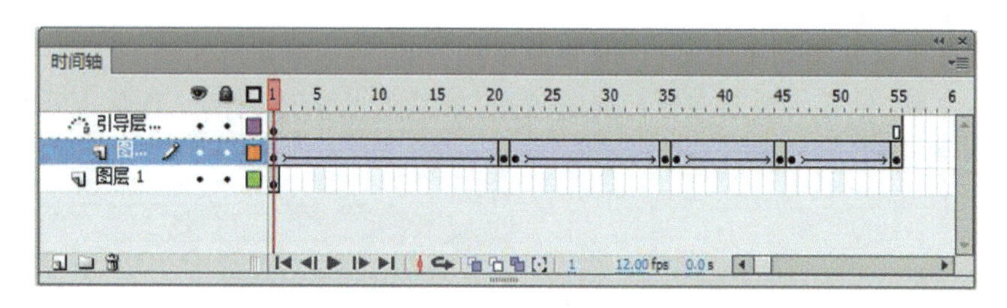


图 9-41 创建传统补间动画

**提示：**

要使画笔严格按照引导层中的引导线运动，一定要在各个关键帧位置使画笔的中心点处于引导线上，即一段曲线的首尾位置。

(9) 选中图层 1 中的第 2 帧，再按住 Shift 键并单击第 55 帧，将第 2 ～ 55 帧全部选中，然后按 F6 键在这些帧中插入关键帧，如图 9-42 所示。

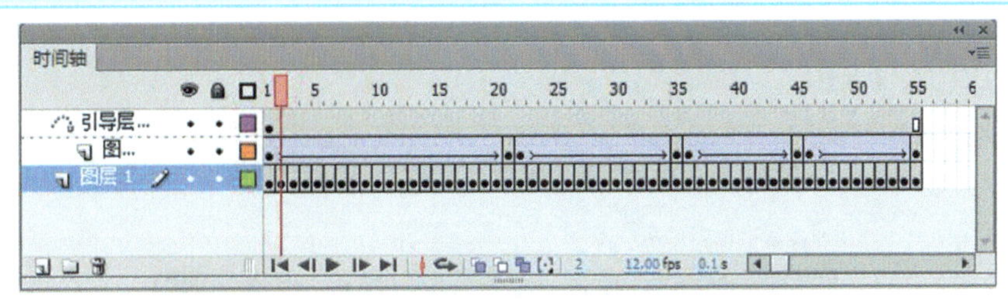

图 9-42 在图层 1 的第 2 ~ 55 帧中插入关键帧

(10) 选择橡皮擦工具，按照图层 1 每帧中笔触的位置和走向将笔触未到达的文字部分擦除，其效果如图 9-43 所示。在第 1 帧直接选中所有文字并按 Delete 键删除即可。

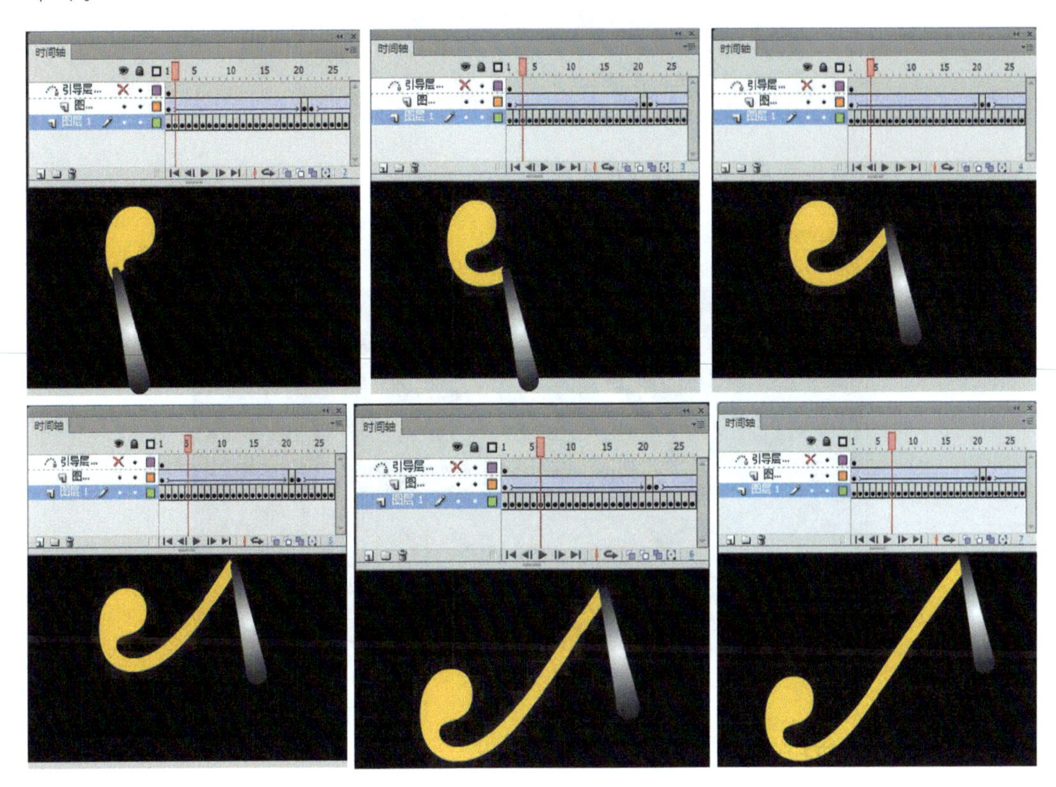

图 9-43 第 2 ~ 7 帧的擦除效果(场景放大到 200%)

**提示：**

擦除笔触时，可以橡皮擦工具和选择工具结合使用。交界部分用橡皮擦工具仔细擦除；其他部分可以使用选择工具拖动鼠标选择图形，然后按 Delete 键将图形删除。

使用橡皮擦工具应仔细，擦除效果不好时，可以按 Ctrl+Z 组合键恢复图形并重新擦除。另外，细节部分的擦除可以适当放大场景，从而使细节更清晰。

(11) 在图层 1 的第 65 帧按 F5 键插入普通帧，以延续文字内容。最终的【时间轴】面板如图 9-44 所示。

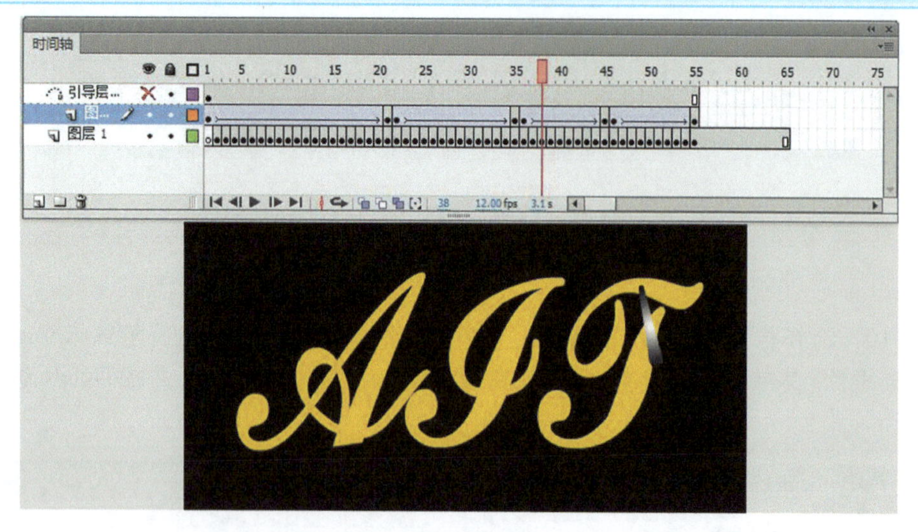

图 9-44 最终的【时间轴】面板

（12）实例制作完毕，按 Ctrl+Enter 组合键测试动画，效果如图 9-45 所示。

图 9-45 测试效果

## 9.6.2 卷轴打开效果

**制作卷轴打开效果的具体操作方法如下。**

（1）新建一个 Flash 文档，将场景尺寸设置为 500 像素 ×250 像素，背景色设为深黄绿色，帧频为 12。

（2）选择【文件】→【导入】→【导入到库】命令，导入一张中国画图片到【库】面板中。

（3）将图层 1 重新命名为“图”。在该图层第 1 帧的舞台中间绘制一个矩形，其填充色为米黄色、线条色为无色。从【库】面板中拖入已经导入的图片，调整其大小并放置在米黄色矩形的上方，舞台效果如图 9-46 所示。在第 70 帧处按 F5 键插入普通帧，以延续内容。

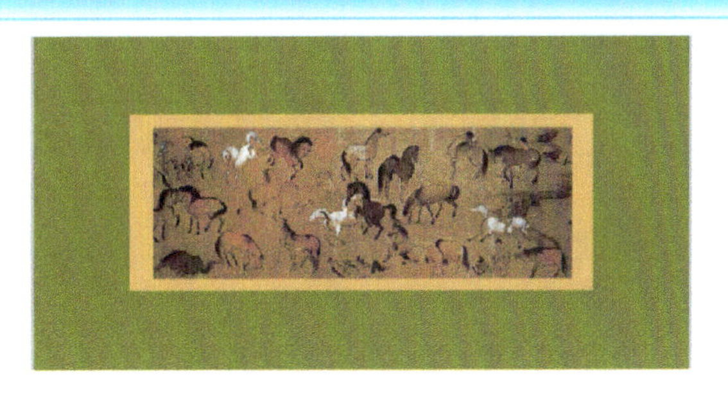

图 9-46　将图片拖入舞台并放置在矩形上方

(4) 新建图层 2，命名为“遮罩”，在该图层的第 1 帧中绘制一个与米黄色矩形一样大的矩形，颜色随意。在此矩形上右击，弹出快捷菜单，选中菜单中的【转换为元件】命令，将其转换为图形元件。

(5) 将“遮罩”图层第 1 帧中的矩形移至米黄色矩形最右端的位置，如图 9-47 所示。单击该图层的第 70 帧，按 F6 键插入一个关键帧。将第 70 帧中的矩形移动到“图”图层中对象的正上方，将其完全覆盖，如图 9-48 所示。

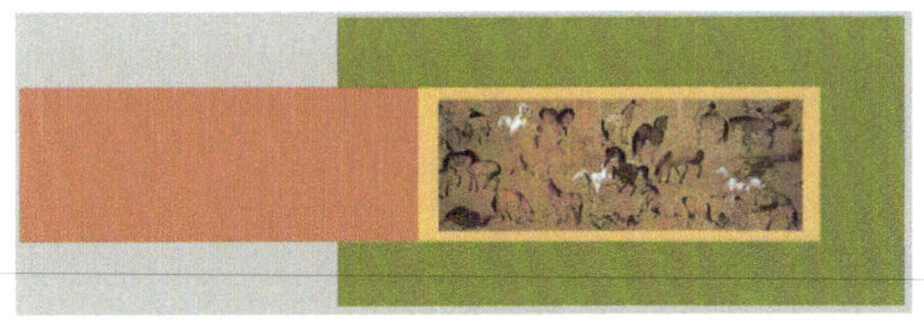

图 9-47　移动矩形

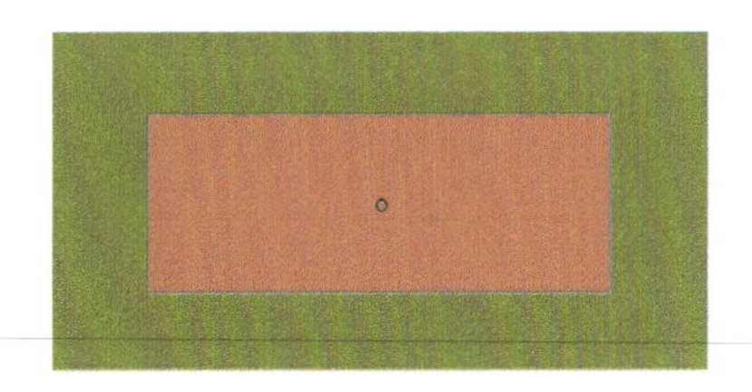

图 9-48　将矩形覆盖对象

(6) 在“遮罩”图层的第 1 ~ 70 帧创建传统补间动画。在图层区的“遮罩”图层上右击，在弹出的快捷菜单中选择【遮罩层】命令，将“遮罩”图层变为遮罩层，将“图”图层变为被遮罩层，【时间轴】面板效果如图 9-49 所示。

(7) 新建一个名为“卷轴”的图形元件，在编辑区中绘制一个“卷轴”的图形，如图 9-50 所示。

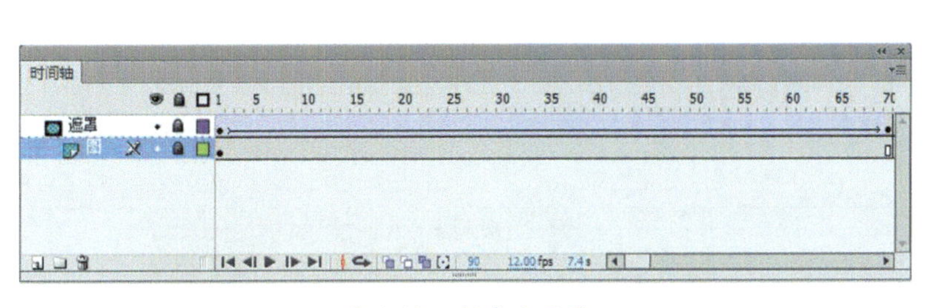

图 9-49　创建遮罩层

图 9-50　绘制“卷轴”元件

(8) 新建图层 3，命名为“左轴”。在该图层的第 1 帧中拖入图形元件“卷轴”，将卷轴放置在图 9-51 所示的位置。

(9) 新建“图层 4”，命名为“右轴”。在该图层的第 1 帧中拖入“卷轴”元件，放置在图 9-52 所示的位置。

图 9-51　拖入“卷轴”元件到“左轴”层中

图 9-52　拖入“卷轴”元件到“右轴”层中

(10) 在“右轴”层的第70帧处按F6键插入关键帧，将“卷轴”元件移动到图片的最右边，并在该图层的第1～70帧创建传统补间动画，如图9-53所示。

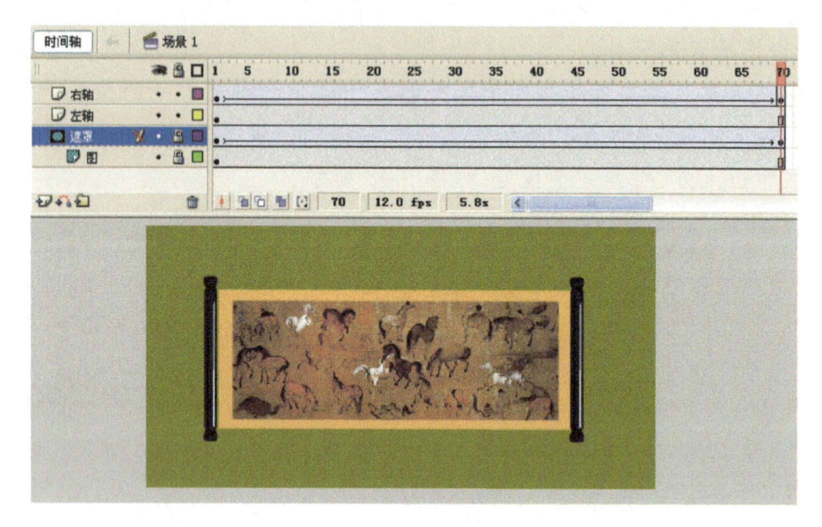


图 9-53　移动“卷轴”元件到画的最右边，并创建补间动画

(11) 新建“图层5”，命名为“轴背”。在该图层的第1帧处绘制如图9-54所示的白色矩形，并将其转换为图形元件。单击该图层的第68帧，按F6键插入关键帧，将白色矩形移到如图9-55所示的位置，并在“轴背”图层的第1～68帧创建传统补间动画。

图 9-54　绘制白色矩形

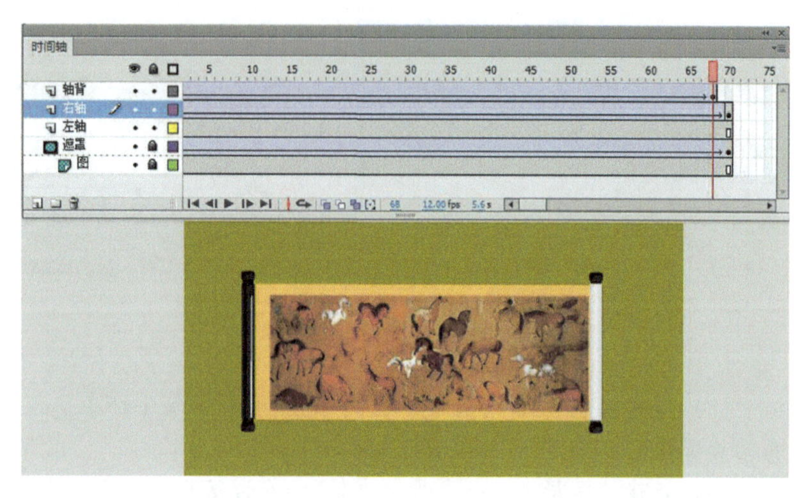


图 9-55　移动第68帧的白色矩形

（12）分别选择“图”图层、“遮罩”图层、“左轴”图层、“右轴”图层的第 90 帧，按 F5 键插入普通帧，以延续帧中内容，【时间轴】面板效果如图 9-56 所示。

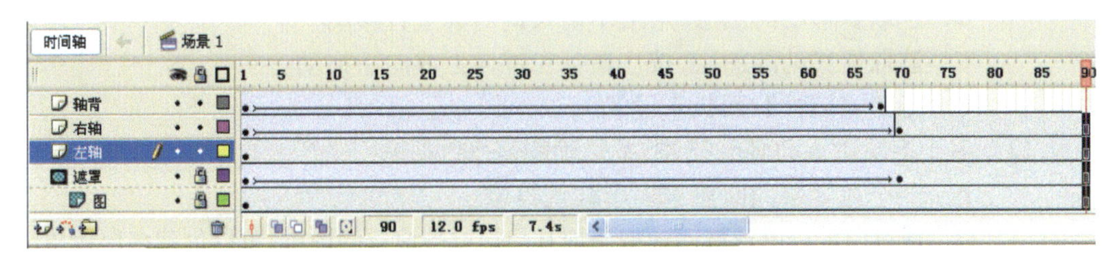


图 9-56　【时间轴】面板效果

（13）实例制作完毕，按 Ctrl+Enter 组合键测试动画，效果如图 9-57 所示。

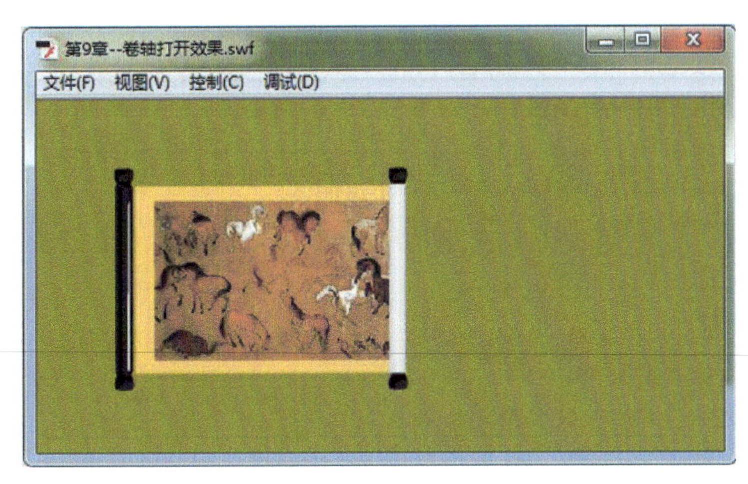


图 9-57　卷轴打开效果

## 9.7　习　　题

### 1. 填空题

（1）图层主要有 3 种类型，分别是__________、__________和__________。

（2）要选取不相邻图层，可以选中要选取的任意一个图层，按住________键，再依次单击其他需要选取的图层。

（3）被引导层中绘制或导入的运动对象要按照引导层中的路径运动，需要使对象________在引导线上。

（4）遮罩的内容可以是________、________、________或________。

### 2. 选择题

（1）右键快捷菜单创建的引导层的图标为，这时的引导层（　　）。

A．用于放置编辑阶段可见的提示性内容，在播放动画时不会显示提示内容

B．可以在该层绘制动画引导路径

C．该层中的内容会正常显示

D．该层的内容不显示，但是可以包括隐藏的路径

（2）要移动图层，正确的操作方式是（　　）。

A．通过菜单命令来操作

B．选取要移动的图层，用上下箭头键对其进行移动

C．选取要移动的图层，按住鼠标左键向上或向下拖动

D．通过【属性】面板来设置

（3）对于多层遮罩动画的描述，不正确的是（　　）。

A．一个遮罩层同时遮罩多个被遮罩层

B．通过向单一遮罩层动画中添加其他需要被遮罩的图层，可以创建多层遮罩

C．可以在选择被遮罩层后，单击【新建图层】按钮，创建多层遮罩

D．可以通过改变任意图层的属性来创建多层遮罩

**3．判断题**

（1）选中要选取的第一个图层，按住 Ctrl 键，单击要选取的最后一个图层，即可选取两个图层之间的所有图层。（　　）

（2）在制作引导层动画时，被引导的对象中心必须吸附在引导线上。（　　）

（3）在遮罩层中，可以用渐变色制作半透明区。（　　）

（4）遮罩层总是遮住紧贴其下的图层，因此要在被遮罩层的上方创建遮罩层。（　　）

**4．简答题**

（1）怎样删除图层？

（2）什么是引导层？什么是遮罩层？

（3）什么是多层遮罩？怎样取消遮罩层与被遮罩层的链接关系？

# 第10章 组件、行为与模板

Flash 提供了组件、行为与模板功能，在动画的制作过程中无须编写动作脚本就能够创建具有交互功能的 Flash 动画，它们正在被广大 Flash 爱好者了解和应用。

**本章要点：**

- 什么是组件及如何使用组件。
- 什么是行为及如何使用行为。
- 怎样使用模板。

## 10.1 认 识 组 件

利用组件可以方便快捷地建立具有统一外观、功能强大的动画程序。

### 10.1.1 什么是组件

组件是带有参数的影片剪辑。一个组件就是一个影片剪辑，通过设置组件的参数，可以改变组件的外观和行为。

组件既可以是一个简单的用户界面元素（如单选按钮或一个复选框），也可以是一个复杂的控件元素（如媒体控制器或滚动框），组件甚至可以是没有实体的、看不见的（如在应用程序中使用焦点管理器控制某个对象得到焦点）。组件可以方便快捷地实现数据通信，完成流媒体的装载和播放，制作提示信息对话框、滚动选择列表、日历、多选框、载入 SWF 或 JPEG 文件的区块、菜单、可拖动的窗口等用户界面。

### 10.1.2 组件的特点

组件主要有如下特点。

- 每一个组件都有预定义参数，可以单独设置这些参数。此外，组件还有一组独特的动作脚本、属性和事件，这些动作脚本、属性和事件也可以称为 API（应用程序编程接口），从而可以在运行时设置参数和其他选项。
- 可以将常用功能封装在组件中，然后在【属性】面板或【组件检查器】面板中更改其参数，从而自定义组件的外观和行为。
- 通过使用组件，就不再需要从头开始创建复杂的 Flash 应用程序中的每一个元素，将所需的组件放入 Flash 文档中，即可创建对应的应用程序。
- 使用组件，可以做到编码与设计的分离，而且还可以重用和共享动作脚本，甚至还可以从互联网上下载和安装其他开发人员创建的组件。
- 所有组件都有事件，在用户与组件进行交互操作或组件中发生相关事件时，即会广播这些事件。要处理事件引发的功能，可编写在触发事件时执行的动作脚本。

# 10.2 认识【组件】面板

## 10.2.1 组件的种类

打开 Flash 程序之后，选择【窗口】→【组件】命令，或按 Ctrl+F7 组合键，打开【组件】面板，如图 10-1 所示。

观察面板，可以看到其中包含了大量的 Flash 自带组件，大体上可分为 3 种。

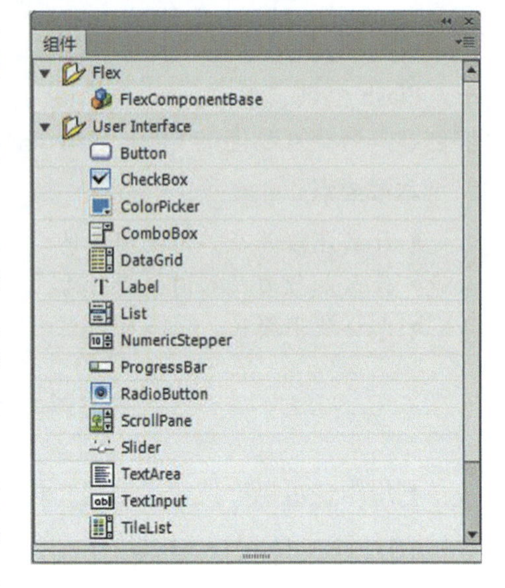


图 10-1 【组件】面板

- Flex 数据组件：Flex 和 Flash 都以 ActionScript 作为其核心编程语言，并被编译成 SWF 文件，然后运行于 Flash Player 虚拟机里。因此 Flex 也继承了 Flash 在表示层上所能表现的美感。除了视觉上的舒适感外，还具备矢量图形、动画和媒体的处理接口。
- User Interface（用户界面）组件：用该部分的菜单、例表、单选按钮、复选框等组件可以轻松地在 Flash 中制作出信息反馈、会员注册信息等页面。
- Video（视频）播放组件：这类组件能够方便地将 Video 媒体加入 Flash 演示文挡中并进行相应的控制。

## 10.2.2 用户界面组件

User Interface（用户界面）简称为 UI。Flash CS6 中提供了十多个 UI 常用组件，可以很方便地创建复杂的交互界面，如单选按钮、下拉列表、滚动条等。从这些组件的功能上看，可以将 UI 组件大致分为 4 类。

- 选择类组件：该类组件主要用于内容的选择，包括 Button、CheckBox、ColorPicker、NumericStepper、RadioButton。

➢ Button（按钮）：该组件是一个可调整大小的矩形按钮。用户可以给按钮添加一个自定义图标，也可以更改按钮的行为。该组件可以执行所有鼠标和键盘交互事件。

➢ CheckBox（复选框）：该组件是表单或 Web 应用程序中的一个基本组成部分，能在上面添加文本标签。

➢ ColorPicker（颜色选择器）：该组件用于进行颜色的选择。

➢ NumericStepper（微调按钮）：该组件允许用户使用鼠标单击其右侧的向上或者向下按钮，以便逐个调整事先设置好的数值信息。

➢ RadioButton（单选按钮）：该组件允许用户在相互排斥的选项之间进行选择。

- 窗口类组件：可用于制作类似于 Windows 操作系统的窗口界面，该类组件包括 ProgressBar、ScrollPane、UILoader、UIScrollBar。

➢ ProgressBar：用于显示加载图像和部分应用程序执行的进度等。

➢ ScrollPane：当文件内容大于创建的组件容器时，它将自动显示垂直和水平滚动条以方便用户查看内容。

➢ Slider：用于创建一个滑动条。

➢ UILoader：可以使用该组件来快速加载图片到场景中。

➢ UIScrollBar：该组件用于将滚动条添加到文本字段中。它的功能与所有滚动条类似，有箭头按钮、滚动轨道和滑块。默认的滚动条是垂直方向的。如要创建水平方向的滚动条，则打开【组件检查器】面板，将 Horizontal 选项的参数改为 true 即可。

● 列表类组件：用于更为方便直观地组织同类数据。该类组件包括 ComboBox、DataGrid、List。

➢ ComboBox：使用该组件后，用户可以从下拉列表中选择一个选项，在列表的顶部是当前选择的选项。

➢ DataGrid：该组件允许用户显示和操作多列数据。

➢ List：该组件是一个可滚动的单选或多选列表框，列表中还可以显示图形及其他组件。

➢ TitleList：用于列表显示一些标题。

● 文本类组件：可以快捷地创建文本框，并加载 XML 文档数据信息。该类组件包括 Label、TextArea、TextInput 组件。

➢ Label：该组件可以很方便地创建一个单行动态文本输入框。它没有边框、不具有焦点，并不广播任何事件。

➢ TextArea：该组件可以随意编辑多行文本字段，它也可采用 HTML 格式。

➢ TextInput：该组件是一个可以随意编辑的单行文本输入字段。

## 10.3　组件的使用

在了解了什么是组件后，就需要知道怎样使用组件。使用组件的基本流程是：先将组件拖入 Flash 文档中，然后打开【属性】面板或【组件检查器】面板，在其中设置文档中组件的参数，并在【动作】面板中将 on() 处理函数添加到选定组件，以处理组件事件。下面将具体介绍使用组件的方法。

**使用组件的具体操作步骤如下。**

(1)新建一个 Flash 文档。打开【组件】面板，选择 User Interface 部分的 Button 组件，并拖入舞台中，如图 10-2 所示。

(2) 在舞台中选择按钮，打开【属性】面板，将 label 属性修改为“确定”，可以看到舞台中按钮的名称也发生了变化，如图 10-3 所示。

(3) 打开【库】面板，将 Button 组件拖入，该组件就成为一个元件存在于【库】面板中，如图 10-4 所示，以后可以重复使用该按钮元件在舞台中创建它的实例。

(4) 从【组件】面板选择 User Interface 部分的 ColorPicker 组件，并拖入舞台中。

(5) 按 Ctrl+Enter 组合键对添加组件后的效果进行测试，如图 10-5 所示。

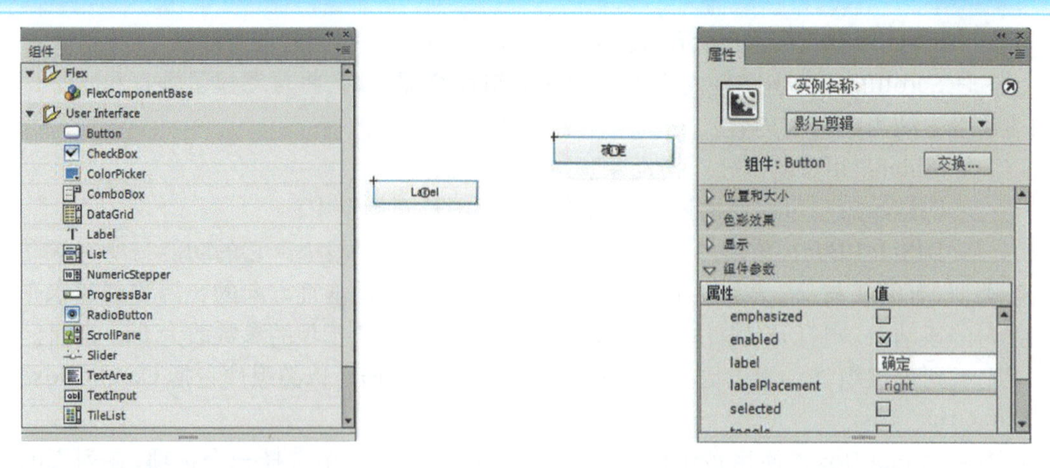


图 10-2　从【组件】面板中拖入 Button 组件

图 10-3　修改按钮的名称

图 10-4　将按钮元件保存到【库】面板中

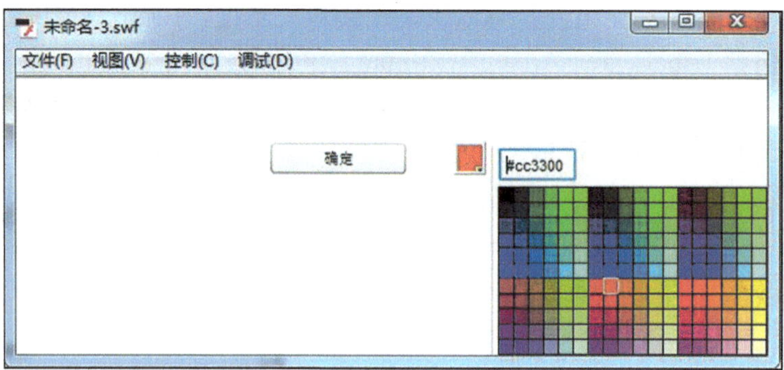


图 10-5　设置组件参数

## 10.4　Flash 中的行为

### 10.4.1　什么是行为

行为是指预先编写的动作脚本。将行为添加到某个对象中，可控制目标对象。也就是说，通过行为无须重新创建脚本，即可实现动作脚本的功能。在 Flash 中，利用行为可以实现的功能包括控制影片剪辑、控制视频播放、控制声音播放等。

### 10.4.2　行为的使用

在了解了行为后，就需要掌握其使用方法，以便能更高效地创建动画效果。

**使用行为控制声音的操作步骤如下。**

(1) 新建 Flash 文档。选择【文件】→【导入】→【导入到库】命令，弹出【导入到库】

对话框，从中选择一个声音文件，单击【打开】按钮，将声音文件导入【库】面板中。

(2) 右击【库】面板中的声音文件，在弹出的快捷菜单中选择【属性】命令，弹出【声音属性】对话框，在 ActionScript 选项卡中选择【为 ActionScript 导出】复选框，并在【标识符】文本框中输入 SD，如图 10-6 所示。设置完毕，单击【确定】按钮，关闭对话框。

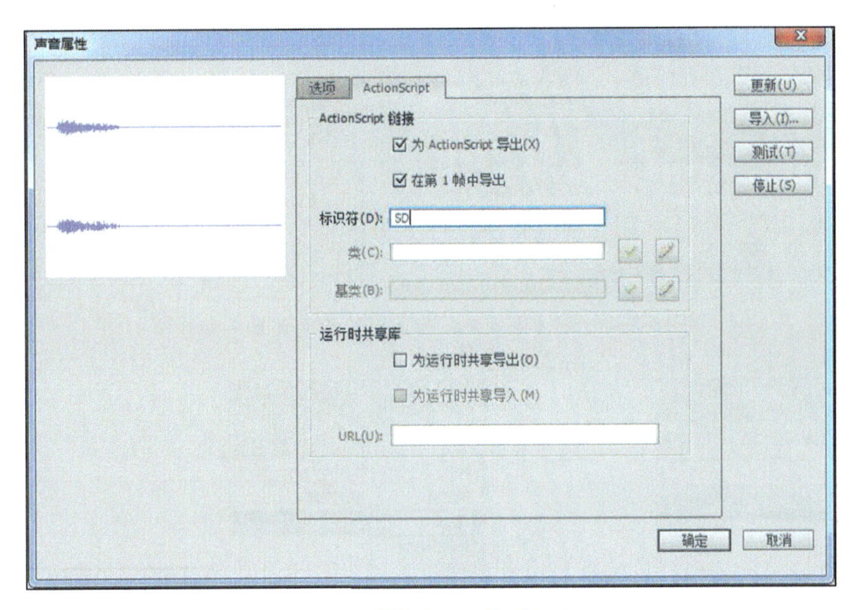


图 10-6 【声音属性】对话框

**注意：**

此处新建的文档只能用 ActionScript 2.0，不能用 ActionScript 3.0，否则部分功能无法显示。

(3) 选择【窗口】→【公用库】→ Buttons 命令，打开【外部库】面板，从中选择 buttons oval 按钮，将其拖入舞台中。

(4) 选中舞台中的按钮，选择【窗口】→【行为】命令，打开【行为】面板，如图 10-7 所示。

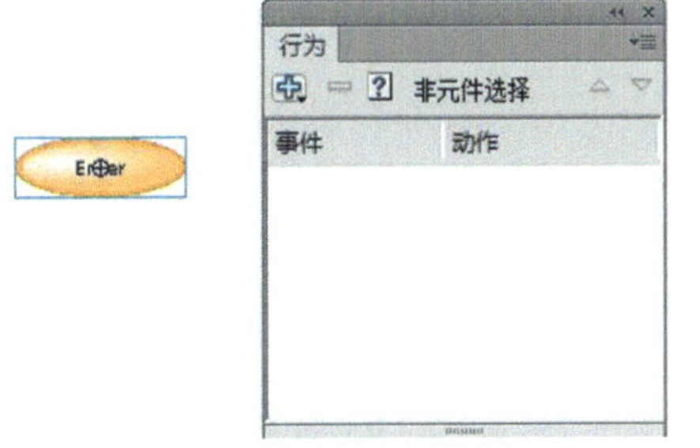


图 10-7 【行为】面板

(5) 在【行为】面板中单击【添加行为】按钮，在打开的下拉菜单中选择【声音】→【从库加载声音】命令，打开【从库加载声音】对话框，在“键入库中要播放的声音的链接 ID”栏中输入链接标识符，以及声音实例的名称，如图 10-8 所示，此时，相关的事件和动作即出现在【行为】面板中。单击【确定】按钮，关闭对话框。

(6) 在【行为】面板的【事件】栏中单击下拉箭头，从弹出的列表框中选择一个鼠标事件，在这里保持鼠标事件不变，如图 10-9 所示。

(7) 再单击【添加行为】按钮，选择【声音】→【停止声音】命令，打开【停止声音】对话框，在其中输入链接标识符 SD 和声音实例名称 SD，单击【确定】按钮。

(8) 单击【行为】面板中【事件】栏第二个选项的下拉箭头，在弹出的选项中

选择“按键时”，打开【按键】对话框，在【按下此按键时执行】文本框中输入 a，单击【确定】按钮，如图 10-10 所示。

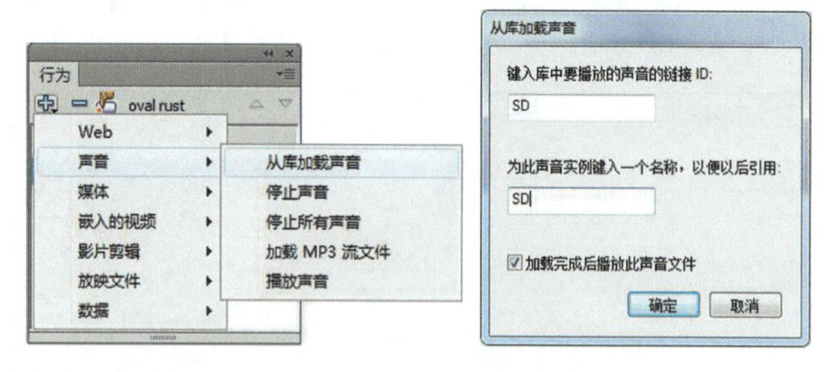


图 10-8　打开【从库加载声音】对话框设置声音组件

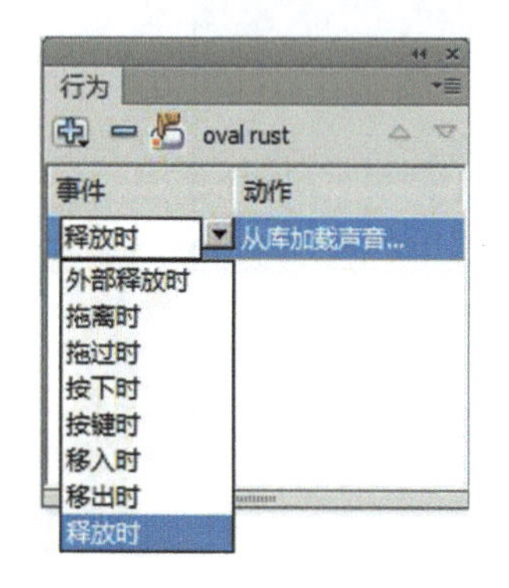


图 10-9　选择鼠标事件

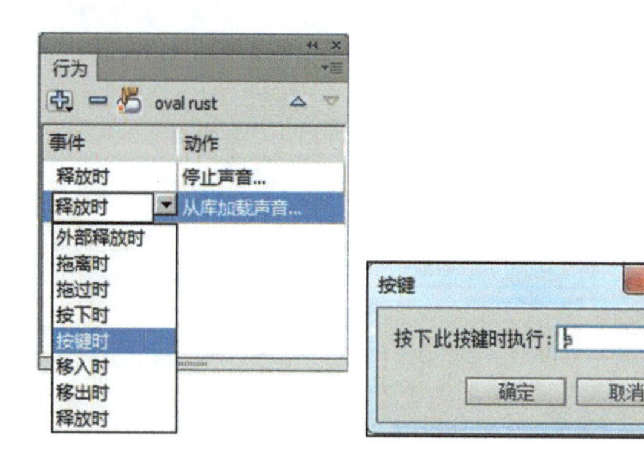


图 10-10　选择鼠标事件并确定执行按钮

（9）按 Ctrl+Enter 组合键测试影片。

## 10.5　Flash 中的模板

Flash 中自带了多个模板，可极大地简化工作。对于 Flash 中的模板，除了自带的标准模板，还可以自定义模板。

### 10.5.1　运用 Flash 自带的标准模板

**使用 Flash 自带模板的操作步骤如下。**

（1）选择【文件】→【新建】命令，在打开的对话框中单击【模板】选项卡，在【类别】栏中选择“动画”，在【模板】栏中选择“随机缓动的运动”，如图 10-11 所示。

（2）单击【确定】按钮，系统将根据选择的模板创建一个新文档。

（3）打开【库】面板，双击 headlight mc 影片剪辑，进入其编辑状态。在【时间轴】面板新建一个图层 2，在工具箱中选择椭圆工具，将笔触颜色设为无色，将填充颜色设置为透明度（Alpha）为 50% 的黄色，然后按照图层 1 中大圆的大小和位置在图层 2 中绘制一个圆形。再将填充颜色设置为不透明的黄色，在图层 2 中绘制一个比第一个圆形略小的圆，此时界面效果如图 10-12 所示。

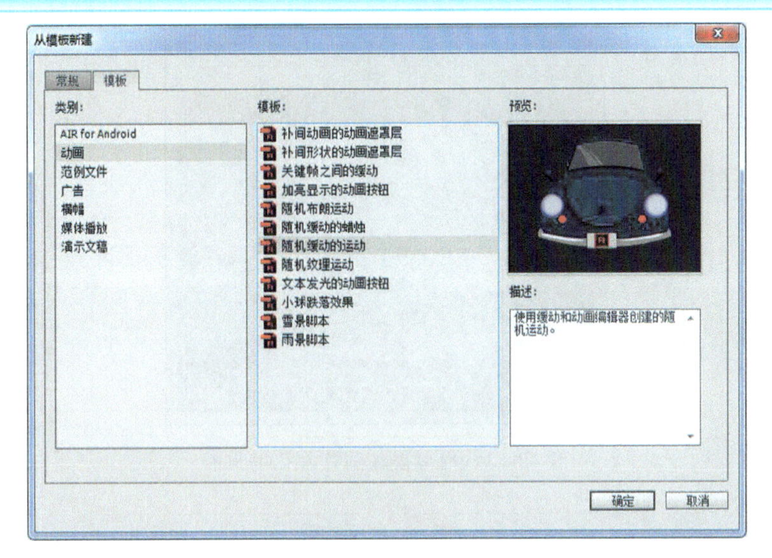


图 10-11　【从模板新建】对话框

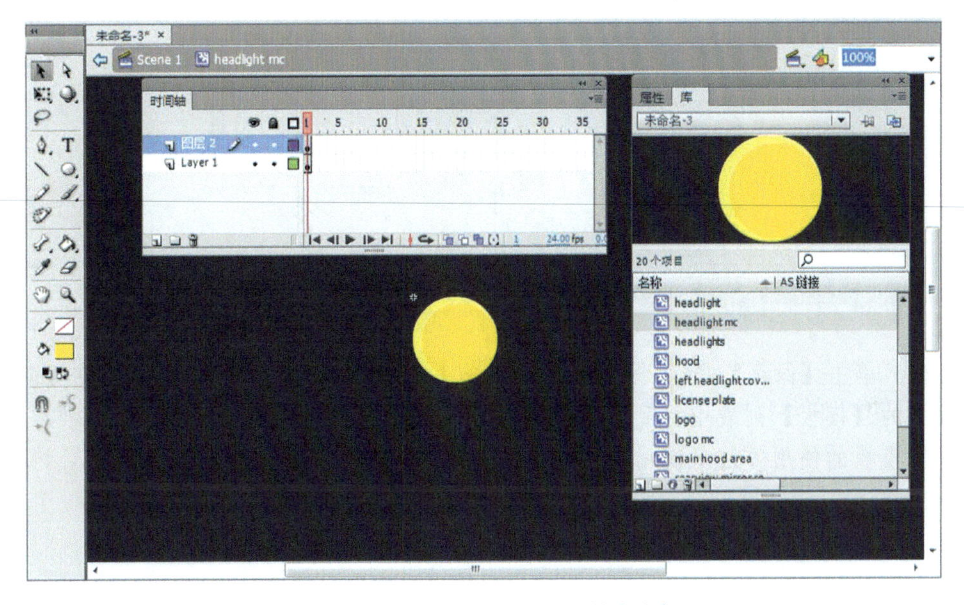


图 10-12　修改 headlight mc 影片剪辑

(4) 返回场景中，按 Ctrl+Enter 组合键测试动画，发现小汽车原来的车灯由白色变为了黄色，如图 10-13 所示。

## 10.5.2　自定义模板

**自定义模板的操作步骤如下。**

(1) 新建一个 Flash 文档，在文档中创建动画。

(2) 选择【文件】→【另存为模板】命令，弹出【另存为模板】对话框，如图 10-14 所示。在对话框中的【名称】栏中输入模板的名称，在【类别】下拉列表中选择一种模板类别，在【描述】栏中输入模板的特点和用途等内容（也可以不输入），如图 10-15 所示。

图 10-13 利用模板创建自己的文档

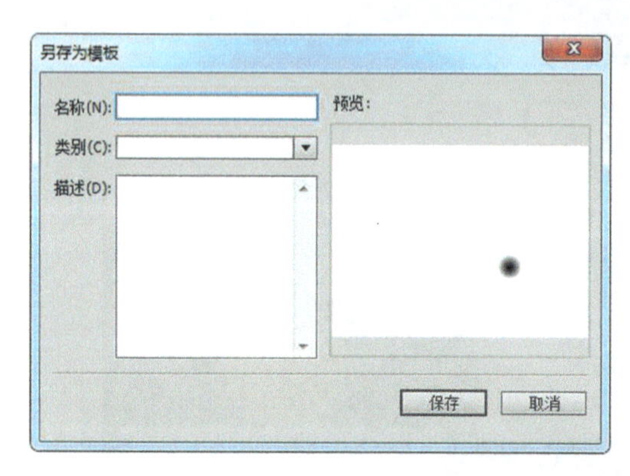


图 10-14 打开【另存为模板】对话框

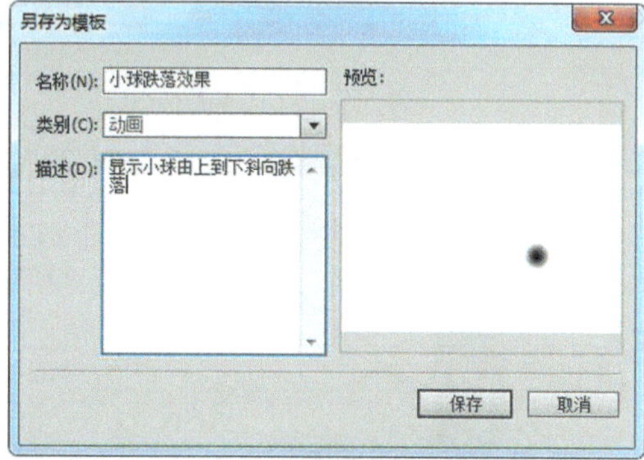


图 10-15 对模板进行分类命名

(3) 单击【保存】按钮，保存模板。选择【文件】→【新建】命令，可以在【模板】选项卡的【模板】列表中找到刚刚新建的模板，如图 10-16 所示，然后可以按照系统自带标准模板的使用方法来使用这个模板。

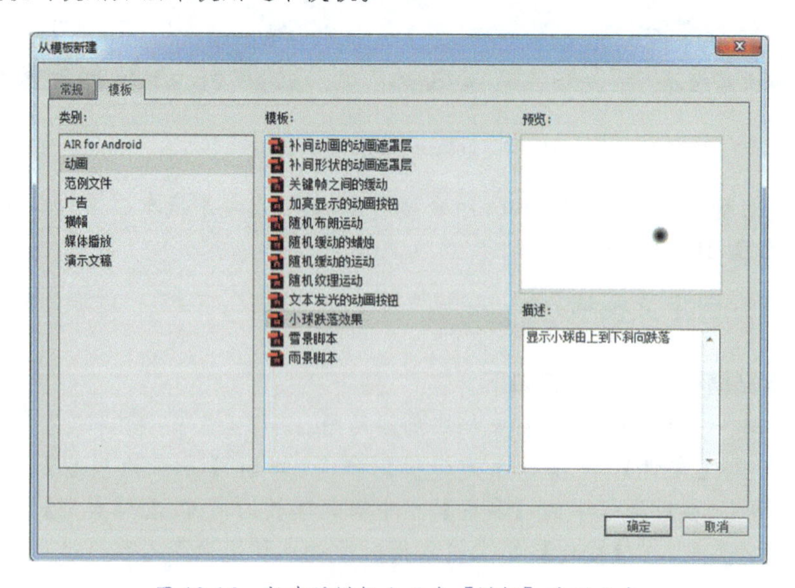


图 10-16 新建的模板出现在【模板】选项卡中

## 10.6　上 机 实 战

下面运用本章所学的知识来制作注册资料动画和多项选择题动画，进一步掌握组件的使用方法与技巧。

### 10.6.1　制作注册资料

**制作注册资料的具体操作步骤如下。**

(1) 新建一个 Flash 空白文档，文档类型为 ActionScript 2.0。在舞台上右击，弹出快捷菜单，选择【文档属性】命令，在弹出的【文档设置】对话框中重新设置文档的尺寸，如图 10-17 所示，单击【确定】按钮。

(2) 用文本工具在舞台上输入文字“注册资料”。打开【属性】面板，设置字符的系列为“黑体”、大小为 24 点、颜色为黑色，如图 10-18 所示。

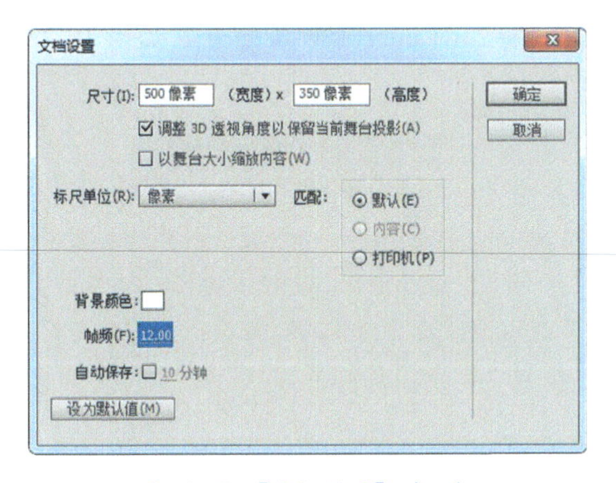


图 10-17　【文档设置】对话框

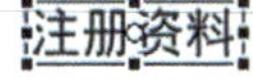


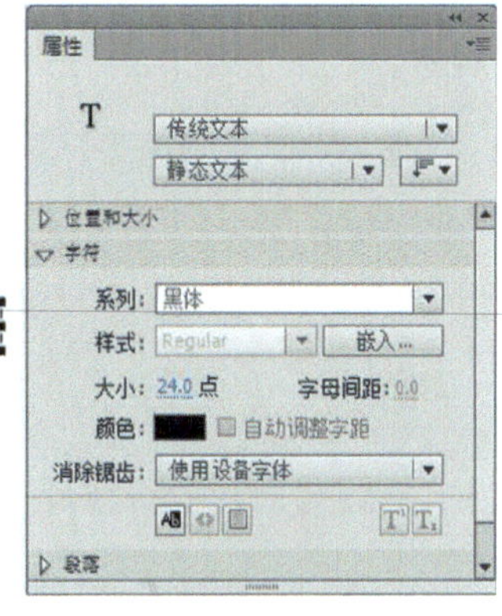


图 10-18　设置文字属性

(3) 用同样的方法在“注册资料”文本的下方输入人员信息等相关条目，文字字体为“宋体”，字号为 18 点，行距为 12 点。

再在【时间轴】面板上单击按钮，新建一个图层 2。选中此图层中的第 1 帧，打开【组件】面板，从面板中将 TextInput 组件拖入舞台上，创建一个单行文本框，放置在“姓名：”右边，如图 10-19 所示。

(4) 确保 TextInput 组件被选中，打开【属性】面板，在【实例名称】栏中将组件命名为 xm。

(5) 从【组件】面板中拖动 RadioButton 组件到舞台中，创建一个单选按钮，放置于“性别：”右边。打开【属性】面板，将 label 值改为“男”，并选中 selected 选项，如图 10-20 所示；再创建一个单选按钮，将 label 值改为“女”。

(6) 从【组件】面板中拖入 ComboBox 组件到舞台中，放置于“学历：”右边，创建了一个下拉列表。

(7) 确认 ComboBox 组件处于选中状态，打开【属性】面板，在【实例名称】栏中将组件命名为 xl；在【组件参数】栏中 labels 选项右边单击图标，打开【值】对话框。

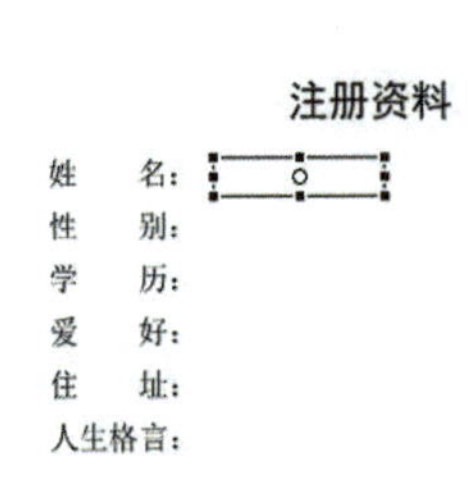


图 10-19 输入人员信息相关条目并添加一个文本框

图 10-20 设置单选按钮标签

(8) 在对话框中单击➕按钮 7 次，增加 7 个值，依次将左边的编号修改为 0 ～ 6，将“值”更改为“小学”“中学”“中专”“大专”“本科”“硕士”“博士”，如图 10-21 所示。单击【确定】按钮，关闭对话框。

(9) 回到 ComboBox 组件的参数设置区，将 rowCount 参数值改为 7，如图 10-22 所示。

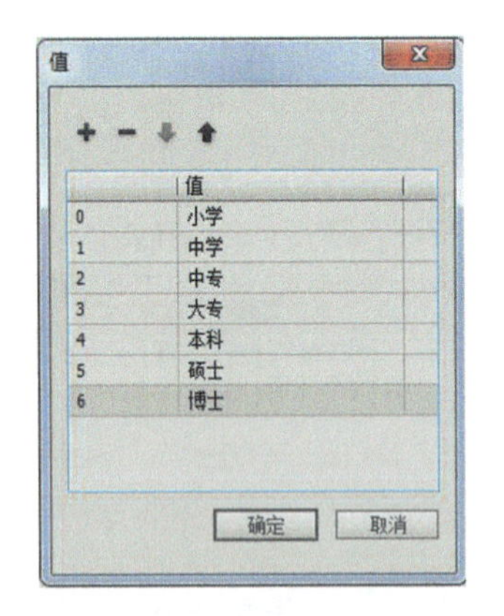


图 10-21 在【值】对话框中输入参数

图 10-22 ComboBox 组件对应的【属性】面板

(10) 从【组件】面板中分 4 次将 CheckBox 组件拖入舞台，依次放置在“爱好:”右边。分别在【属性】面板中将 4 个组件的 label 参数设置为“音乐”“绘画”“旅游”“其他”，【实例名称】依此修改为 yy、hh、ly、qt，设置完的界面如图 10-23 所示，此时“其他”组件的【属性】面板如图 10-24 所示。

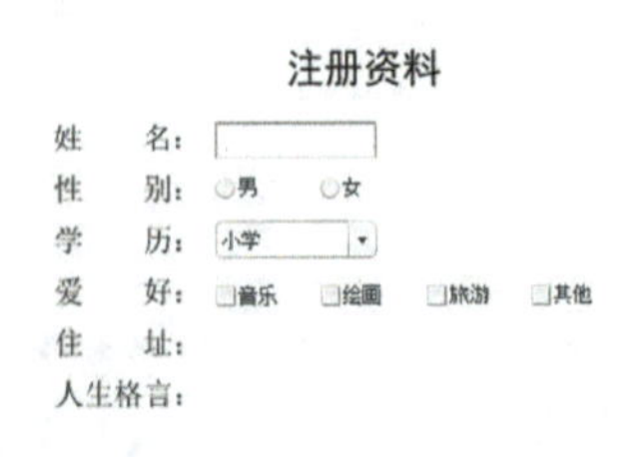


图 10-23 添加 4 个 CheckBox 组件

图 10-24 “其他”组件对应的【属性】面板

(11) 从【组件】面板中选择 TextArea 组件并将其拖入舞台，放置于“住址：”右边。这里创建的是一个多行文本框，用任意变形工具将其调整到合适大小，并在【参数】面板中将其命名为 zz。

复制已经创建的 TextArea 组件实例，并粘贴到“人生格言：”的右边，调整其位置和大小，并在【属性】面板中将其命名 rsgy。

(12) 从【组件】面板中拖入 Button 组件，放到舞台下方中间的位置，在【属性】面板中将 label 参数设置为“提交”，此时的舞台如图 10-25 所示。

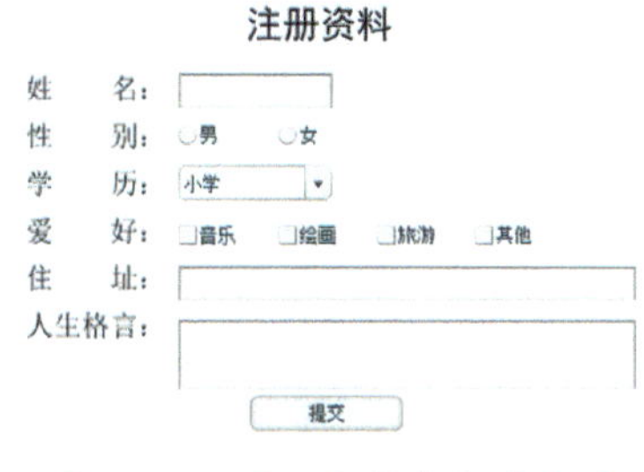


图 10-25 添加完所有组件后的舞台界面

(13) 在舞台中单击选中“提交”按钮，打开【动作】面板，输入如下动作脚本：

```
on(press){
    _root.onclick_tj( );
}
```

此时【动作】面板如图 10-26 所示。

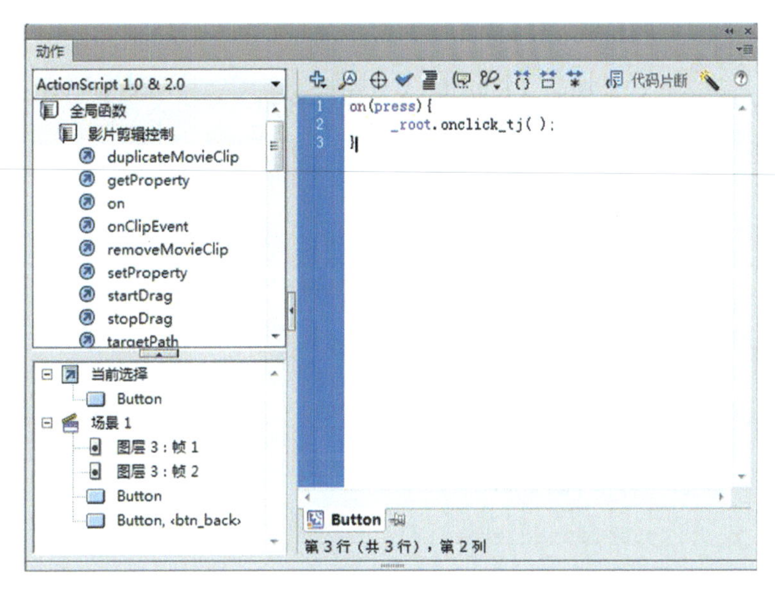


图 10-26 【动作】面板

(14) 单击图层 1 的第 2 帧，按 F7 键插入一个空白关键帧。用文本工具在此帧的舞台中上部插入文本“信息综合”，并设置与“注册资料”一样的文字属性。

(15) 单击图层 2 的第 2 帧，按 F7 键插入一个空白关键帧。打开【库】面板，将 TextArea 组件拖入舞台中，名称设置为 jg，再调整其大小，然后放置在“信息综合”的下方，最后添加一个按钮，设置其 label 参数为“返回”，如图 10-27 所示。

(16) 在舞台中单击选中“返回”按钮，打开【动作】面板，输入如下动作脚本：

```
on(press){
    _root.onclick_fh( );
}
```

图 10-27 在第 2 帧中输入文字并创建多行文本

(17) 新增图层 3，在该图层的第 1、2 帧中分别插入空白关键帧。选择第 1 帧，打开【动作】面板，在动作脚本编辑窗口中输入如下动作脚本：

```
stop();
function onclick_tj(){
    if(_root.yy.selected == true){texta = "音乐 ";}//注意在“音乐”
                                                      后面保留空格
          else{texta = "";}
    if(_root.hh.selected == true){textb = "绘画 ";}//注意在“绘画”
                                                      后面保留空格
          else{textb = "";}
    if(_root.ly.selected == true){ textc = "旅游 ";}//注意在“旅游”
                                                      后面保留空格
          else{textc = "";}
    if(_root.qt.selected == true){textd = "其他";}
          else{textd = "";}
    text1 = "姓  名："+xm.text+"\r性  别："+radioGroup.selection.label+"\
        r学  历：
    "+xl.value+"\r爱    好："+texta+textb+textc+textd+"\r住    址："+zz.
        text+"\r人生格言：
    "+rsgy.text;
    gotoAndStop(2);
}
function onclick_fh(){
```

```
    gotoAndStop(1);
}
```

(18) 选择图层 3 的第 2 帧，在【动作】面板中输入如下动作脚本：

```
_root.jg.text = text1;
```

(19) 文档制作完毕，【时间轴】面板、舞台及【库】面板的显示如图 10-28 所示。

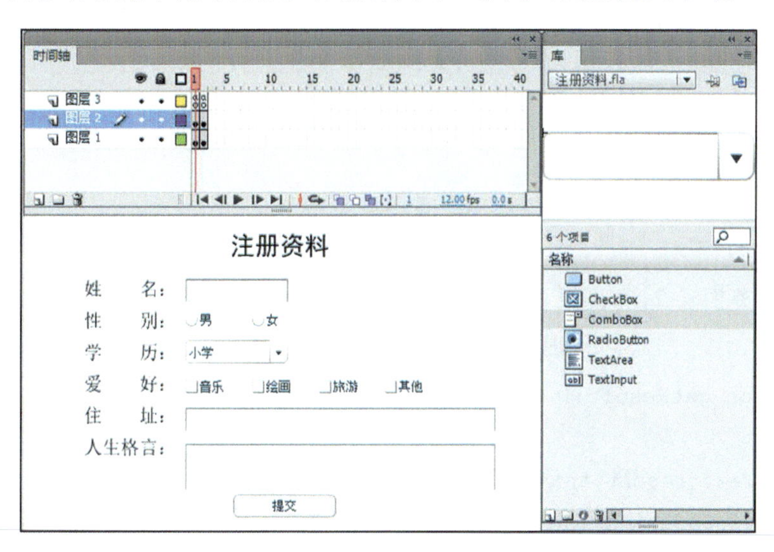


图 10-28　完成界面的设计

(20) 保存文件后，按 Ctrl+Enter 组合键测试影片，效果如图 10-29 所示。

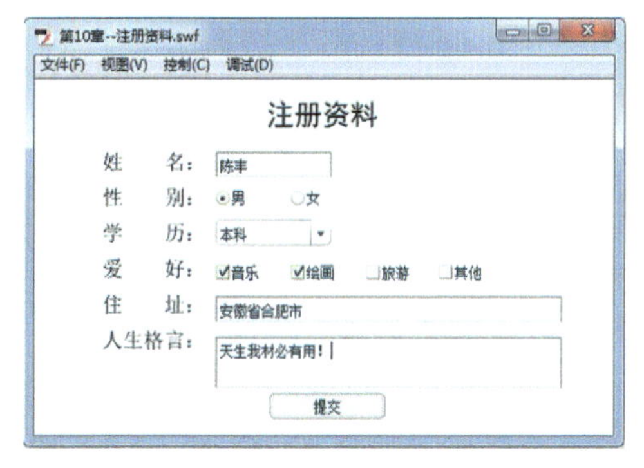


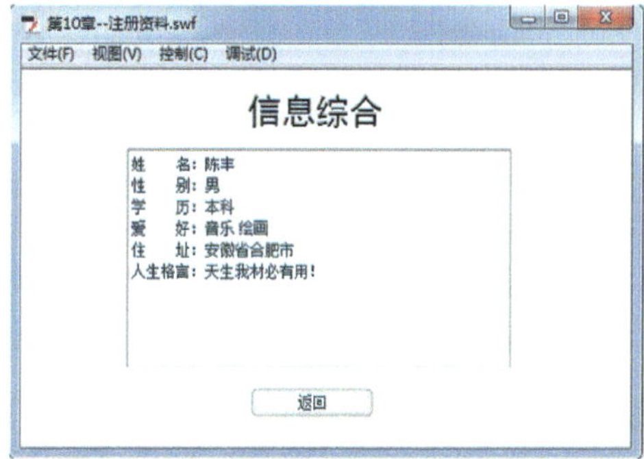


图 10-29　测试效果

## 10.6.2　制作多项选择题

**制作多项选择题的具体操作步骤如下。**

(1) 新建一个 Flash 空白文档，文档类型为 ActionScript 2.0，设置文档大小为 400 像素 ×300 像素。

(2) 用文本工具在舞台顶部输入文字“猜一猜”，设置字体大小为 29 点；再在舞台左上方输入文字“请选出下面所有的哺乳动物。”，设置字体大小为 17 点。文字均设为静态文本。

(3) 打开【组件】面板，向舞台中拖入 6 个 CheckBox 组件实例，适当调整位置，按设计要求上下、左右分别对齐。在【组件】面板中将它们的名称分别修改为 CheckBox1 ～ CheckBox6，label 值分别设为“老虎”“骆驼”“兔子”“青蛙”“鲸鱼”“草鱼”。

(4) 在舞台右下侧添加一个 Button 组件实例，名称设置为 btn_OK，label 值设为“确定”；再在右下侧添加一个 TextArea 组件实例，适当调整大小和位置，名称设置为 Text_result，取消选中 editable 选项（表示不允许编辑）。

(5) 选择 btn_OK 按钮，在【动作】面板添加如下动作脚本：

```
on(click)
{
    _root.getResult();
}
```

(6) 新建图层 2，确认第 1 帧是关键帧并选中该帧，在【动作】面板添加如下动作脚本：

```
function getResult()
{
        Text_result.text=" 很遗憾，答错了，请重新猜！"
        if(CheckBox1.selected==true)
          if(CheckBox2.selected==true)
            if(CheckBox3.selected==true)
                if(CheckBox4.selected==false)
                   if(CheckBox5.selected==true)
                      if(CheckBox6.selected==false)
                          Text_result.text=" 恭喜你答对了！"
}
```

此时【时间帧】面板和舞台的效果如图 10-30 所示。

(7) 保存文件后，按 Ctrl+Enter 组合键测试影片，结果如图 10-31 所示。

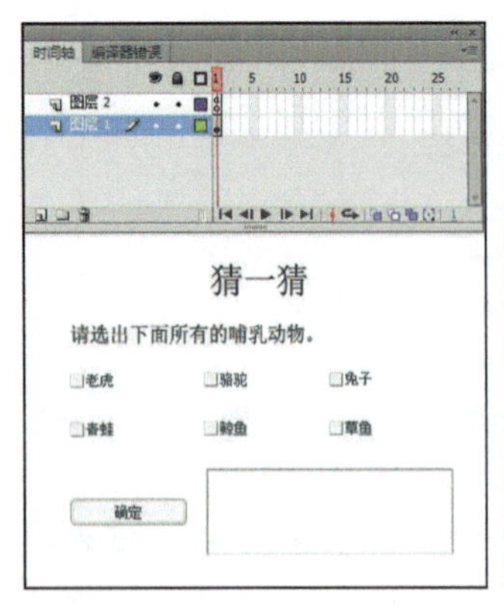


图 10-30 设计效果

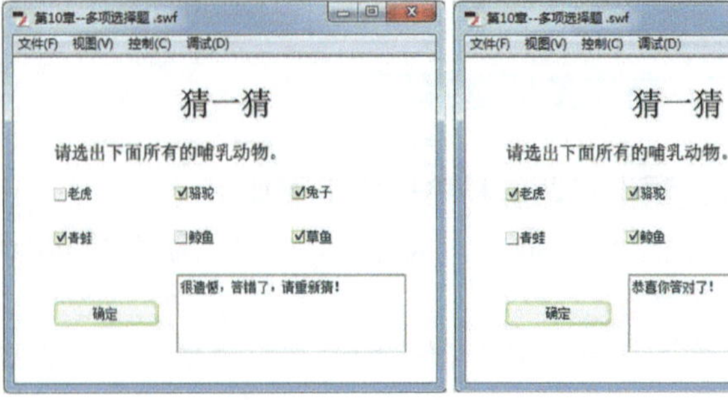


图 10-31 回答是否正确的显示结果比较

## 10.7　习　　题

**1．填空题**

(1) 组件是带有参数的____________。

(2) 所有组件都有____________,在用户与组件进行交互操作或组件中发生重要事情时即会广播。

(3) 行为是指预先编写的____________。

(4) Flash 中自带了多个模板,可极大地____________。

**2．选择题**

(1) 下列不是组件特点的是（　　）。

A．每一个组件都有一个绝对定义参数,不可以单独设置这些参数

B．可以将常用功能封装在组件中,然后在【属性】面板中更改其参数

C．使用组件可以做到编码与设计的分离,而且还可以重用和共享代码

D．所有组件都有事件

(2) 允许用户在相互排斥的选项之间进行选择的组件是（　　）。

A．Button　　B．CheckBox　　C．RadioButton　　D．Menu

(3) 对 Label 组件的描述不正确的是（　　）。

A．可以很方便地创建一个单行动态文本输入框

B．该组件没有边框,也不广播任何事件

C．不能随意编辑

D．可采用 HTML 格式

**3．判断题**

(1) ColorPicker 不属于 UI 组件。　　（　　）

(2) DataGrid 组件允许用户显示和操作各种类型的数据。　　（　　）

(3) 利用行为可以实现的功能不包括控制声音播放。　　（　　）

**4．简答题**

(1) 组件有哪些特点?

(2) 简述组件的使用方法。

(3) 如何在 Flash 中使用行为?

# 第11章　动作脚本编程

在一些 Flash 动画中,通常可以看到一些鼠标跟随事件、具有交互功能的小游戏等特殊效果,要使动画中具备这样的特殊效果,除了需要掌握基本动画的制作技法之外,还需要掌握Flash中的动作脚本编程语言ActionScript。ActionScript主要有1.0、2.0和3.0三个版本,本书重点介绍简单易用、比较流行的ActionScript 2.0版本。

在 Flash 中,除了元件外,动作脚本也是制作动画的核心。动作脚本是 Flash 的编程语言,利用它可以实现交互式的 Flash 动画。本章将介绍 Flash 动作脚本的基础知识和应用。

**本章要点:**

- 动作脚本的概念。
- 动作脚本编程的基础。
- 【动作】面板的作用及应用。
- 常用的ActionScript语句。

## 11.1　动作脚本概念

动作脚本是在 Flash 中开发具有交互功能的动画时所使用的语言,在动画制作中具有十分重要的作用。

### 11.1.1　什么是动作脚本

动作脚本是用来控制动画对象的程序语句,能在播放动画时指示控件及对象执行某些任务。

虽然不用动作脚本也可以制作 Flash 动画,但是要实现交互功能,就需要进行动作脚本编程。动作脚本能使动画具备强大的交互功能,提高了动画与用户之间的交互性,能使用户对动画的控制得到加强。使用了动作脚本后,使 Flash 实现了一些特殊功能,如对动画的播放和停止进行操控、指定鼠标动作等。

下面通过讲解一个实例来了解动作脚本的基本功能。

**了解动作脚本实例的具体操作步骤如下。**

(1) 打开一个含有动作脚本的 Flash 文档,其【时间轴】面板和舞台效果如图 11-1 所示。

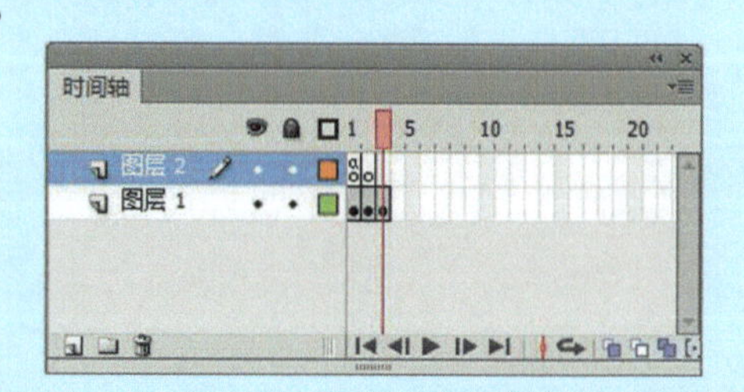

图 11-1　打开 Flash 文件

(2) 观看场景中的【时间轴】面板,在图层 2 的第 1 帧中会看到一个小写 a,表示此帧含有动作脚本。

(3) 按 F9 键打开【动作】面板,如图 11-2

所示，在【动作】面板的动作脚本编辑窗口中可以编辑动作脚本。

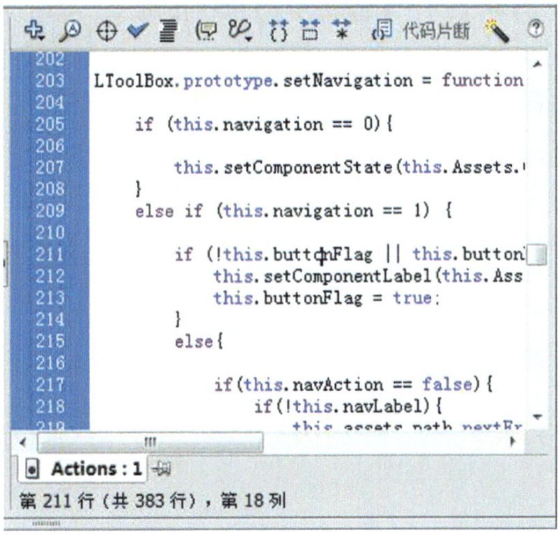

图 11-2 【动作】面板的动作脚本编辑窗口

### 11.1.2　动作脚本的特点

与计算机的编程语言一样，Flash 中的动作脚本也遵循一套语法规则，保留了关键字，提供了运算符，允许使用变量存储数据和获取信息，还允许创建自定义的对象和函数。

在 Flash 中，可以在以下 3 个地方添加动作脚本。

- 在帧中添加动作脚本。
- 在按钮上添加动作脚本。
- 为影片剪辑添加动作脚本。

#### 1. 在帧中添加动作脚本

选择需要执行代码的关键帧（普通帧需要先转换为关键帧才能添加动作脚本），然后直接在【动作】面板中编写动作脚本，比如：

```
stop();                    //停止播放动画
```

#### 2. 在按钮上添加动作脚本

选择按钮，然后在【动作】面板中编写动作脚本。与帧上面的动作脚本不同，要执行按钮上添加的动作脚本，需要触发条件（即事件），此时不能直接使用帧中添加代码的格式，按钮的动作脚本格式要使用函数的形式实现，格式为 on( 事件 ){ 动作脚本 }。比如，单击 btn1 按钮将停止播放动画，动作脚本如下：

```
on(Click)              //单击按钮执行动作脚本
{
   stop();
}
```

3. 为影片剪辑添加动作脚本

选择影片剪辑，然后在【动作】面板中编写动作脚本。类似按钮的动作脚本格式，影片剪辑(MovieClip)也需要触发条件，格式为onClipEvent(事件){动作脚本}。比如，影片剪辑载入时停止播放主场景中的动画，动作脚本如下：

```
onClipEvent(load)  //影片剪辑载入时触发动作脚本
{
   stop();
}
```

注意：

使用动作脚本来控制影片剪辑和按钮的时候，必须为影片剪辑或按钮指定一个唯一的实例名称。

## 11.2 动作脚本编程基础

下面详细介绍Flash动作脚本编程的基础知识，包括数据类型、动作脚本的语法、变量、表达式与运算符及函数等。

### 11.2.1 数据类型

数据类型描述了变量或动作脚本元素可以包含的信息和种类。

Flash内置了两种数据类型：原始数据类型和引用数据类型。

原始数据类型是指字符串、数字和布尔值，它们都有一个常数值，因此可以包含它们所代表的元素的实际值。引用数据类型是指影片剪辑和对象，它们的值可能发生更改，因此它们包含对该元素的实际值的引用。包含原始数据类型的变量与包含引用类型的变量在某些情况下的行为是不同的。此外，还有两类特殊的数据类型：空值和未定义。

在Flash中，任何不属于原始数据类型或影片剪辑数据类型的内置对象（如Array或Math）均属于对象数据类型。具体而言，Flash中包括如下数据类型：字符串（String）类型、数字（Number）类型、布尔值（Boolean）类型、对象（Object）类型、影片剪辑（MovieClip）类型、空值（Null）类型、未定义（Undefined）类型。

下面详细介绍各个数据类型。

1. String类型

String是诸如字母、数字和标点符号等字符的序列。在动作脚本中输入字符串的方式是将其放在单引号或双引号内。字符串是被当作字符而不是变量进行处理的。例如，在下面的动作脚本中，"L7"是一个字符串。

```
favoriteBand="L7";
```

加法（+）运算符可以连接或合并两个字符串。动作脚本将字符串前面或后面的空格作为该字符串的文本部分。

如果要在字符串中包含引号，应当在它前面放置一个反斜杠字符（\）。这就是所谓的将字符转义。在动作脚本中，还有一些只能用特殊的转义序列才能表示的字符。表 11-1 给出了所有动作脚本的转义符。

**表 11-1　转义符对照表**

| 转义序列 | 字符 | 转义序列 | 字符 |
|---|---|---|---|
| \b | 退格符（ASCII 码为 8） | \' | 单引号（ASCII 码为 39） |
| \f | 换页符（ASCII 码为 12） | \\ | 反斜杠（ASCII 码为 92） |
| \n | 换行符（ASCII 码为 10） | \000 ~ \377 | 以八进制指定的字节 |
| \r | 回车符（ASCII 码为 13） | \x00 ~ \xFF | 以十六进制指定的字节 |
| \t | 制表符（ASCII 码为 9） | \u0000 ~ \uFFFF | 以十六进制指定的 Unicode 字符 |
| \" | 双引号（ASCII 码为 34） | | |

### 2. Number 类型

Number 类型是双精度浮点数。可以使用加（+）、减（-）、乘（*）、除（/）、求模（%）、递增（++）和递减（--）等算术运算符来处理数字，也可使用内置的 Math 和 Number 类的方法来处理数字。下面的动作脚本使用 sqrt()（平方根）方法返回数字 100 的平方根。

```
Math.sqrt(100);
```

### 3. Boolean 类型

Boolean 类型只有两个值：true 或 false。动作脚本也可将值 true 和 false 转换为 1 和 0。Boolean 类型经常与比较控制动作脚本流的逻辑运算符一起使用。例如，在下面的动作脚本中，如果变量 password 为 true，则会播放该 SWF 文件。

```
if(password == true){
  play();
}
```

### 4. Object 类型

对象具有属性和方法。每个属性都有名称和值，属性的值可以是任何的 Flash 数据类型，甚至可以是 Object 类型，这样就可以使对象相互包含（即将其嵌套）。如果要指定对象的子对象或属性，可以使用点（.）运算符。例如，在下面的动作脚本中，hoursWorked 是 weeklyStats 对象的子对象，而 weeklyStats 对象是 employee 的子对象。

```
employee.weeklyStats.hoursWorked
```

可以使用内置的对象来访问和处理特定种类的信息。例如，Math 对象具有一些方法，这些方法可以对传递给它们的数字执行数学运算，例如，求平方根的动作脚本如下：

```
squareRoot = Math.sqrt(100);
```

也可以创建自定义对象来组织 Flash 应用程序中的信息。比如，要使用动作脚本向应用程序添加交互操作，需要许多不同的信息，如用户的姓名、球的速度、购物车中货物的名称、已加载的帧数、用户的邮编或上次所按键。通过创建自定义对象将信息分组，可以简化动作脚本的编写过程。

#### 5．MovieClip 类型

影片剪辑是 Flash 应用程序中可以播放动画的元件。它们是唯一引用图形元素的数据类型。MovieClip 数据类型允许使用 MovieClip 类的方法控制影片剪辑元件。可以使用点（.）运算符调用这些方法：

```
my_mc.startDrag(true);
parent_mc.getURL("http://www.sohu.com" + product);
```

#### 6．Null 类型

Null 类型只有一个值，即 null。此值意味着“没有值”，即缺少数据。null 值可以用在各种情况中，比如，指示变量尚未接收到值、指示变量不再包含值、（作为函数的返回值）指示函数没有可以返回的值、（作为函数的参数）指示省略了一个参数。

#### 7．Undefined 类型

Undefined 类型只有一个值，即 Undefined，可用于尚未分配的变量。

### 11.2.2　指定数据类型

Flash 可以自动为以下语言元素指定数据类型。

- 变量。
- 传递给函数、方法或类的参数。
- 函数或方法返回的值。
- 创建为现有类的子类的对象。

不过，一般会显式地为项目指定数据类型，这有助于防止或诊断动作脚本中的某些错误。

#### 1．自动数据类型指定

在 Flash 中，不必将项目明确地定义为包含数字、字符串或其他数据类型。Flash 将在指定项目时确定其数据类型：

例如，在表达式“var x = 3;”中，Flash 会检测运算符右侧的元素，然后确定它的数据类型为 Number 类型。另外，赋值运算可以更改变量的类型，例如动作脚本“x = "hello";”会将 x 的类型更改为字符串。

动作脚本会在表达式需要时自动转换数据类型。例如，当向 trace() 动作传递值时，trace() 会自动将该值转换为字符串，并将其发送到【输出】面板。在带有运算符的表达式中，动作脚本会根据需要来转换数据类型。例如，当用于字符串运算时，“+”运算符需要下面的两个操作数都是字符串：

```
"Next in line, number" + 7
```

动作脚本会将数字 7 转换为字符串 "7"，并将它添加到第一个字符串的结尾，从而产生下面的字符串：

```
"Next in line, number7"
```

### 2. 进行严格数据类型指定

Flash 允许在创建变量时显式声明其数据类型，即严格数据类型指定。因为数据类型不匹配会触发编译器错误，所以严格数据类型指定有助于避免为现有变量指定错误的数据类型。如果要为某个变量指定特定的数据类型，可使用 var 关键字和冒号的语法格式指定其类型，例如：

```
var x:Number = 7;                    // 变量或对象的严格数据类型指定
var birthday:Date = new Date();      // 变量或对象的严格数据类型指定

function welcome(firstName:String, age:Number) {    // 参数的严格数据类型指定
    …
}

function square(x:Number):Number {   // 参数和返回值的严格数据类型指定
    var squared = x * x;
    return squared;
}
```

**注意：**

*要严格指定变量的数据类型，必须使用 var 关键字，这类变量只能作局部变量，不能作全局变量。*

可以根据内置类（Button、Date、MovieClip 等）以及自己创建的类和接口来声明对象的数据类型。例如，如果在一个名为 Student.as 的文件中定义了 Student 类，则可以指定创建的对象属于 Student 类型：

```
var student:Student = new Student();
```

也可以指定对象属于 Function 类型或 Void 类型，分别表示函数类型和无返回值类型。

如果进行严格数据类型指定，当为对象指定了错误的值类型时可及时发现，Flash 将在编译时指出类型不匹配的错误。例如，在 Student.as 类文件中定义了类 Student 的一个变量为 Boolean 类型：

```
class Student{
    var status:Boolean; // 定义 Student 对象的属性
}
```

实际动画的动作脚本中为变量 Status 赋值了一个字符串：

```
var studentMaryLago:Student = new Student();
studentMaryLago.status = "enrolled";
```

当 Flash 编译以上的动作脚本时，将产生“类型不匹配”错误。

进行严格数据类型指定的优点是 Flash 会自动显示动作脚本的编译错误提示。

### 11.2.3 动作脚本的语法规则

与其他语言一样，动作脚本具有一定的语法规则。所谓语法，是指将元素组合在一起产生特定意义的方式。编写动作脚本时必须遵守语法规则，才能创建可正确编译和运行的动作脚本。下面详细介绍动作脚本的语法规则。

#### 1. 区分大小写

在 Flash 的动作脚本中，关键字、类名、变量、方法名等均严格区分大小写。也就是说，两个变量即使只是大小写不同，比如 book 和 Book 这样的变量名，也被视为不相同的两个变量。

#### 2. 点语法

在动作脚本中，点（.）用于指示与对象或影片剪辑相关的属性或方法，还用于标识影片剪辑、变量、函数或对象的目标路径。点语法表达式以对象或影片剪辑的名称开头，后面跟着一个点，最后以要指定的元素结尾。

举例来说，点（.）语法用于对象时，表示对象递进的层次关系，即前面的对象是后面对象的父级。比如，要表示卧室的书桌上的一本红皮书，可以用“卧室 . 书桌 . 红书”表示，改为对象的形式就是 bedroom.desk.redbook，假设用 read() 方法表示读书的动作，则调用该方法的动作脚本为：

```
bedroom.desk.redbook.read();
```

无论是表达对象的方法还是影片剪辑的方法，均遵循同样的模式。例如，用 ball_mc 影片剪辑实例的 play() 方法在时间轴中移动播放头，则动作脚本如下：

```
ball_mc.play();
```

点语法还使用两个特殊别名：_root 和 _parent。别名 _root 是指主时间轴。可以使用 _root 别名创建一个绝对目标路径。例如，下面的动作脚本调用主时间轴上影片剪辑 functions 中的函数 Board()：

```
_root.functions.Board();
```

可以使用别名 _parent 引用当前对象中嵌入的目标影片剪辑，也可使用 _parent 创建相对目标路径。例如，如果影片剪辑 dog_mc 嵌入影片剪辑 animal_mc 的内部，则 dog_mc 的如下动作脚本会指示 animal_mc 停止：

```
_parent.stop();
```

#### 3. 大括号

动作脚本事件处理函数、类定义和函数用大括号（{}）组合在一起形成块。可以在与声明同一行或下一行上放置一个左大括号。为使动作脚本更具可读性，最好选择一种格式并始终如一地使用它。

可以检查动作脚本中的大括号是否匹配。

### 4. 分号

动作脚本语句以分号（;）结束，请看以下的动作脚本：

```
var column = passedDate.getDay();
```

如果省略了结束分号，Flash 仍能够成功地编译动作脚本。但是，不建议省略分号。

### 5. 小括号

在定义函数时，要将所有参数都放在括号中，请看下面的动作脚本：

```
function myFunction(name, age, reader){
   // 此处放置动作脚本
}
```

在调用函数时，要将传递给该函数的所有参数都包含在括号中，请看下面的动作脚本：

```
myFunction("Steve", 10, true);
```

也可使用括号改写动作脚本的优先顺序或增强动作脚本语句的易读性。

### 6. 注释

建议在动作脚本编程过程中多使用注释，注释有助于帮助他人理解动作脚本的内容。

如果要在某一行动作脚本后添加注释，可在该注释前加两个斜杠（//），例如：

```
on(release){
   myDate = new Date();                          // 创建新的 Date 对象
   currentDate = myDate.getDate();
}
```

默认情况下，注释是灰色的。注释可以具有不同的长度，这不会影响导出文件的大小，并且它们不必遵循动作脚本语法或关键字的规则。

如果要“注释”动作脚本的整体，可将其放在注释块中。

要创建注释块，可在命令行开始处添加“/*”，在结尾处添加“*/”。例如，当以下动作脚本运行时，将不执行注释块（/*...*/）中的任何内容：

```
var x:Number = 15;   // 运行动作脚本
// 以下的动作脚本不会运行，只会被当作注释
/*
on(release){
   myDate = new Date();
```

```
    currentDate = myDate.getDate();
}
*/
```

### 7．关键字

动作脚本保留一些单词用于特定用途，因此不能将它们用作各种标识符，比如用作变量、函数或对象的名称。表 11-2 给出了 Flash 动作脚本中的保留关键字。

表 11-2　动作脚本的保留关键字

| | | | |
|---|---|---|---|
| break | extends | instanceof | static |
| case | for | interface | switch |
| class | function | intrinsic | this |
| continue | get | new | typeof |
| default | if | private | var |
| delete | implements | public | void |
| dynamic | import | return | while |
| else | in | set | with |

### 8．常数

常数是其值始终不变的量。例如，常数 BACKPACE、ENTER、QUOTE、RETURE、SPACE 和 TAB 是 Key 对象的属性，代表键盘上的按键。如果要测试用户是否按下了 Enter 键，可以使用下面的动作脚本：

```
in(Key.getCode() == Key.ENTER){
    alert = "Are you ready to play?";
    controlMC.gotoAndStop(5);
}
```

## 11.2.4　变量

变量是包含可变信息的容器。变量名称始终不变，但变量值可以更改。

当首次定义变量时，最好为该变量指定一个已知值，这被称为变量初始化，通常在动画文件的第 1 帧中完成。变量初始化有助于在播放动画文件时跟踪和比较变量的值。

变量可以包含任何类型的数据。变量中可以存储的常见信息类型包括 URL、用户名、数学运算的结果、事件发生的次数，以及是否单击了某个按钮等。每个动画文件和影片剪辑实例都有一组变量，每个变量都有各自的值，与其他动画文件或影片剪辑中的变量无关。

如果要测试变量的值，可以使用 trace() 动作向【输出】面板发送。例如，trace(hours) 会在测试模式下将变量 hours 的值发送到【输出】面板中。也可在测试模式下在调试器中检查和设置变量的值。

### 1. 命名变量

命名变量必须遵守下面的规则。

- 变量名的第一个字符必须是字母、下画线（_）或美元记号（$），其后的字符必须是字母、数字、下画线或美元记号，不能包含空格，比如，firstName 是一个正确的变量名，而 first Name 则不正确。
- 变量名不能是关键字或各种固有的名称，例如 true、false、null 或 undefined 等。
- 变量名在其作用范围内必须是唯一的。

动作脚本编辑器支持内置类和基于这些类的变量的动作脚本提示。如果需要 Flash 为特定的变量类型提供提示，则应精确输入变量的名称。例如，输入下面的动作脚本，只要在 members 后输入句点（.），Flash 就会显示可用于 Array 对象的方法和属性的列表：

```
var members:Array = new Array();
members.
```

### 2. 确定变量的作用范围及声明变量

变量的作用范围是指变量在其中已知并且可以引用的区域。在动作脚本中有三种类型的变量范围：局部变量、时间轴变量、全局变量。

(1) 局部变量

局部变量在声明它们的函数体（由大括号界定）内可用。

如果要声明局部变量，可在函数体内部使用 var 语句。局部变量的使用范围只限于它对应的动作脚本内。

例如，程序员经常用变量 i 和 j 作循环计数器。在下面的动作脚本中，i 作为局部变量，只存在于函数 ShowNum() 的内部：

```
function ShowNum(){
   var i;
   for(i = 0;i < 3; i++){
       trace(i);
   }
}
```

局部变量也要防止出现名称冲突，因为名称冲突可能会导致动作脚本出现错误。例如，如果使用 name 作为局部变量，则可以用它在一个函数中存储用户名，而在另一个函数中存储影片剪辑实例的名称，因为同一名称的变量是在不同的范围内运行的，所以不会有冲突。

可以在定义局部变量时为其指定数据类型，这有助于防止将类型错误的数据赋值给现在的变量。

(2) 时间轴变量

时间轴变量可用于该时间轴上的任何动作脚本。

要声明时间轴变量，应在该时间轴中的所有帧上都初始化这些变量。要确保先变量初始化，然后尝试在动作脚本中访问它。例如，如果只是将变量的声明“var x =

10;”放置在第20帧上，则第20帧之前的任何帧上的动作脚本都无法访问该变量。

(3) 全局变量

全局变量和函数对于文档中的每个时间轴和脚本范围均可见。

要创建全局变量，可以在变量名称前使用 _global 标识符，并且不使用 var 进行声明。例如，要创建全局变量 myName，下面的第一行是错误的，第二行正确：

```
var_global.myName = "George";          // 语法错误
_global.myName = "George";             // 语法正确
```

**注意：**

如果使用与全局变量相同的名称初始化了一个局部变量，则在处于该局部变量的作用范围内时，无法对全局变量进行访问。下面的动作脚本尽管全局变量和函数内的局部变量名称均为 counter，但是在函数体内只有局部变量有效，函数体外则只有全局变量有效。

```
_global.counter = 100;
counter++;
trace(counter); // 显示 101
function count(){
   for(var counter = 0;counter <= 10; counter++){
       trace(counter); // 显示 0 ~ 10
   }
}
count();
counter++;
trace(counter); // 显示 102
```

### 11.2.5 表达式与运算符

表达式是 Flash 可以计算并返回值的任何语句，可以通过组合运算符和值或者调用函数来创建表达式。

运算符是指定如何组合、比较或修改表达式值的字符。用运算符对其执行运算的元素称为操作数。例如，在下面的语句中，运算符是“+”，而 foo 和 3 就是操作数。

```
foo + 3;
```

下面介绍关于常见的运算符、运算符优先级和运算符的结合律等内容。

**1. 运算符的优先级和结合律**

当在同一语句中使用两个或多个运算符时，有一些运算符会优先于其他的运算符。动作脚本按照一个精确的层次来确定首先执行哪些运算符。例如，乘法总是先于加法执行，而括号中的加法会优先于乘法。

当两个或更多个运算符优先级相同时，运算符的结合律会确定它们的执行顺序。结合律可以从左到右运算也可以从右到左。

### 2．数值运算符

数值运算符可以执行加法、减法、乘法、除法运算，也可以执行其他算术运算。

增量运算符最常见的用法是 i++，而不是比较烦琐的 i = i+1。

增量运算符可以在操作数前面或后面使用。在下面的示例中，age 先递增，然后与数字 30 进行比较：

```
if(++age >= 30)
```

在下面的动作脚本中，age 在执行比较之后递增：

```
if(age++ >= 30)
```

表 11-3 给出了动作脚本的数值运算符。

表 11-3　动作脚本的数值运算符

| 运算符 | 执行的运算 | 运算符 | 执行的运算 |
|---|---|---|---|
| + | 加法 | − | 减法 |
| * | 乘法 | ++ | 递增 |
| / | 除法 | −− | 递减 |
| % | 求模（除后的余数） | | |

### 3．比较运算符

比较运算符用于比较表达式的值，然后返回一个布尔值（true 或 false）。这些运算符常用于循环语句和条件语句中。在下面的示例中，如果变量 score 大于 100，则加载 winner.swf 文件，否则将加载 loser.swf 文件：

```
if(score > 100){
   loadMovieNum("winner.swf", 5);
} else {
   loadMovieNum("loser.swf", 5);
}
```

表 11-4 给出了动作脚本的比较运算符。

表 11-4　动作脚本的比较运算符

| 运算符 | 执行的运算 | 运算符 | 执行的运算 |
|---|---|---|---|
| < | 小于 | <= | 小于等于 |
| > | 大于 | >= | 大于等于 |

### 4．字符串运算符

“+”运算符在处理字符串时会将两个字符串连接起来。例如，下面的语句会将“Congratulations,”和“Donna!”连接起来，结果是“Congratulations,Donna!。

```
"Congratulations," + "Donna!"
```

如果“+”运算符的操作数中只有一个是字符串，则 Flash 会将另一个操作数转

换为字符串。

比较运算符 >、>=、< 和 <= 在处理字符串时也有特殊的作用。这些运算符会比较两个字符串，以确定哪一个字符串按字母或数字的顺序排在前面。只有在两个操作数都是字符串时，比较运算符才会执行字符串比较；如果只有一个操作数是字符串，动作脚本会将两个操作数都转换为数字，然后执行数值比较。

### 5．逻辑运算符

逻辑运算符对布尔值（true 和 false）进行比较，然后返回第三个布尔值。例如，如果两个操作数都为 true，则用逻辑“与”运算符（&&）将返回 true；如果两个操作数中至少有一个为 true，则用逻辑“或”运算符（||）将返回 true。

逻辑运算符通常与比较运算符结合使用，以确定 if 动作的条件。例如，在下面的动作脚本中，如果两个表达式都为 true，则将执行 if 语句后面的动作。

```
if(i>10 && _framesloaded > 50){play();}
```

表 11-5 给出了动作脚本的逻辑运算符。

表 11-5　动作脚本的逻辑运算符

| 运算符 | 执行的运算 | 运算符 | 执行的运算 |
|---|---|---|---|
| && | 逻辑“与” | ! | 逻辑“非” |
| \|\| | 逻辑“或” | | |

### 6．赋值运算符

可以使用赋值（=）运算符为变量赋值，请看下面的动作脚本：

```
var password = "123456";
```

还可以使用赋值运算符给同一表达式中的多个变量赋值。在下面的动作脚本中，d 的值会被赋予变量 a、b 和 c：

```
a = b = c = d;
```

也可以使用复合赋值运算符联合多个运算。复合运算符可以对两个操作数都进行运算，然后将新值赋予第一个操作数。例如，下面两行动作脚本是等效的：

```
x += 15;
x = x + 15;
```

赋值运算符也可以用在表达式的中间，请看下面的动作脚本：

```
// 如果口味不是香草味，则输出消息
if((flavor = getIceCreamFlavor())!= "vanilla"){
   trace("Flavor was" + flavor + ",not vanilla.");}
```

下面的动作脚本与上面的动作脚本是等效的：

```
flavor = getIceCreamFlavor();
if(flavor != "vanilla") { trace ("Flavor was" + flavor + ",not
```

```
vanilla.");}
```

表 11-6 给出了动作脚本的赋值运算符。

表 11-6　动作脚本的赋值运算符

| 运算符 | 执行的运算 | 运算符 | 执行的运算 |
|---|---|---|---|
| = | 赋值 | <<= | 按位左移位并赋值 |
| += | 相加并赋值 | >>= | 按位右移位并赋值 |
| －＝ | 相减并赋值 | >>>= | 右移位填 0 并赋值 |
| *= | 相乘并赋值 | ^= | 按位“异或”并赋值 |
| %= | 求模并赋值 | \|= | 按位“或”并赋值 |
| /= | 相除并赋值 | &= | 按位“与”并赋值 |

## 11.2.6　函数

函数是指可以在 Flash 文档的任意位置重用的动作脚本。如果将值当作参数传递给函数,函数将对这些值执行运算。函数也可以有返回值。

### 1．使用内置函数

Flash 内置了许多函数,可用于访问特定的信息,执行特定的任务,例如,要获取播放动画文件的 Flash Player 的版本号使用 getVersion() 函数。其中,属于对象的函数称作方法,不属于对象的函数称作顶级函数,可以在【动作】面板的 Functions 类别中找到这些函数。

每个函数都有其各自的特性,而某些函数需要传递特定的值。如果传递的参数多于函数的需要,多余的值将被忽略;如果没有传递必需的参数,则将值为空的参数指定为 undefined 数据类型,这可能会在导出动作脚本时导致错误。

如果要调用函数,只需使用函数名称并传递所有必需的参数,例如:

```
isNaN(someVar);
getTimer();
eval("someVar");
```

### 2．自定义函数

除了内置的函数之外,还可以自定义函数。一旦定义了函数,就可以从任意一个时间轴中调用它,包括加载的动画文件的时间轴。

可以将编写完善的函数看作一个“黑匣子”。如果它的输入、输出和目的都有详细的注释,则该函数的用户就不需要确切地了解该函数的内部工作原理。

函数和变量一样,都附加在定义它们的影片剪辑的时间轴上,必须使用目标路径才能调用它们。

与处理变量一样,可以使用 _global 标识符声明一个全局函数,该函数无须使用目标路径即可从所有时间轴中进行调用。如果要定义全局函数,可在函数名称前面加上标识符 _global。请看下面的动作脚本:

```
_global.myFunction = function(x){
```

```
    return (x*2)+3;
}
```

如果要定义时间轴函数，可使用 function 关键字，后面要带有函数名称、要传递给该函数的所有参数以及指明该函数作用的动作脚本。

下面的动作脚本定义了一个名为 areaOfCircle 的函数，它带有参数 radius：

```
function areaOfCircle(radius){
    return Math.PI * radius * radius;
}
```

也可以通过创建函数文本来定义函数。函数文本是一种未命名的函数，它是在表达式中声明，而不是在语句中声明。请看下面的动作脚本：

```
area = (function(){return Math.PI * radius * radius;})(5);
```

需要说明的是当函数被重新定义时，新的定义将替换旧的定义。

## 11.3 【动作】面板

### 11.3.1 认识【动作】面板

在 Flash 中进行动作脚本编程的主要场所就是【动作】面板。

选择【窗口】→【动作】命令（快捷键是 F9），打开【动作】面板，如图 11-3 所示。

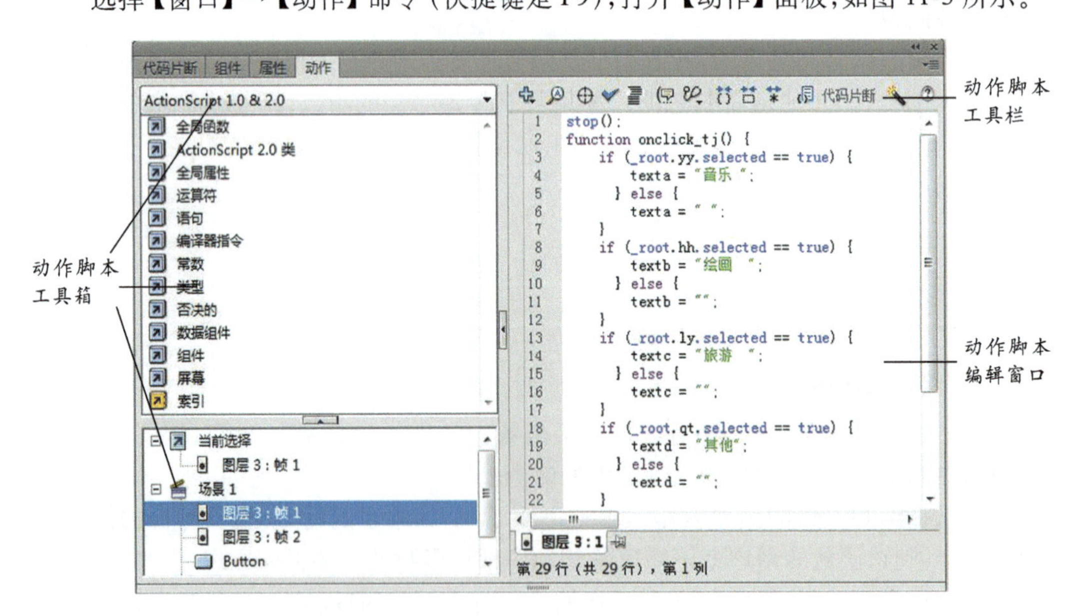


图 11-3 【动作】面板

【动作】面板主要包括以下 3 部分。

- 动作脚本工具箱：可以从中选择当前动画制作使用的 ActionScript 版本、相关语言要素、当前选中对象的具体信息（如名称、位置等）。
- 动作脚本工具栏：列出了主要的编辑动作脚本的工具。

- 动作脚本编辑窗口：用户可以直接在该窗口中输入动作脚本。

【动作】面板的动作脚本工具栏如图 11-4 所示，各个按钮的主要功能说明如下。

图 11-4　动作脚本工具栏

- ：单击该按钮，可在弹出的下拉列表中选择需要的动作脚本命令。在动作脚本命令上单击，动作脚本将自动添加到动作脚本编辑窗口中。
- ：可查找指定的字符串。
- ：在编辑语句时插入一个目标对象的路径。
- ：检查当前语句的语法，并给出提示。
- ：可以使当前语句按标准的格式排列。
- ：将光标定位到某一位置。单击该按钮，将显示它所在的函数的语法格式，如图 11-5 所示。

图 11-5　显示函数的语法格式

- ：调试选项，可以用它设置和删除断点。
- ：将光标放在大括号后。再单击该图标，则大括号内的动作脚本会折叠起来。
- ：只将选择的动作脚本折叠起来。
- ：展开所有折叠起来的动作脚本。
- ：为当前选择的动作脚本添加“/*...*/”类型的注释标记。
- ：为当前选择的动作脚本添加“//”类型的注释标记。
- ：删除当前选择的注释标记，单击一次只能删除一个注释标记。
- ：显示或者隐藏左边的工具箱。
- 代码片段：用于打开【代码片段】面板，使用 ActionScript 3.0 编写针对按钮等控件的动作脚本时，必须先要使用该面板选择相应的事件，然后才能在【动作】面板中继续编写代码。
- ：用于在【动作】面板的右侧上方弹出设置项，帮助不熟悉动作脚本的用户按步骤创建动作脚本，如图 11-6 所示。
- ：可以获得相关的帮助信息。

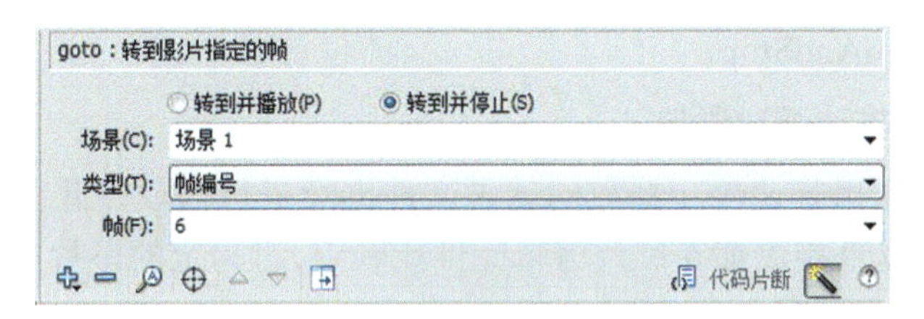


图 11-6　单击动作脚本助手按钮会弹出设置项

### 11.3.2　在【动作】面板中添加动作脚本

单击动作脚本工具栏中的按钮，弹出与动作脚本工具箱中一样的条目下拉列表，如图 11-7 所示，说明这两个地方都能帮助用户在动作脚本编辑窗口中添加动作脚本。

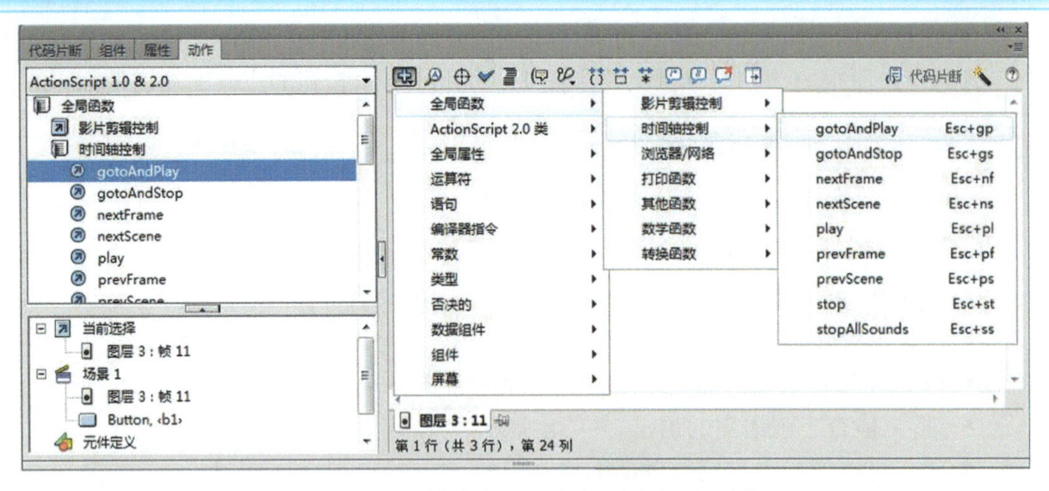


图 11-7　与动作脚本工具箱中一样的下拉列表

在【动作】面板中可以通过以下 4 种方法添加动作脚本。

- 双击动作脚本工具箱中动作列表中的动作语句。
- 单击控制按钮组中的按钮，从弹出的菜单中选择要添加的动作脚本。
- 直接在动作脚本编辑窗口中输入要添加的动作语句。
- 单击动作脚本助手按钮，根据提示添加动作脚本。

**注意：**

对于执行按钮事件的动作脚本，只能添加到按钮元件中。

另外，动作脚本编辑完后，可单击按钮检查动作脚本语句的正确性。如果语句正确，系统会弹出一个提示框，提示动作脚本中没有错误；如果语句不正确，系统会提示哪些地方有错误。

## 11.4　Flash 中的常用动作语句

### 11.4.1　场景 / 帧控制语句

Flash 提供了许多语句来控制动画时间轴的播放进程，常用的有 play、stop、gotoAndPlay、gotoAndStop。

#### 1. play（播放动画）语句

play 语句的作用是使停止播放的动画文件继续进行播放。此语句通常用于控制影片剪辑。它可以直接添加在影片剪辑元件或帧中，对指定的影片剪辑元件和动画进行控制。

播放动画语句 play 的语法格式为：

```
play();
```

#### 2. stop（停止播放动画）语句

在默认情况下，动画将一直播放，直到结束，如果用户在中间需要停止播放动画，则必须在相应的帧或按钮中添加 stop 语句。此语句的作用是停止当前正在播放的动画文件。它可以直接添加在影片剪辑元件或帧中，对指定的影片剪辑元件和动画进行控制。

停止播放动画语句 stop 的语法格式为：

```
stop():
```

### 3．gotoAndPlay（跳转并播放动画）语句

gotoAndPlay 语句通常添加在帧或按钮元件上。其作用是当播放到某帧或单击某按钮时，跳转到指定场景中指定的帧上，并从该帧开始播放动画。如果未指定场景，则跳转到当前场景的指定帧上。其基本语法格式为：

```
gotoAndPlay ([scene,]frame)
```

**提示：**

scene 为可选字符串，指定播放头要转到的场景的名称。frame 表示播放头将转到的帧编号，或者是一个表示播放头将转到的帧标签的字符串。

### 4．gotoAndStop（跳转并停止播放动画）语句

gotoAndStop 语句通常添加在帧或按钮元件上，其作用是当播放到某帧或单击某按钮时，跳转到指定场景中指定的帧上，并停止播放。其基本语法格式为：

```
gotoAndStop ([scene,]frame)
```

scene 和 frame 的含义与 gotoAndPlay 语句中的相同。

## 11.4.2　循环语句

在 Flash 中可以通过循环语句重复执行某条语句或某段程序，常用的循环语句包括 while、do while 和 for 语句。

### 1．while 语句

while 语句可重复执行某条语句或某段程序。使用 while 语句时，系统会先计算一个表达式，如果表达式的值为 true，就执行循环的动作脚本。在执行完循环的每一个语句之后，while 语句会再次对该表达式进行计算，当表达式的值仍为 true 时，会再次执行循环体中的语句，直到表达式的值为 false。其基本语法格式为：

```
while(condition){
   statement(s);
}
```

**提示：**

condition 指每次执行 while 动作时都要重新计算的表达式。statement(s) 表示 condition 的计算结果为 true 时要执行的指令。

### 2．do while 语句

do while 语句与 while 语句一样，可以创建相同的循环，不同的是 do while 语句对表达式的判定是在其循环结束处，所以使用它时会至少执行一次循环。其基本语法格式为：

```
do{
   statement(s);
}
white(condition)
```

**提示：**

condition 指要计算的条件。statement(s) 是指要 condition 参数的计算结果为 true 就会执行循环语句。

### 3．for 语句

通过 for 语句也可以创建循环语句，可在其中预先定义好决定循环次数的变量。其基本语法格式为：

```
for(init;condition;next){
   statement(s);
}
```

**提示：**

init 是一个赋值表达式，表示一个在开始循环序列前要执行的表达式。condition 是指计算结果为 true 或 false 的表达式，其作用是在每次循环前计算该条件，当条件的计算结果为 true 时继续循环，当条件的计算结果为 false 时退出循环。next 是指在每次循环后要计算的表达式，通常使用＋＋或－－运算符的表达式。statement(s) 是指要在循环体内执行的语句。

## 11.4.3　条件语句

条件语句是指当条件成立时执行的语句，包括 if、else、else if 语句。

### 1．if 语句

if 语句主要用于一些需要对条件进行判定的场合，其作用是可以使用一定条件来控制动画的播放或动作脚本的执行。其基本语法格式为：

```
if(condition){
   statement(s);
}
```

**提示：**

condition 指需要满足的条件。statement(s) 表示条件满足后要执行的语句。

### 2．else 语句

else 语句必须与 if 语句配合使用才有意义，if 语句只有在满足给定的条件时才能继续执行后面的语句，否则会执行 else 语句中的动作。其基本语法格式为：

```
if(condition){
   statement(s);
```

```
}else(condition){
    statement(s):
}
```

### 3．else if 语句

else if 语句用于配合 if 语句，使用时以实现对多个条件的判断。其基本语法格式为：

```
if(condition){
    statement(s);
}else if(condition){
    statement(s):
}else{
    statement(s):
}
```

## 11.4.4 按钮语句 on

on 是按钮专用的语句，它用于指定触发动作的鼠标事件或者按键事件。其基本语法格式为：

```
on(){
    ...
}
```

在 on 的括号（）中有一系列参数可以指定触发鼠标或按钮事件的方式，可用的选项的含义如下。

- press：在按钮上单击时触发动作。
- release：释放鼠标时触发动作。
- releaseOutside：按住鼠标左键将光标移至按钮外，松开鼠标左键时触发动作。
- rollOver：鼠标光标从外向里经过按钮时触发动作。
- rollOut：鼠标光标从里向外经过按钮时触发动作。
- dragOver：按住鼠标左键拖动，将光标移至按钮外，再移回按钮时触发动作。
- dragOut：按住鼠标左键拖动，将光标移至按钮外即可触发动作。
- keyPress：设置触发动作的按键，以后按下该键时即可触发动作。

## 11.4.5 超级链接语句 getURL

超级链接语句 getURL 的作用是使某帧或按钮链接到其他网页或实现邮件发送等操作。其基本语法格式为：

```
getURL(url,window,variables);
```

**提示：**

url 是指需要链接的网页地址。window 用于设置网页窗口打开的位置。variables 用于设置发送变量的方式。

## 11.5 上机实战

学习了动作脚本后，为了能更好地了解及应用它，下面以具体实例展示它在动画制作中的应用。

### 11.5.1 制作正弦曲线

**制作正弦曲线的具体操作步骤如下。**

(1) 新建一个空白的 ActionScript 2.0 文档，场景尺寸采用默认设置，背景色设为白色。

(2) 选择【插入】→【新建元件】命令，打开【创建新元件】对话框，创建一个名为 control 的影片剪辑元件。

(3) 进入 control 元件的编辑区。单击【时间轴】面板的第 1 帧，按 F9 键打开【动作】面板，输入以下动作脚本：

```
with(_root.jiao)
{
   pox=100;
   poy=200;
   clear();
   lineStyle(0.25,0x989898,100);
   moveTo(0+pox-50,0+poy);
   lineTo(360+pox+20,0+poy);
   moveTo(360+pox+20,0+poy);
   lineTo(360+pox+10,poy-10);
   moveTo(360+pox+20,0+poy);
   lineTo(360+pox+10,poy+10);

   moveTo(0+pox,180+poy);
   lineTo(0+pox,-180+poy);
   moveTo(0+pox,-180+poy);
   lineTo(pox-10,-180+poy+10);
   moveTo(0+pox,-180+poy);
   lineTo(pox+10,-180+poy+10);
   _global.i=0
   moveTo(0+pox,0+poy);
}
```

(4) 单击第 2 帧，按 F7 键插入一个空白关键帧，在【动作】面板中输入以下动作脚本：

```
with(_root.jiao)
{
   i=i+1;
   if(i>361){
       gotoAndstop(4);
   }

   k=-1*Math.sin(i*Math.PI/180);
   lineTo(i+pox,k*100+poy);
}
```

(5) 在第3帧处插入空白关键帧，并在【动作】面板中输入以下动作脚本：

```
gotoAndPlay(2);
```

(6) 在第4帧中插入空白关键帧，在【动作】面板中输入以下动作脚本：

```
stop();
```

(7) 影片剪辑元件制作完毕，其【时间轴】面板如图11-8所示。

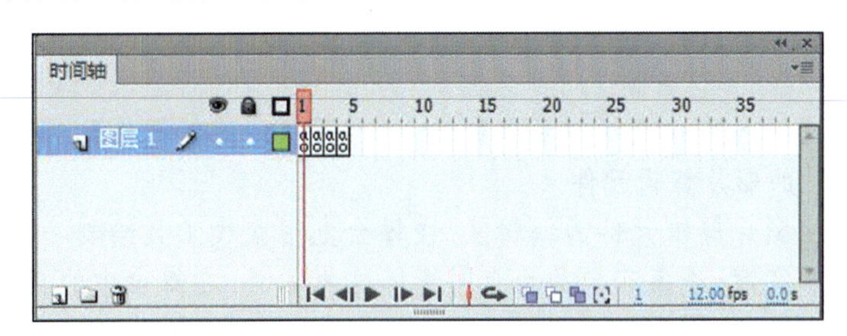

图 11-8 影片剪辑元件的【时间轴】面板

(8) 回到场景1中，选中第1帧，打开【库】面板，将control元件拖入舞台中。

(9) 单击第1帧，打开【动作】面板，输入以下动作脚本：

```
_root.createEmptyMovieClip("jiao", 1);
```

(10) 实例制作完毕，场景1及【时间轴】面板如图11-9所示。

(11) 按Ctrl+Enter组合键测试动画，效果如图11-10所示。

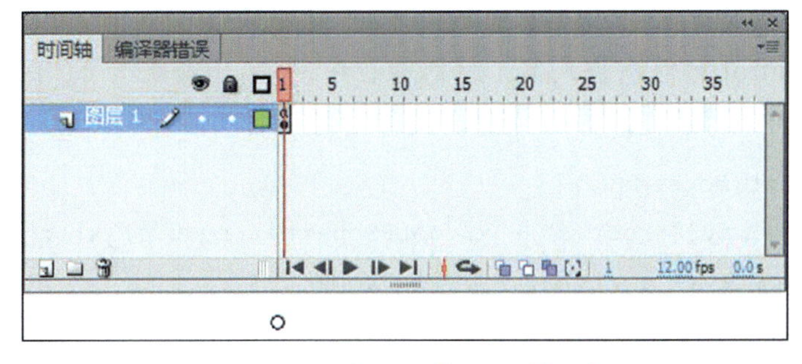

图 11-9 场景1及【时间轴】面板

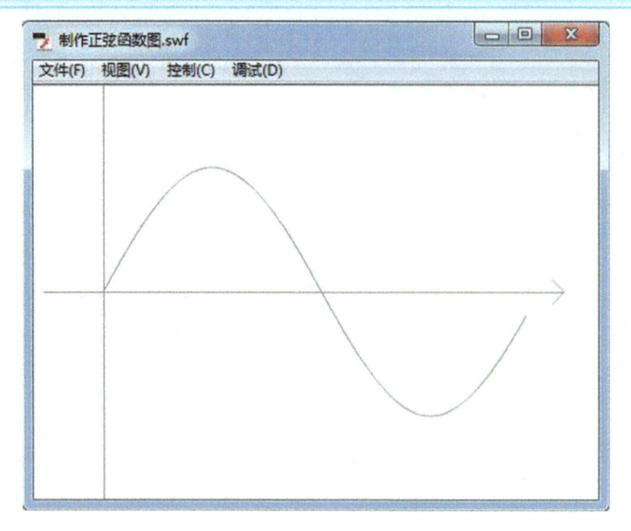


图 11-10 动画效果

### 11.5.2 用鼠标定位坐标

**用鼠标定位坐标的具体操作步骤如下。**

(1) 新建一个空白的 ActionScript 2.0 文档，场景尺寸采用默认设置，背景色设为黑色。

(2) 选择【插入】→【新建元件】命令，打开【创建新元件】对话框，创建一个名为“横坐标”的影片剪辑元件。

(3) 进入该影片剪辑元件的编辑区，在舞台上用直线工具绘制一条水平线段，其长度要大于舞台宽度，线条颜色为白色。选择文本工具，在舞台中的直线上方绘制一个文本框。选中此文本框，打开【属性】面板，将“文本类型”设置为“动态文本”，在【实例名称】和【变量】栏中输入 ht，如图 11-11 所示。

(4) 再创建一个名为“竖坐标”的影片剪辑元件，在舞台上绘制一条长度大于舞台高度的垂直直线，并在直线右侧绘制一个文本框，在【属性】面板中将“文本类型”设置为“动态文本”，在【实例名称】和【变量】栏中输入 st。

(5) 创建一个名为 control 的影片剪辑元件。

(6) 单击【时间轴】面板上方的场景 1，回到场景中。单击图层 1 的第 1 帧，打开【库】面板，将“横坐标”元件拖入舞台，在【属性】面板中设置实例名称为 h；将“竖坐标”元件拖入舞台，实例命名为 s。实例放置效果如图 11-12 所示。

(7) 将 control 元件也拖入第 1 帧的舞台中，将实例命名为 c。保持实例的选择状态，按 F9 键打开【动作】面板，输入以下动作脚本：

```
onClipEvent(mouseMove){
    setProperty("_root.s", _x, getProperty(_root.c,_x));
    setProperty("_root.h", _y, getProperty(_root.c,_y));
    _root.s.st = getProperty(_root.s,_x);
    _root.h.ht = getProperty(_root.h,_y);
}
```

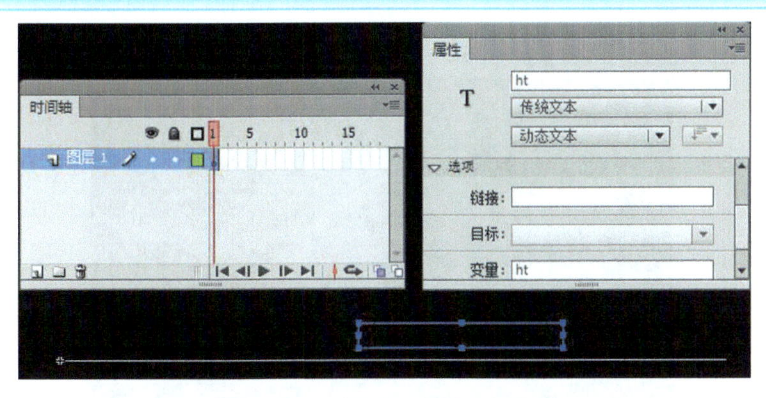


图 11-11　绘制直线并设置文本框

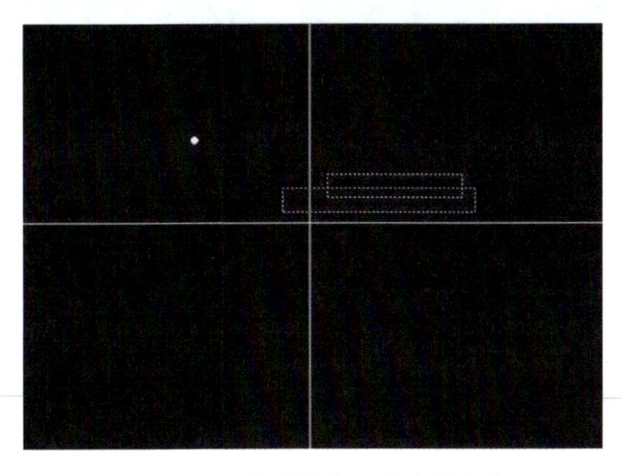

图 11-12　将元件拖入舞台的布局

(8) 在场景中新建图层 2。选中图层 2 的第 1 帧，在【动作】面板中输入以下动作脚本：

```
startDrag("_root.c", true);
mouse.hide();
```

(9) 新建图层 3，将其图层名称改为“背景”，移到所有图层的下面。选中【背景】图层的第 1 帧，执行【文件】→【导入】→【导入到舞台】命令，打开【导入】对话框，选择一张图片，单击【打开】按钮，将图片导入舞台中，并将其缩放到与舞台同等大小。此时的【时间轴】面板如图 11-13 所示。

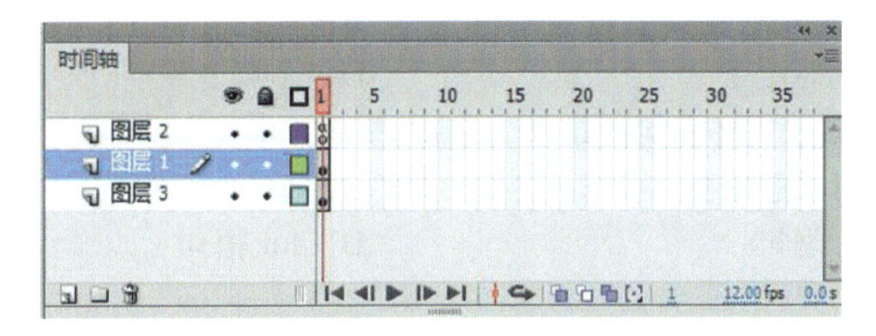


图 11-13　最终的【时间轴】面板

(10) 实例制作完毕，按 Ctrl+Enter 组合键测试动画，效果如图 11-14 所示。

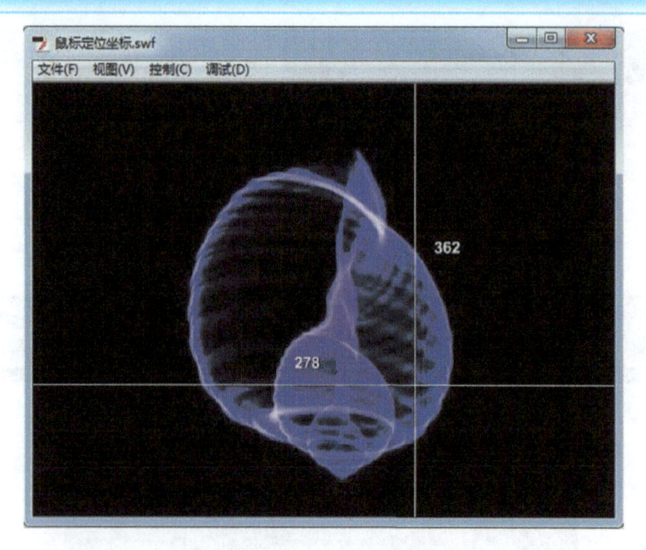


图 11-14 动画测试效果

## 11.6 习 题

### 1. 填空题

（1）动作脚本是 Flash 的__________，利用它可以实现交互式的 Flash 动画。

（2）Flash 内置了两种数据类型：原始数据类型和__________。

（3）在 Flash 中即使只是__________不同，变量名也被视为互不相同。

（4）变量包含的________影响在动作脚本中为变量赋值时变量值的变化方式。

（5）函数是指可以在 Flash 文档的任意位置__________的动作脚本。

### 2. 选择题

（1）在 Flash 中，可以在__________个地方添加动作脚本，都包括__________。

A. 3 帧、按钮、影片剪辑　　B. 2 按钮、影片剪辑

C. 2 帧、影片剪辑　　D. 3 帧、元件、影片剪辑

（2）单击（　　）按钮，可在弹出的下拉列表中选择需要的动作脚本命令。

A. [icon]　　B. [icon]　　C. [icon]　　D. [icon]

（3）下面关于动作脚本中包括的所有变量类型，正确的类型是（　　）。

A. 本地变量、全局变量　　B. 本地变量、时间轴变量、全局变量

C. 时间轴变量　　D. 全局变量

（4）下面不属于循环语句的是（　　）。

A. while 语句　　B. do while 语句

C. else 语句　　D. for 语句

### 3. 判断题

（1）使用动作脚本控制影片剪辑时，可以为影片剪辑指定多个实例名称。（　　）

（2）执行按钮事件的动作脚本只能添加到按钮元件中。（　　）

(3) rollOver 语句表示鼠标光标从里向外经过按钮时触发动作。 (    )

(4) on 是按钮专用的语句,它用于指定触发动作的鼠标事件或者按键事件。 (    )

4．简答题

(1) 可以在哪些地方添加动作脚本?

(2) 简述在影片剪辑中添加动作脚本的具体方法。

(3) 如何利用动作脚本实现 Flash 动画全屏播放?

(4) 如何利用动作脚本开始播放和停止播放影片剪辑?

# 第12章　动画的测试、导出与发布

动画制作完毕后,需要对动画进行测试、导出、发布等操作,以供其他的应用程序使用或供他人观看。

**本章要点:**

- 动画的测试。
- 动画的优化。
- 动画的导出。
- 动画的发布。

## 12.1　动画的测试

Flash 动画制作完后,就可以将其导出。在导出之前应该先对动画文件进行测试,以检查动画是否能正常播放。

Flash 既可以测试单个场景的下载性能,也可以测试整个动画的下载性能,下面将以一个实例来演示测试动画的步骤。

**测试动画的具体操作步骤如下。**

(1) 打开要测试的 Flash 动画,按 Ctrl+Enter 组合键, Flash 将当前文档输出为 SWF 文件,进入动画测试界面,如图 12-1 所示。这时即可测试影片的播放情况。

图 12-1　动画测试界面

(2) 在 Flash 播放器中选择【视图】→【下载设置】命令,在弹出的子菜单中选择一个下载速度来确定 Flash 模拟的数据流数率,这里选择 56KB/s,如图 12-2 所示。如果要自定义一个下载速度,可选择下拉菜单中的【自定义】命令,打开【自定义下

载设置】对话框，在其中自定义一个下载速度，如图 12-3 所示。

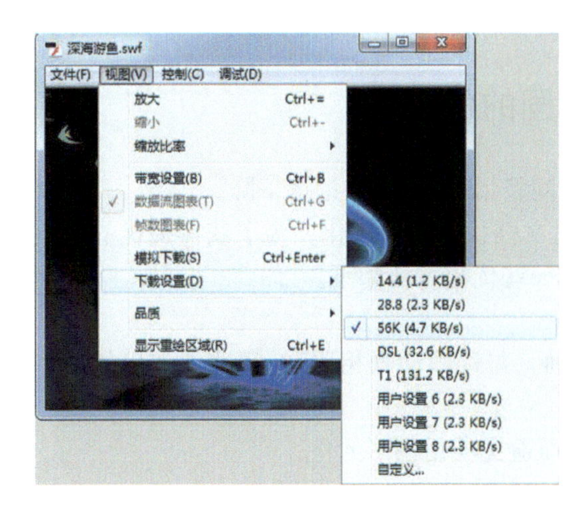


图 12-2　选择下载设置子菜单命令

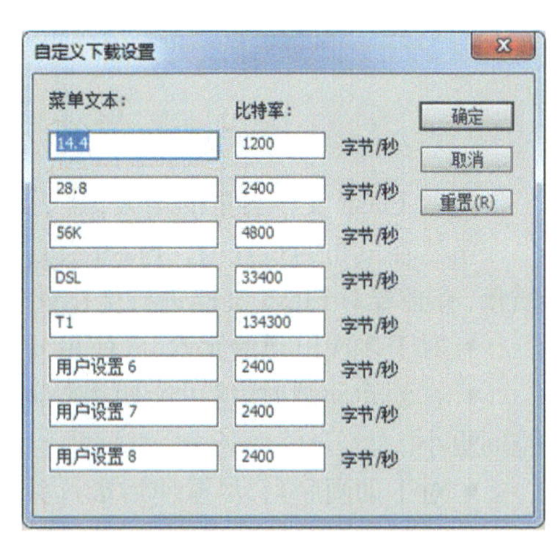


图 12-3　【自定义下载设置】对话框

(3) 选择【视图】→【带宽设置】命令，可以打开如图 12-4 所示的带宽显示图，以查看动画的下载性能（再次选择该命令可隐藏该显示图）。

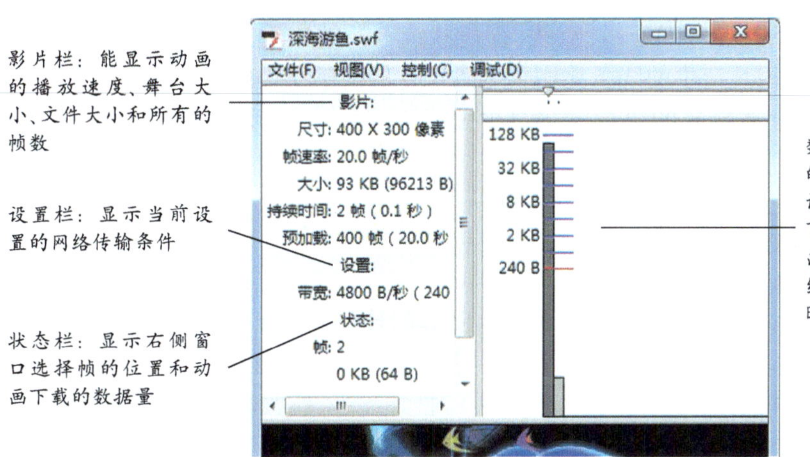


数据量：能显示各个帧的数据量。矩形条越长，该帧的数据量越大。最下面的红色平行线是动画传输率的红色警告线，当矩形条高于此线时，播放会产生停顿

图 12-4　带宽显示图

(4) 单击【视图】→【模拟下载】命令，开始模拟下载，在状态栏中显示已加载的动画比例及加载的速度，如图 12-5 所示。单击图表上的条形，会在下载性能图表的左侧显示对应帧的设置，同时停止文件的下载。

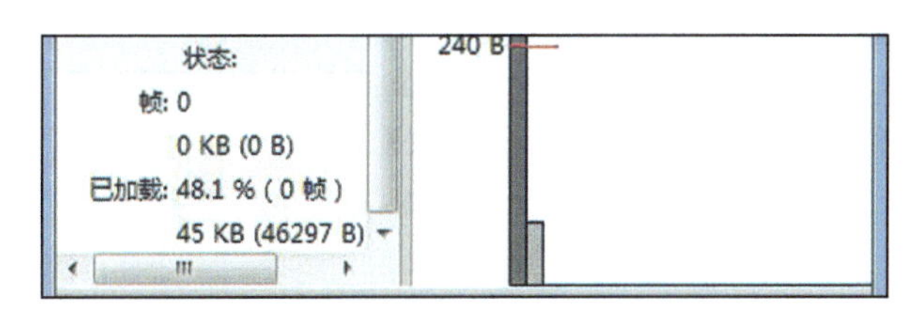


图 12-5　开始模拟下载动画

（5）选择【视图】→【数据流图表】命令，可以显示暂停的帧。

（6）关闭测试窗口，返回 Flash 动画的制作场景，即可完成测试。

## 12.2 动画的优化

随着 Flash 文档容量的增大，其下载时间将增加，播放质量将下降。

虽然在发布的过程中，Flash 会自动对文档执行一些优化。为了获得最优的播放质量，有必要对 Flash 文档进行优化处理。一些优化方法如下。

- 对于多次出现的元素，应使用元件。
- 在创建动画时，尽可能使用补间动画。与逐帧动画相比，补间动画占用的文件空间更小。
- 对于动画序列，尽量使用影片剪辑，而避免使用图形元件。
- 限制每个关键帧中改变的区域，在尽可能小的区域中执行动作。
- 避免使用动画式的位图，尽量将位图作为背景。
- 对于声音，尽可能使用 MP3 文件格式，因为它占用空间最小。
- 尽量将图形组合起来。
- 使用图层将在动画过程中改变的元素与不改变的元素分开。
- 限制特殊线条类型（如虚线、点线、锯齿状线等）的数量。因为实线所需的内存较少，而且用铅笔工具产生的线条比刷子笔触产生的线条所需的内存更少。
- 限制字体和字体样式的数量。尽量少使用嵌入字体，因为它们会增加文件的大小。
- 尽量少用渐变色。
- 尽量少使用 Alpha 透明度，它会减慢播放速度。

## 12.3 动画的导出

动画进行下载性能测试和优化后，用户可以将其导出，作为动画素材供其他软件使用或者直接在网上播放。

在导出时，可以根据用户的要求设置其导出的格式，选择【文件】→【导出】命令，在弹出的子菜单中有 3 个选项，这是 Flash 动画的基本导出格式。下面分别用实例说明如何导出图像和影片。

### 1. 导出图像

**导出图像的具体操作步骤如下。**

（1）打开要导出的 Flash 动画，选择舞台上要导出的某个对象。

（2）选择【文件】→【导出】→【导出图像】命令，弹出【导出图像】对话框，在【文件名】文本框中输入文件名称“深海游鱼”，在【保存类型】下拉列表中选择 JPEG 格式，如图 12-6 所示。

（3）单击【保存】按钮，弹出【导出 JPEG】对话框，如图 12-7 所示，单击【确定】按钮，完成导出图像的操作。

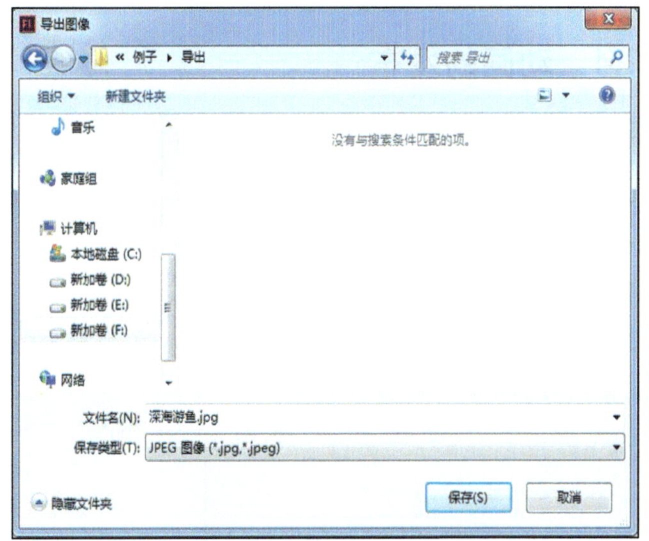


图 12-6　【导出图像】对话框

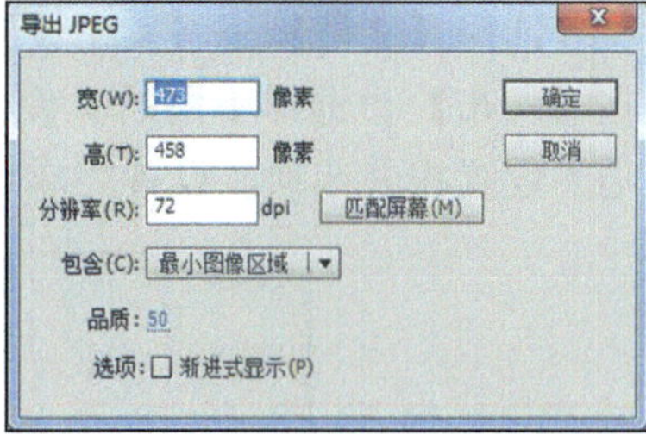


图 12-7　【导出 JPEG】对话框

## 2. 导出影片

**导出影片的具体操作步骤如下。**

(1) 打开要导出的 Flash 动画。

(2) 选择【文件】→【导出】→【导出影片】命令，弹出如图 12-8 所示的【导出影片】对话框，在【文件名】文本框中输入文件名称“深海游鱼”，在【保存类型】下拉列表中选择 GIF 格式，如图 12-8 所示。

(3) 单击【保存】按钮，弹出【导出 GIF】对话框，如图 12-9 所示，单击【确定】按钮，完成导出影片的操作。

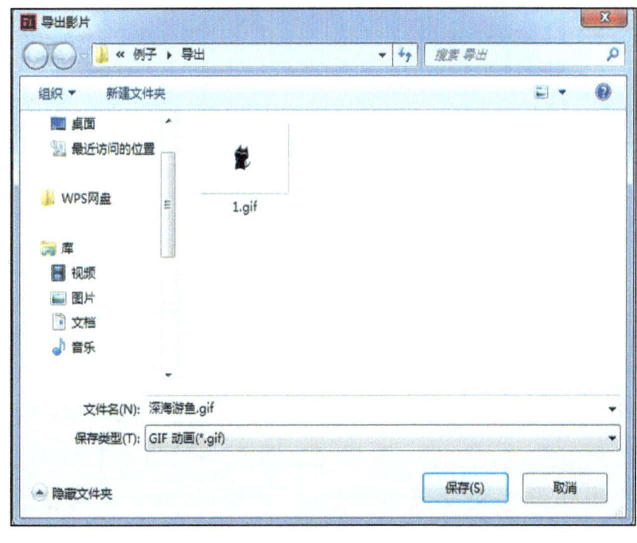


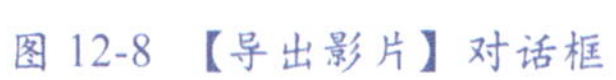
图 12-8　【导出影片】对话框

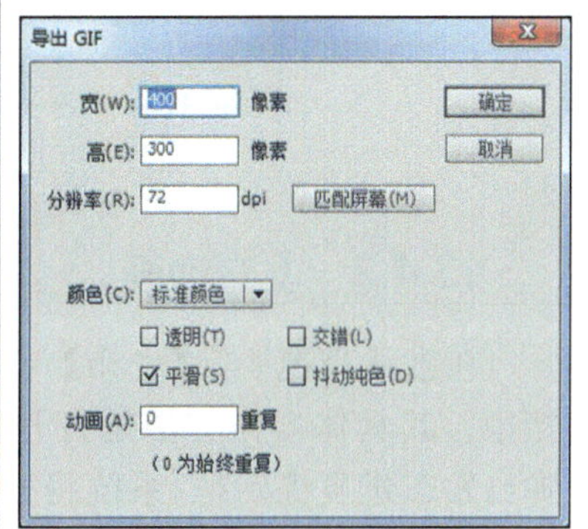


图 12-9　【导出 GIF】对话框

# 12.4 动画的发布

为了便于动画的推广和传播，在完成 Flash 动画的创建工作后，就可以将其发布出去。

## 12.4.1 设置发布格式

选择【文件】→【发布设置】命令，打开【发布设置】对话框，如图 12-10 所示，在【发布】栏选择不同的文件格式，则对话框右边会显示不同的选项，可以根据需要适当设置相关选项。设置完成后，单击【确定】按钮保存设置。

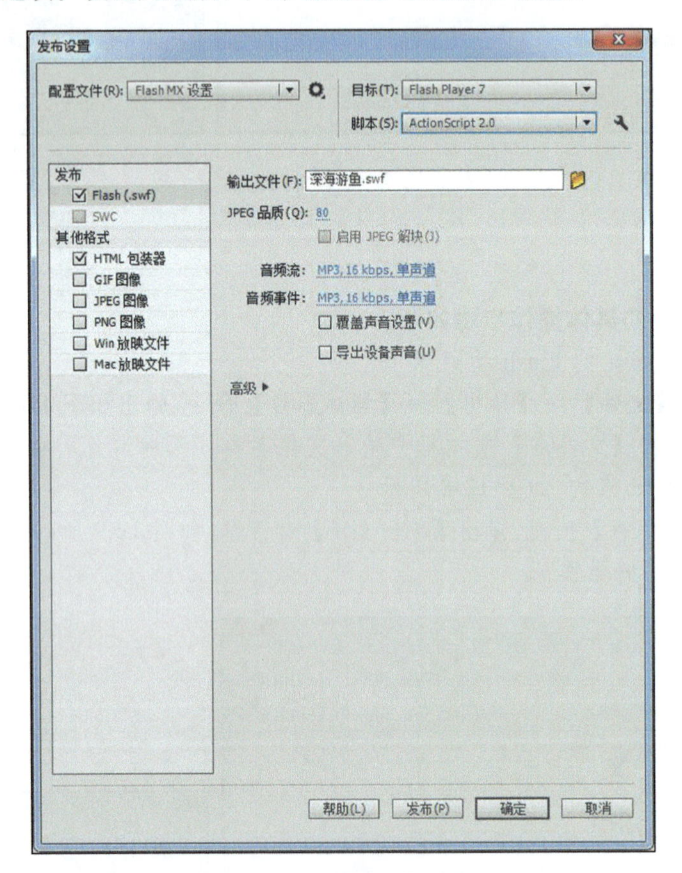


图 12-10 【发布设置】对话框

## 12.4.2 发布动画

在默认情况下，【发布】命令将创建 SWF 文件，并将 Flash 动画插入 HTML 文档中。其具体操作方法是打开要发布的动画文件，选择【文件】→【发布】命令，弹出发布进度提示框，系统将根据发布设置来发布动画作品，打开 Flash 文档所在的文件夹，可以看到发布的动画文件。

## 12.5　习　　题

**1．填空题**

（1）Flash 既可以测试单个场景的下载性能，也可以测试整个动画的________。

（2）对 Flash 文档进行优化处理时，对于多次出现的元素，应使用__________。

（3）在默认情况下，【发布】命令将创建________文件，并将 Flash 动画插入 HTML 文档中。

**2．简答题**

（1）简述测试动画的过程。

（2）优化 Flash 动画的方式有哪些？

（3）如何将一个 Flash 源文档发布成动画文件？

# 第13章　精 彩 实 例

## 13.1　百　叶　窗

本实例是通过使用遮罩技术来实现切换图片的动画效果。

**百叶窗的具体操作步骤如下。**

(1) 启动 Flash 程序，新建一个空白的 Flash 文档，将场景尺寸设置为 520 像素 × 780 像素，背景色设为白色，帧频为 12，如图 13-1 所示。

(2) 选择【文件】→【导入】→【导入到库】命令，将 2 张图片导入 Flash【库】面板中。按 Ctrl+L 组合键打开【库】面板。

(3) 选中【时间轴】面板中的图层 1，将【库】面板中的一张图片拖动到舞台上，用任意变形工具将图形调整到与舞台一样大小，再使用选择工具将图片与舞台对齐，如图 13-2 所示。

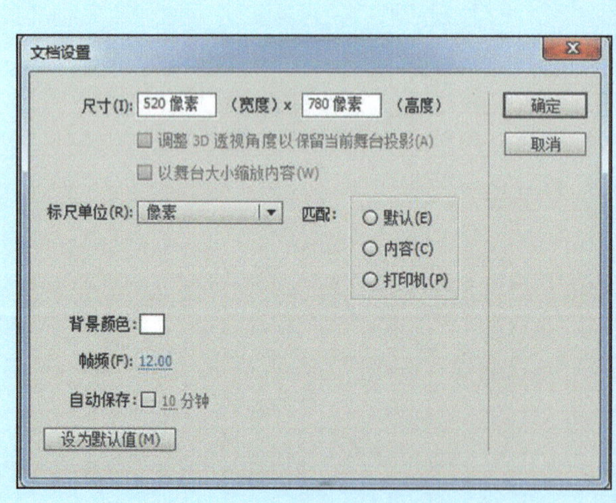


图 13-1　【文档设置】对话框

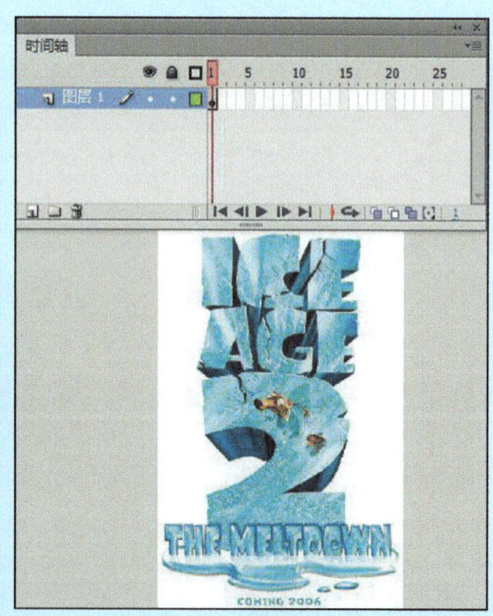


图 13-2　将图片拖入舞台

(4) 选中该图层的第 20 帧，按 F5 键插入一个普通帧，用于延续第 1 帧的关键帧。

(5) 在【时间轴】面板中单击新建图层按钮，新建一个图层 2，其【时间轴】面板如图 13-3 所示。选中该图层的第 1 帧，将【库】面板中的第 2 幅图片拖入舞台，对其进行调整，

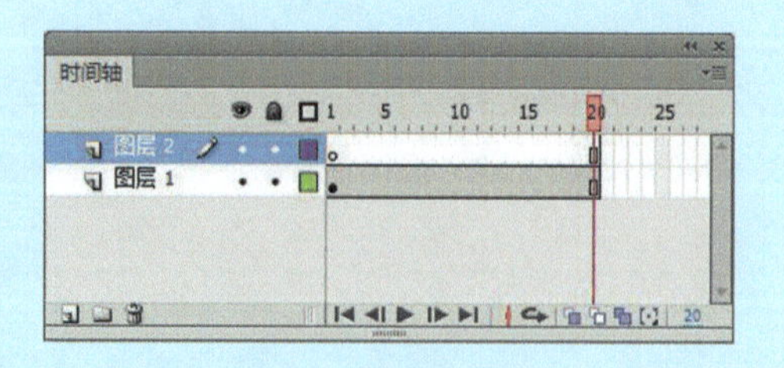


图 13-3　新建图层 2

使之与图层 1 中的图片大小和位置一致。

(6) 在【库】面板中单击按钮，打开【创建新元件】对话框，在【名称】栏中输入"矩形条"，【类型】设置为"图形"，如图 13-4 所示，单击【确定】按钮，创建新的图形元件。

(7) 进入名为"矩形条"图形元件的编辑状态，使用工具箱中的矩形工具绘制一个宽 520、高 52 的无线条橙色矩形，如图 13-5 所示。

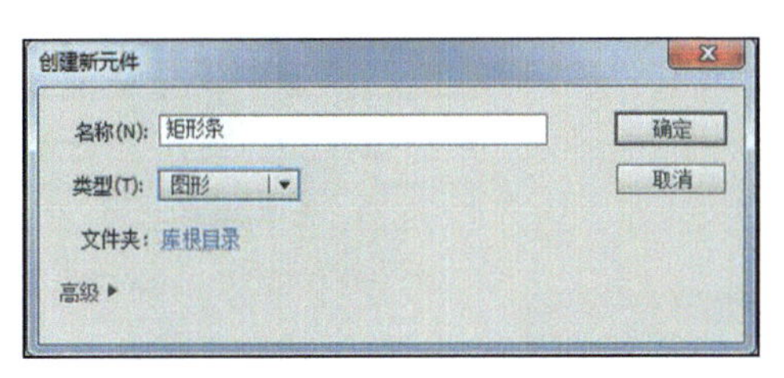


图 13-4　创建新元件"矩形条"

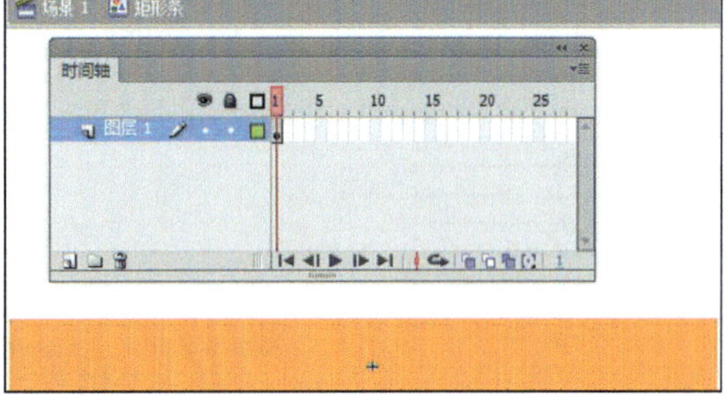


图 13-5　绘制"矩形条"图形元件

(8) 再新建一个名为"百叶窗"的影片剪辑元件。进入此元件的编辑状态，选中图层 1 中的第 1 帧，将【库】面板中的"矩形条"元件拖入舞台的中心位置。再单击第 20 帧，按 F6 键插入一个关键帧。

(9) 选择"百叶窗"元件中 1~20 帧的任意一帧，右击并选择【创建传统补间】命令，创建传统补间动画，如图 13-6 所示。

(10) 单击"百叶窗"元件中的第 1 帧，选择【窗口】→【变形】命令，打开【变形】对话框，在 100% 文本框中将数值改为 2.5%，如图 13-7 所示，按 Enter 键，矩形被压扁。再选中第 20 帧，打开【动作】面板，输入动作脚本"stop();"

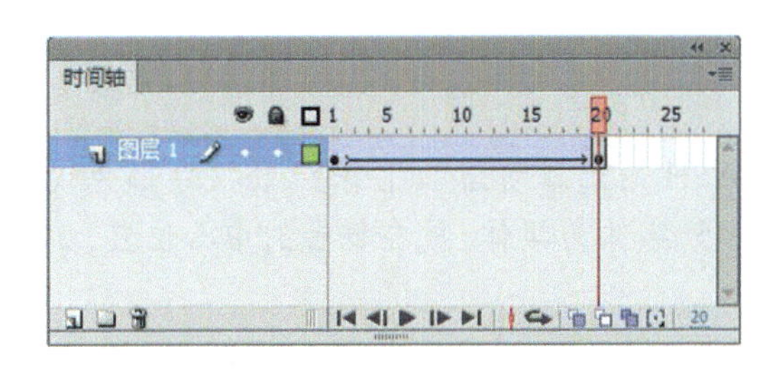


图 13-6　创建传统补间动画

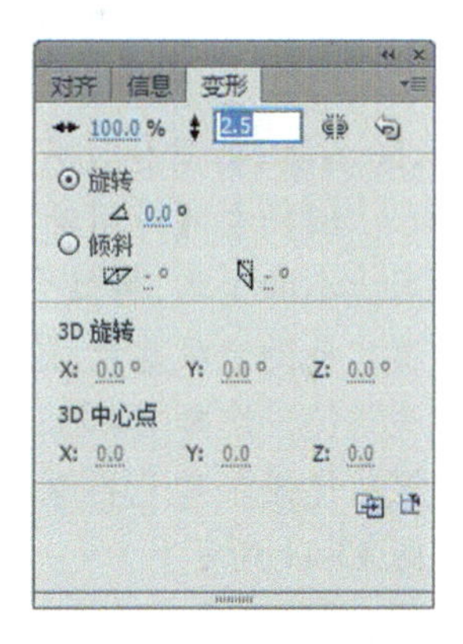


图 13-7　将矩形压扁

**提示：**

此处的脚本如果修改为"gotoAndPlay (1);"，则可以反复播放动画。

(11) 选择【插入】→【新建元件】命令，新建一个影片剪辑元件"百叶窗动画"。

(12) 选中"百叶窗动画"元件中的第 1 帧，从【库】面板中将"百叶窗"元件拖入舞台中 17 次，并保持每个元件的上下间隔为"矩形条"元件的高度。将这些实

例全选，按 Ctrl+K 键打开【对齐】面板，执行居中对齐和相对于舞台垂直居中分布命令，效果如图 13-8 所示。

（13）单击【时间轴】面板上的场景 1按钮，回到场景编辑状态。新建一个图层 3，选中第 1 帧，将“百叶窗动画”元件从【库】面板拖入舞台，并使其与舞台对齐。

（14）在图层 3 的图层图标上右击，从弹出的快捷菜单中选择【遮罩层】命令，将图层 3 变为一个遮罩层，而图层 2 就变为被遮罩层，如图 13-9 所示。

（15）实例制作完毕，按 Ctrl+Enter 组合键测试影片。

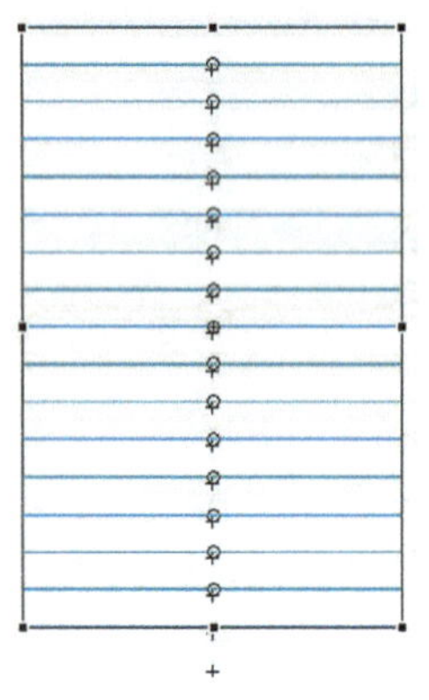

图 13-8　百叶窗动画

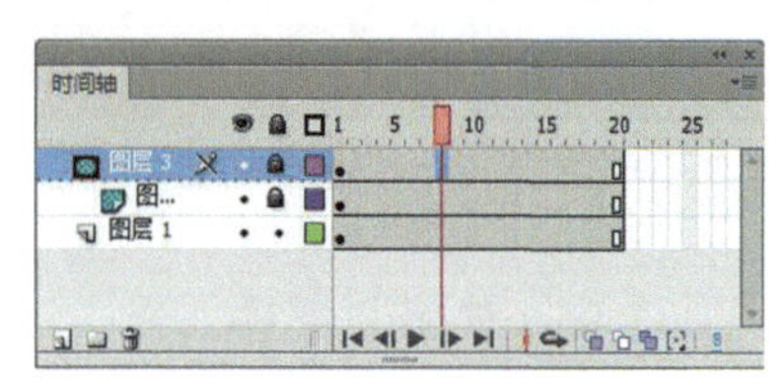


（a）添加遮罩层

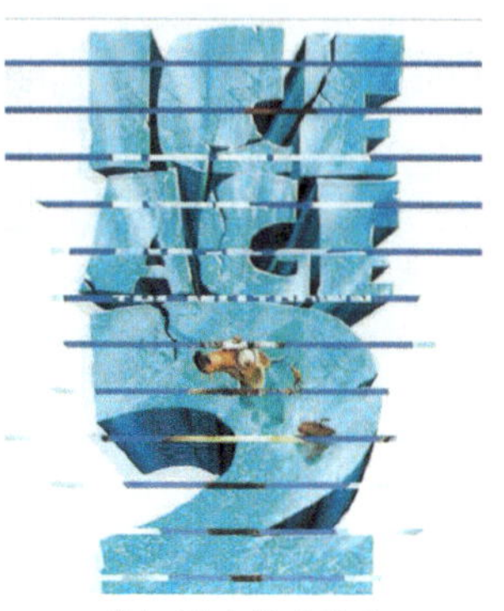

（b）影片播放效果

图 13-9　添加遮罩层及影片播放效果

## 13.2　探照灯效果

本实例是通过遮罩技术来实现特别的视觉效果。

**探照灯效果的具体操作步骤如下。**

（1）启动 Flash 程序，新建一个空白的 Flash 文档，将场景尺寸设置为 400 像素 × 150 像素，背景色设为白色，帧频为 12。

（2）在【时间轴】面板图层 1 的第 1 帧中，用矩形工具在舞台上绘制一个与舞台同大小的矩形，将舞台全部覆盖。打开【颜色】面板，将此矩形的线条颜色设为无色，填充色设为深蓝色，效果如图 13-10 所示。

（3）选择文本工具，在舞台上输入“FLASH 的遮罩动画”几个字，将文字颜色设置为比矩形颜色再深一点的黑蓝色，字号为 45，字体为黑体，放在舞台的中心位置，如图 13-11 所示。

图 13-10　绘制矩形

图 13-11　输入文字

（4）新建一个图层 2，并选中该图层的第 1 帧，按照第（2）步的方法绘制一个与深蓝色矩形同样大小的淡黄色矩形。

(5) 单击图层 2 眼睛图标下的小圆点，出现图标。将图层 2 的内容隐藏起来。选择图层 1 中的文字，按 Ctrl+C 组合键将文字复制一份。再单击图层 2 眼睛图标下的，使图层内容显示。选中图层 2 中的第 1 帧，按 Ctrl+Shift+V 组合键将复制的文字在原位置粘贴，并重新设置文字的颜色为中黄色。

(6) 选择图层 2 中的文字，将其复制并粘贴，将复制的文字颜色设置为黑色。选择【修改】→【排列】→【下移一层】命令，将其置于中黄色文字之下，作为中黄色文字的阴影，使文字出现立体阴影效果，如图 13-12 所示。

图 13-12　制作图层 2 中的文字立体阴影效果

(7) 新建一个图层 3。选择此图层的第 1 帧，用椭圆工具在舞台上绘制一个无线框的直径为 56 的圆形，将其放置在舞台左边的外面并与文字平齐的位置。

(8) 选中图层 3 中的第 25 帧，按 F6 键插入一个关键帧，将这一帧中的圆形水平移动到舞台右边的外面。选择此图层中第 1~25 帧中的任意一帧，右击并选择【创建传统补间】命令，创建传统补间动画。

(9) 选中图层 1 和图层 2 中的第 25 帧，按 F5 键插入一个普通帧，用于延续这些图层中第 1 帧的内容。

(10) 在【时间轴】面板的图层 3 上右击，从弹出的快捷菜单中选择【遮罩层】命令，将此图层转换为一个遮罩层，这样图层 2 将变为被遮罩层，【时间轴】面板如图 13-13 所示。

(11) 实例制作完毕，按 Ctrl+Enter 组合键测试影片，效果如图 13-14 所示。

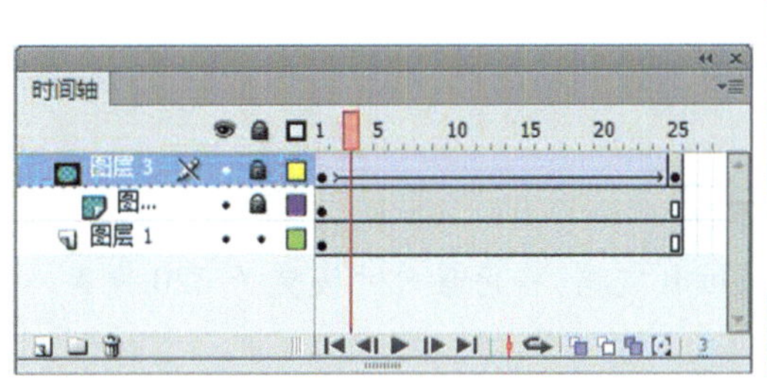

图 13-13　创建了遮罩层的【时间轴】面板

图 13-14　探照灯的动画效果

## 13.3　字母变形动画

**字母变形动画的具体操作步骤如下。**

(1) 新建一个 Flash 动画文件，设置尺寸为 400 像素 × 200 像素，帧频为 30，背景色为白色。

（2）选择工具栏中的文本工具，打开【属性】面板，在面板中设置文本的字体为Times New Roman，颜色为黑色，在舞台中输入大写字母A。

（3）单击第15帧，按F6键插入一个关键帧，用文字工具将字母改为B。

（4）选中第20帧，按F6键插入一个关键帧。

（5）选择第35帧，按F6键插入一个关键帧，用文字工具将字母改为C。

（6）分别单击第40帧、第55帧和第60帧，按F6键各自插入一个关键帧，将第55帧和第60帧的字母更改为A。

（7）分别选中每一帧的文字，按Ctrl+B组合键将文字打散，如图13-15所示。

A B C

图13-15　打散文字

（8）分别右击第1～15帧中的任意一帧，选择【创建补间形状】命令，创建补间形状动画。按照同样的方法为第20～35帧、第40～55帧创建补间形状。

（9）至此完成动画的制作，按Ctrl+Enter组合键播放动画。最终的【时间轴】面板及影片播放效果如图13-16所示。

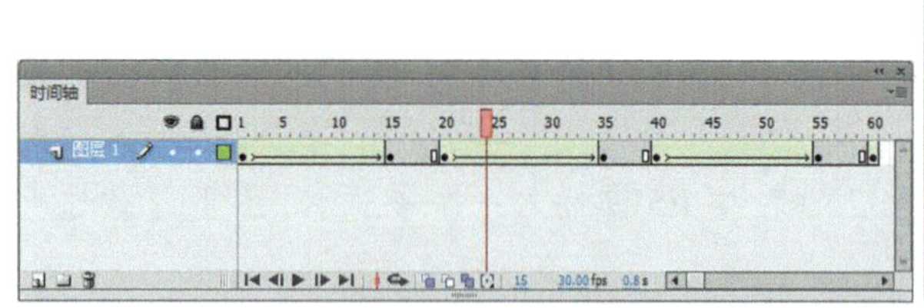

（a）【时间轴】面板效果

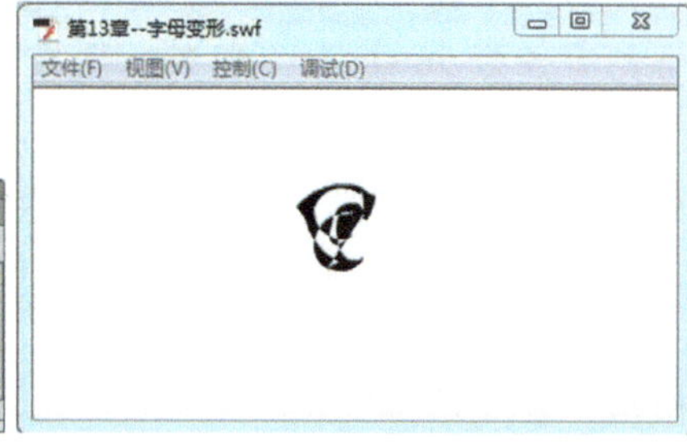


（b）字母变形效果

图13-16　创建补间动画

## 13.4　寻找盛开的梅花

本实例制作一种鼠标特效，通过一些脚本来控制动画，实现鼠标滑过时显示图像的效果。

**寻找盛开的梅花的具体操作步骤如下。**

（1）启动Flash程序，新建一个空白的Flash文档，将场景尺寸设置为620像素×500像素，背景色设为白色，帧频为12。

（2）在【时间轴】面板图层1的文字上双击，将图层名称改为“屏幕”。选择第1帧，用矩形工具在舞台上绘制一个矩形。用选择工具选中矩形，打开【属性】面板，设置矩形的宽为620、高为500，线条颜色设为无色，填充色设为黑色，并覆盖整个舞台。

（3）在【时间轴】面板中新建一个图层2，将其改名为“图片”。然后在该图层的第1帧中执行【文件】→【导入】→【导入到舞台】命令，导入一张有梅花的图片到舞台上，并将图片调整到与舞台大小一致，将黑色矩形遮盖。

（4）新建一个图层，将其命名为“取景器”，用矩形工具在该图层上绘制一个宽、高均为90的正方形，其线条颜色为无色，填充色设为黑色，如图13-17所示。

(5) 在绘制好的黑色矩形上右击，从弹出的快捷菜单中选择【转换为元件】命令，打开【转换为元件】对话框，将此矩形转换为名为“黑色取景矩形”的图形元件。在元件舞台中将矩形中心与舞台的中心点对齐。

(6) 选择【插入】→【新建元件】命令，新建一个名为“绿色线框”的图形元件。在元件舞台中用绘图工具绘制一个如图 13-18 所示的绿色线框，并将其放置在与“黑色取景矩形”同样的位置（可借用辅助线使之对齐）。

图 13-17　绘制矩形

(7) 回到场景 1 中，新建一个图层并将其命名为“镜头框”。然后选择第 1 帧，从【库】面板中将“绿色线框”元件拖入舞台中，并使之与黑色矩形框重合，如图 13-19 所示。

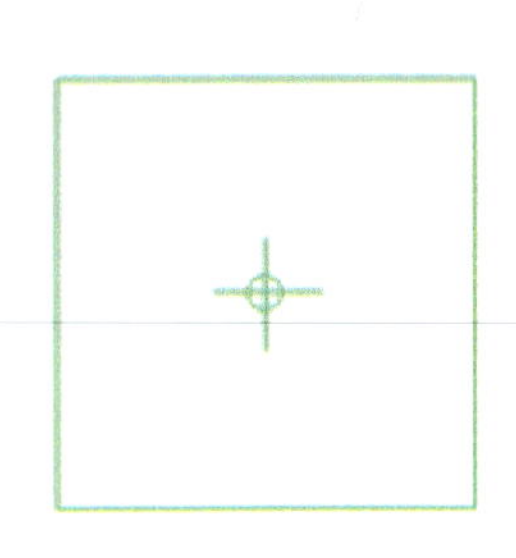

图 13-18　绘制线框

图 13-19　将线框拖入场景中并与黑色矩形重合

(8) 在舞台上选择“绿色线框”实例，打开【属性】面板，将此实例的类型更改为影片剪辑，名称为 move。

(9) 选中舞台上的“黑色取景矩形”实例，打开【属性】面板，将此实例的类型更改为影片剪辑，名称为 mask_mc。

(10) 选中“取景器”图层，右击，从弹出的快捷菜单中选择【遮罩层】命令，将此图层转换为遮罩层，而处于此图层下的“图片”层则自动变为被遮罩层。

(11) 选中“取景器”图层中的第 1 帧，按 F9 键打开【动作】面板，输入如下动作脚本：

```
Mouse.hide();
startDrag("mask_mc", true);
```

(12) 将“屏幕”“图片”“取景器”图层中的第 2 帧全部选中，按 F5 键插入一个普通帧，以延续这些图层中第 1 帧的内容。

(13) 在“镜头框”图层中的第 2 帧中按 F6 键插入一个关键帧。将第 2 帧选中，打开【动作】面板，输入如下动作脚本：

```
startDrag("move", true);
```

(14) 在“镜头框”图层上方新建一个图层并命名为“边框”。选中此图层中的第1帧，用矩形工具绘制一个与舞台同等大小的无填充绿色线框，线条粗细为12，如图13-20所示。

(15) 实例制作完毕，按Ctrl+Enter组合键测试影片，如图13-21所示。

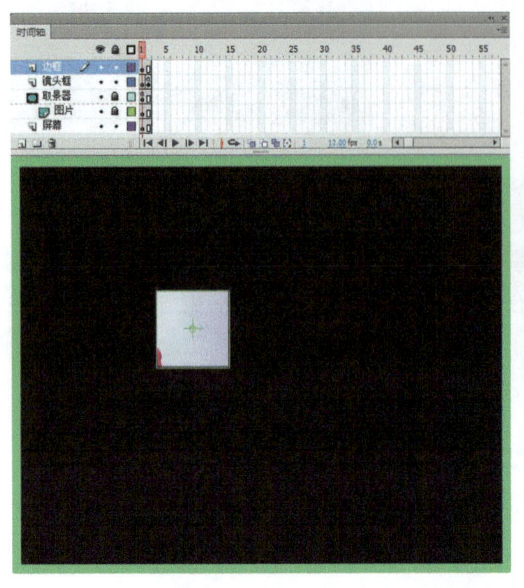

图 13-20　绘制绿色线框

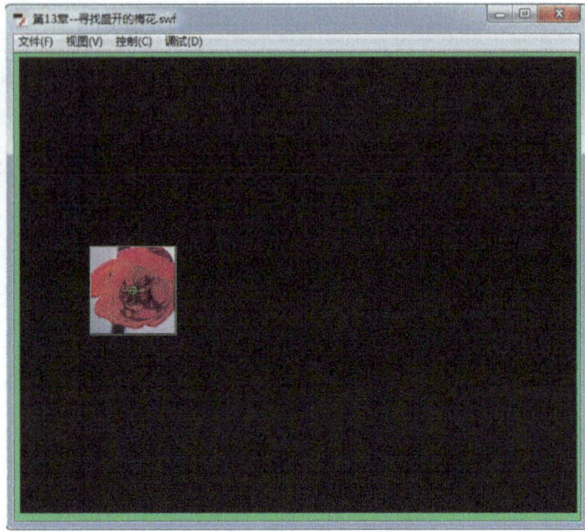

图 13-21　寻找梅花的效果

## 13.5 放　大　镜

本实例通过应用动作脚本实现图片放大的效果。

**放大镜的具体操作步骤如下。**

(1) 启动Flash程序，新建一个空白的Flash文档，设置场景尺寸设置为620像素 ×500像素，背景色设为军绿色，帧频为20。

(2) 选择【插入】→【新建元件】命令，创建一个名为vs的影片剪辑元件。进入元件的编辑状态，选中图层1的第1帧。按F9键打开【动作】面板，输入如下动作脚本：

```
z = 1;
while(Number(z)<=49){
   setProperty("../ann" add z, _visible, 0);
   z = Number(z)+1;
}
setProperty("../ann25", _visible, 1);
```

(3) 选择【插入】→【新建元件】命令，创建一个名为“地图”的影片剪辑元件。选择第1帧并执行【文件】→【导入】→【导入到舞台】命令，将一张图片导入舞台的中心位置，用任意变形工具将其调整到比舞台小一些，如图13-22所示。

(4) 再新建一个名为“放大效果”的影片剪辑元件，选中该元件的第1帧，打开【动作】面板，输入如下动作脚本：

```
a = 0;
p1 = 0;
p2 = 0.3125;
while(a <= 50){
   p3 = p2-p1;
   if (p3<0) {
       p3 = p3*-1;
   }
   p4 = 0.3125-p3;
   x = (100/(400-(a*7)))+p4;
   y = (100/(400-(a*7)))+p4;
   setProperty("../ann" add a, _x, getProperty ("../ann0",_x));
   setProperty("../ann" add a, _y, getProperty ("../ann0",_y));
   setProperty("../lens", _x, getProperty ("../ann0",_x));
   setProperty("../lens", _y, getProperty ("../ann0",_y));
   setProperty("../ann" add a, _xscale, (400-(a*6)));
   setProperty("../ann" add a, _yscale, (400-(a*6)));
   setProperty("../ann" add a add "/masked", _x, ((200-getProperty
              ("../ann0",_x))*x));
   setProperty("../ann" add a add "/masked", _y, ((125-getProperty
              ("../ann0",_y))*y));
   setProperty("../ann" add a add "/masked", _xscale, (x*100));
   setProperty("../ann" add a add "/masked", _yscale, (y*100));
   a = a+1;
   p1 = p1+0.00625;
   p2 = p2-0.00625;
}
```

图 13-22 导入并调整图片

(5) 选择第2帧，按F7键插入一个空白关键帧。打开【动作】面板，将第1帧中的动作脚本复制到该帧的动作脚本窗口中。

(6) 创建一个名为“遮罩效果”的影片剪辑元件。进入该元件的编辑状态，在第1帧对应的舞台中拖入元件“地图”。然后在【时间轴】面板中新建一个图层2，用椭圆工具在此帧中绘制一个有填充颜色的圆，其宽、高均为12.5。

(7) 在“遮罩效果”元件的【时间轴】面板中右击图层2，在弹出的快捷菜单中选择【遮罩层】命令，使图层2成为图层1的遮罩层，其【时间轴】面板如图13-23所示。

(8) 选择【插入】→【新建元件】命令，创建一个名为“放大镜”的影片剪辑元件。进入元件的编辑状态，用绘图工具绘制一个如图13-24所示的放大镜。

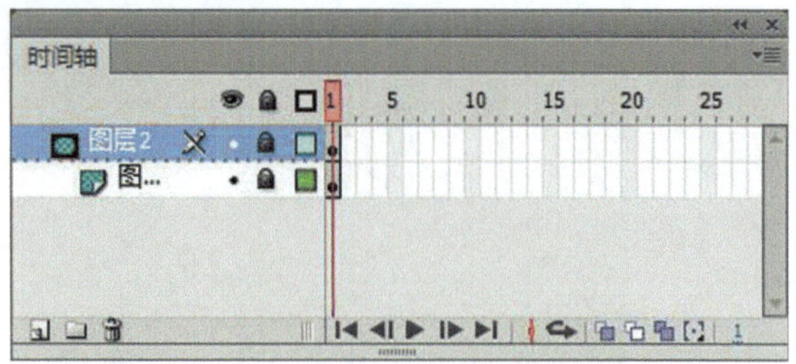


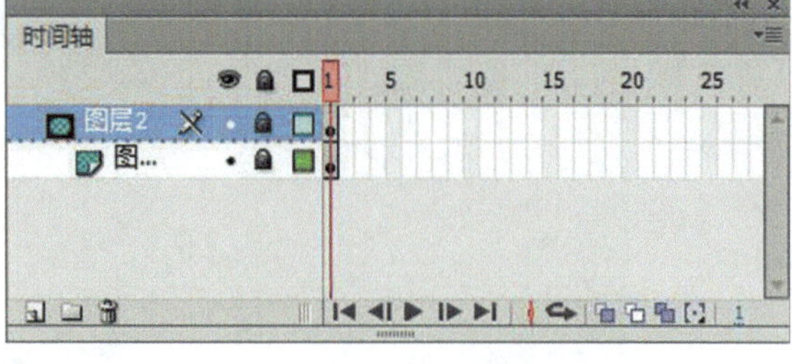

图 13-23　为“遮罩效果”元件创建遮罩层

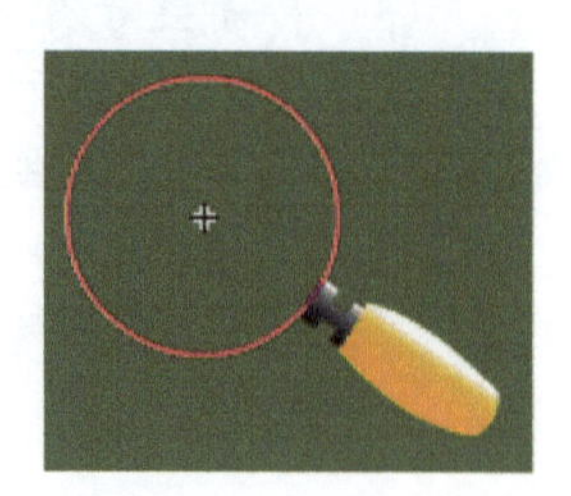

图 13-24　绘制放大镜

(9) 选择【插入】→【新建元件】命令，创建一个名为 duplicate_routine 的影片剪辑元件。进入元件的编辑状态，选中图层 1 的第 1 帧。打开【动作】面板，输入如下动作脚本：

```
a = 1;
while(a<=50){
   duplicateMovieClip("../ann0", "ann" add a, 0+a);
   a = a+3;
}
```

(10) 单击【时间轴】面板上方的场景 1 图标，回到场景 1 的编辑状态。选中图层 1 的第 1 帧，打开【库】面板，将“地图”元件拖入舞台中心位置，如图 13-25 所示。

图 13-25　将图片拖入舞台

(11) 在场景中新建一个图层 2，重新命名为“遮罩”，从【库】面板中将“遮罩效果”元件拖入该图层的第 1 帧中。选中舞台中的“遮罩效果”实例，在【属性】面板中将实例的名称修改为 ann0。选中“遮罩”图层的第 1 帧，打开【动作】面板，输入如下动作脚本：

```
startDrag("/ann0", true);
```

(12) 创建一个图层 3，并修改其名称为“放大效果”。在该图层的第 1 帧中插入元件“放大效果”，并将其放置在左侧舞台外的位置。

(13) 新建一个图层并命名为 duplicate_routine。在该图层的第 1 帧中插入影片剪辑元件 duplicate_routine，也将其放置在舞台左侧以外的位置。

(14) 继续新建一个图层，命名为“放大镜”。在该图层的第 1 帧中插入“放大镜”

元件。打开【属性】面板，将元件实例名称改为 lens，使“遮罩”图层中的实例位于放大镜范围内。

（15）至此，实例制作完毕，场景的最终显示效果和【库】面板的显示如图 13-26 所示。按 Ctrl+Enter 组合键测试影片。

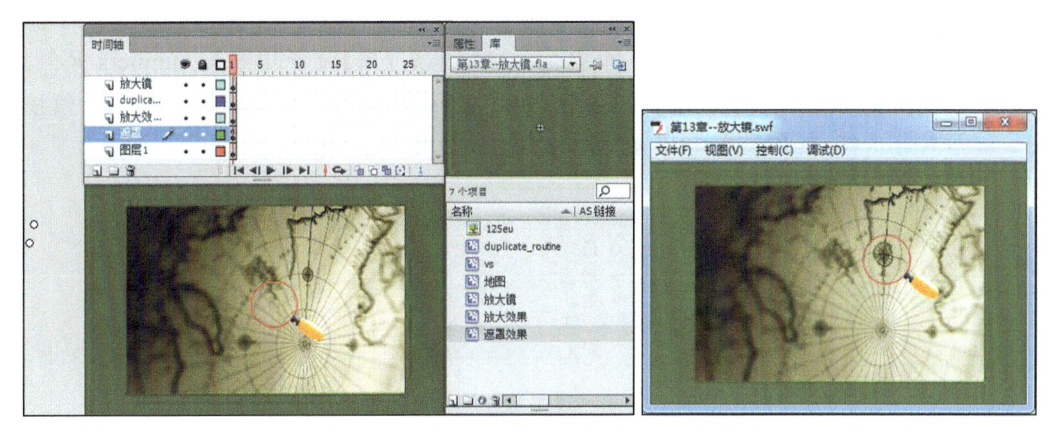

图 13-26 场景的最终效果和影片测试效果

## 13.6 模拟时钟

**模拟时钟的具体操作步骤如下。**

（1）启动 Flash 程序，新建一个空白的 Flash 文档，设置场景尺寸设置为 400 像素×400 像素，背景色设为白色。

（2）按 Ctrl+F8 组合键新建一个图形元件，命名为 hrs pointer，在其舞台上用直线工具绘制一条竖线作为时针。

（3）用同样的方法，新建一个名为 min pointer 的图形元件，在其舞台上画一个分针；再新建一个名为 sec pointer 的图形元件，在其舞台上画一个秒针。

（4）新建一个名为 numbers 的图形元件，在图层 1 第 1 帧的舞台上输入静态文本 0；在第 2 帧处插入一个关键帧，把静态文本改为 1；在第 3 帧处插入关键帧，将静态文本改为 2；依次类推，直到第 10 帧，将静态文本设为 9。

（5）新建一个名为 hrs 的影片剪辑元件，建立 4 个图层。选择图层 1 的第 1 帧，从【库】面板拖入 hrs pointer 元件到舞台。用任意变形工具选中 hrs pointer 实例，将其中心点定位在直线的最下端。分别单击第 7、13、19、25 帧，依次按 F6 键各插入一个关键帧。将第 7、19 帧中的图形旋转 180°，并在各个关键帧之间插入补间形状动画，其【时间轴】面板如图 13-27 所示。

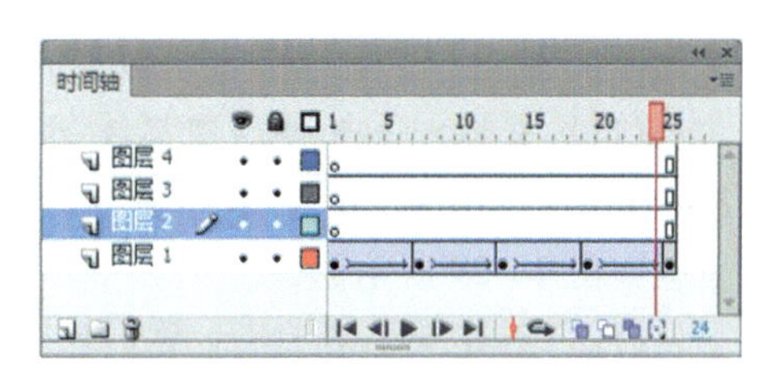

图 13-27 hrs 的影片剪辑元件的【时间轴】面板

（6）选择 hrs 元件的图层 2，在第 1 帧中输入静态文本 AM。分别单击第 2、11、13、14、23 帧，依次按 F6 键各插入一个关键帧。单击第 24 帧，按 F5 键插入普通帧。将第 2、14 帧的文本框向右水平移动 4 个单位（即选

中文本框后，按向右键 4 次），最后将第 13、14、23 帧中的 AM 改为 PM。

（7）选择 hrs 元件的图层 3，在第 1 帧中输入静态文本 1，放置在 AM 文本的右边。分别单击第 11、23 帧，按 F6 键插入关键帧；单击第 2、14 帧，按 F7 键插入空白关键帧；单击第 24 帧，按 F5 键插入普通帧。

（8）选择 hrs 元件的图层 4，在第 1 帧中输入静态文本 2，放置在静态文本 1 的右边。单击第 2 帧，按 F7 键插入一个空白关键帧。从【库】面板中拖入 numbers 元件，放置在与第 1 帧文本同样的位置。在第 14 帧按 F6 键插入一个关键帧，在第 24 帧按 F5 键插入普通帧，其位置布局与【时间轴】面板如图 13-28 所示，

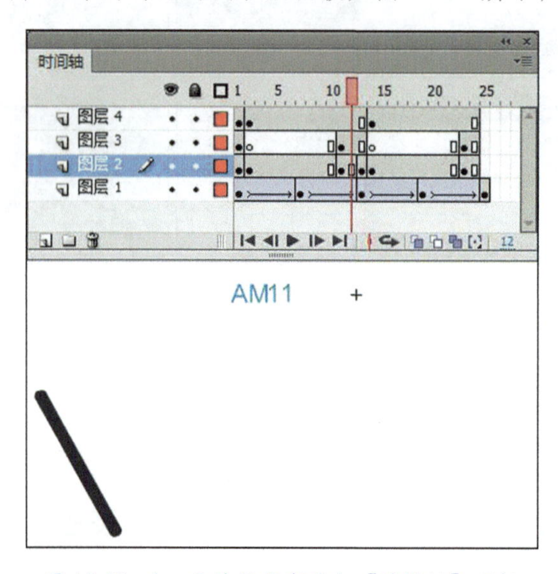


图 13-28　hrs 元件位置布局与【时间轴】面板

（9）新建一个名为 min 的影片剪辑元件，建立 3 个图层。选择图层 1 的第 1 帧，从【库】面板中拖入 min pointer 元件到舞台。用任意变形工具选中舞台上的 min pointer 实例，将其中心点定位在直线的最下端，分别单击第 16、31、46、61 帧，依次按 F6 键各插入一个关键帧。选中第 16 帧中的图形，将其旋转 90°，并设置其实例颜色色调为 50% 的红色；将第 31 帧中的图形旋转 180°，颜色色调设为 100% 的红色；将第 46 帧的图形旋转 135°，颜色色调为 50% 的红色；将第 1 帧和第 61 帧中的实例颜色色调设为 100% 的白色。最后在各个关键帧之间插入补间形状动画。

（10）选择 min 元件的图层 2，在第 1 帧中输入静态文本 0。分别单击第 11、21、31、41、51 帧，依次按 F6 键插入关键帧；单击第 60 帧，按 F5 键插入普通帧。将第 11 帧中的静态文本改为 1，第 21 帧中的静态文本改为 2，依次类推，第 51 帧中的静态文本改为 5。

（11）选择 min 元件的图层 3，在第 1 帧中拖入 numbers 元件到舞台，放置在图层 2 中静态文本 0 的右边。单击第 60 帧，按 F5 键插入普通帧，其位置布局和【时间轴】面板如图 13-29 所示。

（12）新建一个名为 sec 的影片剪辑元件，建立 4 个图层。选择图层 1 的第 1 帧，从【库】面板中拖入 sec pointer 元件到舞台，按照第（9）步的方法创建动画，设置不同的实例颜色。

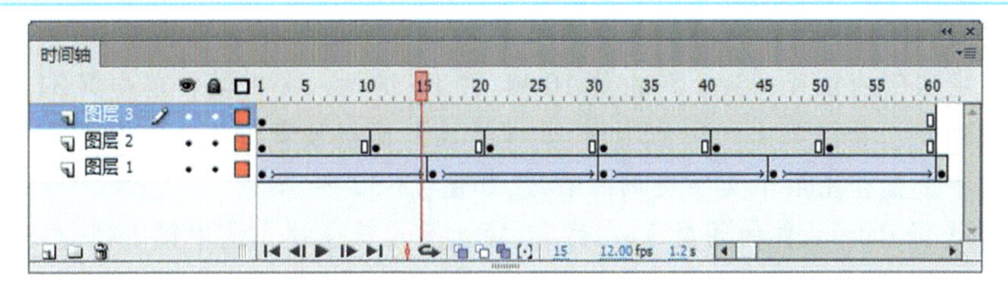


14 +

图 13-29　min 元件的位置布局和【时间轴】面板

(13) 分别选择 sec 元件的图层 2 和图层 3，将 min 元件图层 2 和图层 3 中的帧全部复制并粘贴到对应图层上即可。

(14) 选择 sec 元件的图层 4，在第 1 帧处用文本工具绘制表盘图形。单击第 61 帧，按 F5 键插入普通帧，其舞台效果和【时间轴】面板如图 13-30 所示。

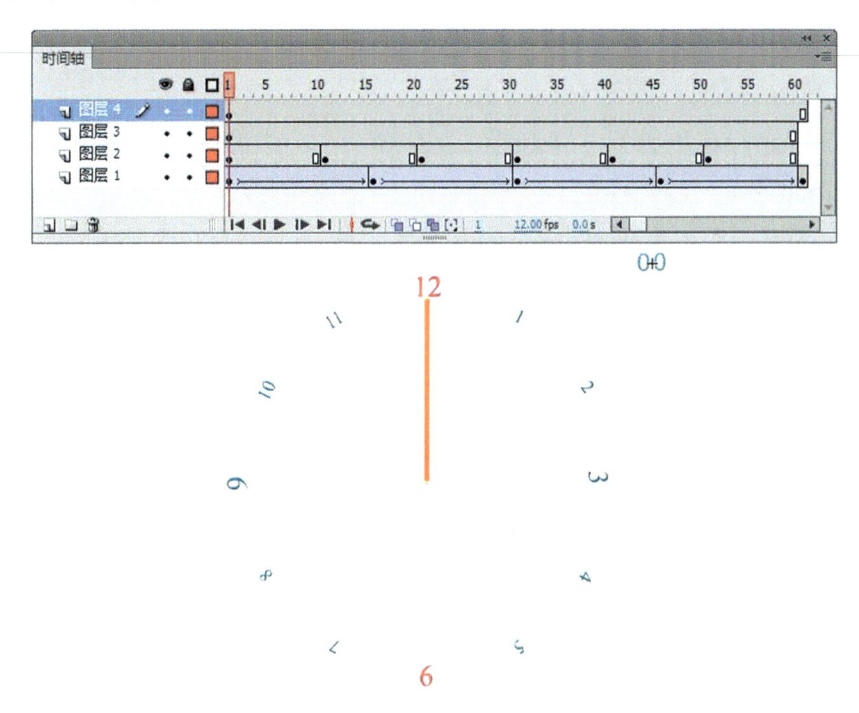


图 13-30　sec 元件的舞台效果和【时间轴】面板

(15) 新建一个名为 date 的影片剪辑元件，建立 3 个图层。单击图层 1 的第 10 帧，按 F7 键插入一个空白关键帧，在舞台上输入静态文本 1；单击第 20、30 帧，按 F6 键插入一个关键帧，将第 20 帧中的文本改为 2，第 30 帧中的文本改为 3；单击第 31 帧，按 F5 键插入一个普通帧。

(16) 选择 date 元件的图层 2，在第 1 帧中拖入 numbers 元件到舞台，放置的位置与图层 1 中实例的位置一致。单击第 10 帧，按 F6 键插入关键帧；单击第 31 帧，按 F5 键插入普通帧。选择第 1 帧中的实例，其【属性】面板设置如图 13-31 所示。将第 10 帧中的文字放置在图层 1 文字实例的右边，如图 13-32 所示。

(17) 选择 date 元件的图层 3，在第 31 帧处插入普通帧。选中第 1 帧，打开【动作】面板，输入如下动作脚本：

```
stop();
```

(18) 新建一个名为 month 的影片剪辑元件，创建如图 13-33 所示的月份显示动画。在图层 1 的每一帧中按顺序输入不同的月份。为图层 2 的第 1 帧输入如下动作脚本：

```
stop();
```

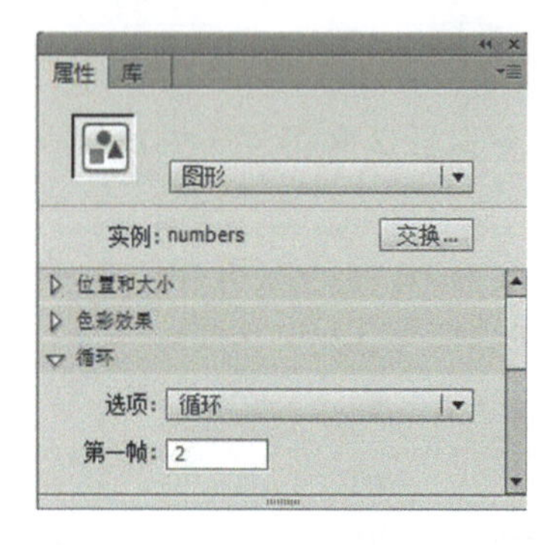


图 13-31 numbers 元件实例的【属性】面板

10

图 13-32 文字位置

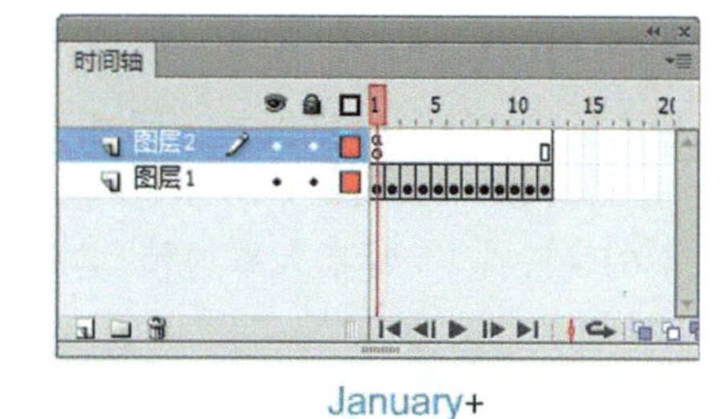


图 13-33 创建月份变化动画

(19) 新建一个名为 weekday 的影片剪辑元件，用第 (18) 步同样的方法创建星期变化动画，如图 13-34 所示。图层 2 的第 1 帧的动作脚本为：

```
stop();
```

(20) 至此，所有元件制作完毕。

(21) 回到场景 1，新建 8 个图层。按 Ctrl+L 组合键调出【库】面板，将【库】面板中的 sec 元件拖到图层 1 上，实例命名为 sec；将 min 元件拖到图层 2 上，实例命名为 min；将 hrs 元件拖到图层 3 上，实例命名为 hrs；将 month 元件拖到图层 4 上，实例命名为 month；将 weekday 元件拖到图层 5 上，实例命名为 weekday；将 date 元件拖到图层 6 上，实例命名为 date。

(22) 在图层 7 上输入两个文本“:”，并绘制表盘，最后舞台布局、【时间轴】面板和【库】面板的显示如图 13-35 所示。

(23) 选中图层 8 中的第 1 帧，在【动作】面板中输入如下动作脚本：

```
tellTarget("sec"){
   gotoAndStop(1);
}
```

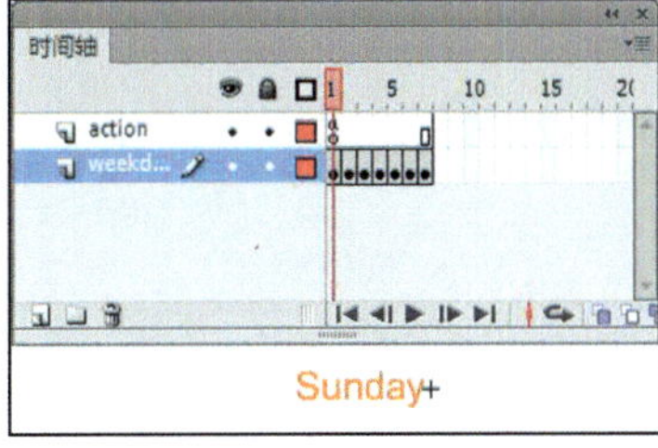


图 13-34　创建星期变化动画

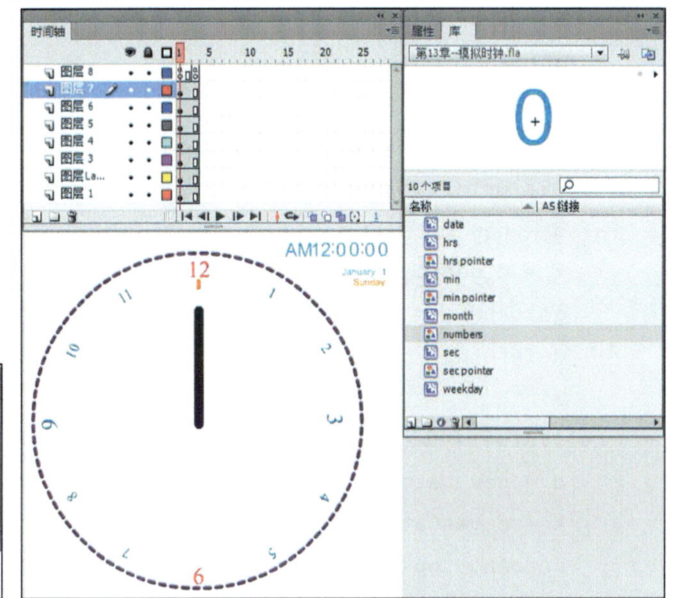


图 13-35　舞台布局等

(24) 在图层 8 的第 3 帧中按 F7 键，插入空白关键帧，并在【动作】面板中输入如下动作脚本：

```
text = k;
tellTarget("sec"){
    d = new Date();
    k = d.getSeconds()+1;
    gotoAndStop(k);
    delete d;
}
tellTarget("min"){
    d = new Date();
    k = d.getMinutes()+1;
    gotoAndStop(k);
    delete d;
}
tellTarget("hrs"){
    d = new Date();
    k = d.getHours()+1;
    gotoAndStop(k);
    delete d;
}
tellTarget("month"){
    d = new Date();
```

```
        k = d.getMonth();
        gotoAndStop(k);
        delete d;
    }
    tellTarget("weekday"){
        d = new Date();
        k = d.getDay()+1;
        gotoAndStop(k);
        delete d;
    }
    tellTarget("date"){
        d = new Date();
        k = d.getDate();
        gotoAndStop(k);
        delete d;
    }
    gotoAndPlay(2);
```

(25) 至此，本实例制作完毕，按Ctrl+Enter组合键测试影片，效果如图13-36所示。

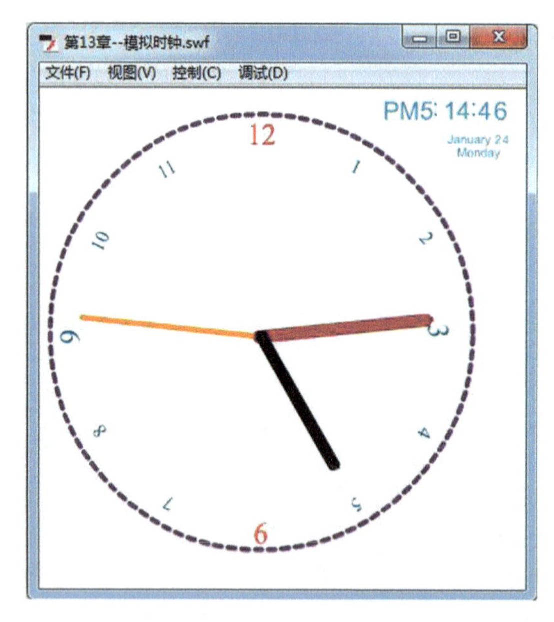


图13-36 模拟时钟实例效果

# 参 考 文 献

[1] 孙军辉,等 .Flash CS6 动画制作项目教程 [M]. 北京：电子工业出版社，2019.
[2] 黄晓乾,匡成宝,刘当立 . 中文 Flash CS6 案例教程 [M]. 北京：中国铁道出版社，2019.
[3] 张建琴,官彬彬 .Flash CS6 动画制作案例教程 [M]. 北京：清华大学出版社，2018.
[4] 徐畅,景学红 .Flash CS6 动画设计教程 [M]. 北京：人民邮电出版社，2017.
[5] 章翮,等 .Flash CS6 动画设计技术 [M]. 北京：清华大学出版社，2017.
[6] 王智强 . 中文版 Flash CS6 标准教程 [M]. 北京：中国电力出版社，2014.